职业教育食品类专业教材系列

美容营养学

（修订版）

贾润红　主编

科学出版社
北京

内 容 简 介

本书通过讲解健康平衡的营养膳食，以及合理利用美容食物和膳食原则，注意宜忌食物，以预防、治疗机体营养素缺乏或过剩所致的症状和与美容相关的疾病；从而由内到外达到美容、美发、减肥瘦身、美肤健体、延衰驻颜，维护人体整体美，以增进人的活力、美感和提高生活质量。

本书适合于营养专业、食品专业、医学美容等高职高专学生作为教材使用，也可作为广大对美容、营养相关领域读者的参考书用。

图书在版编目(CIP)数据

美容营养学/贾润红主编. —北京:科学出版社，2012.2
(职业教育食品类专业教材系列)
ISBN 978-7-03-033144-1

Ⅰ.①美… Ⅱ.①贾… Ⅲ.①美容-饮食营养学-高等职业教育-教材
Ⅳ.①TS974.1②R151.1

中国版本图书馆 CIP 数据核字(2011)第 272087 号

责任编辑：沈力匀 / 责任校对：耿 耘
责任印制：吕春珉 / 封面设计：北京东方人华平面设计部

科学出版社出版
北京东黄城根北街 16 号
邮政编码：100717
http://www.sciencep.com
天津翔远印刷有限公司 印刷
科学出版社发行 各地新华书店经销
*
2012 年 2 月第 一 版 开本：787×1092 1/16
2020 年 7 月修 订 版 印张：14 1/2
2022 年 7 月第八次印刷 字数：392 000

定价：44.00 元

(如有印装质量问题，我社负责调换〈翔远〉)
销售部电话 010-62134988 编辑部电话 010-62130750（VP04）

前　言

美容营养学是医学美容学与营养学交叉的一门新学科，是以营养学和医学美容为基础，通过制定健康平衡膳食，预防、治疗美容相关的症状和疾病的科学。本书的编写以专业培养目标为导向，以职业技能培养为根本，重点突出职业教育的特点，实现理论与实训的结合，精简理论知识的内容，注重营养知识的应用。在已有美容营养学教材的基础上，精简了美容医学的部分，加强了营养的内调应用的内容，强调通过合理利用美容食物和膳食内服或外用，由内到外达到美容美发、减肥瘦身、美肤健体、延衰驻颜，维护人体整体美，以增进人的活力美感和提高生活质量。

通过学习，不仅使学生学习到美容相关症状和疾病产生的原因、营养治疗的原则、美容问题的宜忌食物，还可使学生掌握营养治疗方案、配餐方法、食疗实例、药膳方案的技能。另外，本书还结合现代美容技术，就如何在外在美容的过程中，根据每个个体的自身情况，结合营养膳食调理，实现由内而外的美丽效果，提出美容营养咨询与建议的工作流程。本书教学总学时为40学时，其中理论为32学时，实训为8学时。各院校也可根据实际情况选取不同的教学内容进行教学，或选取部分内容作为选修课内容使用。

由于编者学识有限，本书错误与疏漏在所难免，恳请广大师生和读者指正，多提宝贵意见。

目　录

上篇　美容营养学基础知识

下篇　美容营养学实践

上篇　美容营养学基础知识

第一章　绪　　论

☞ 知识目标

（1）理解什么是美容营养学。

（2）掌握美容营养学的研究内容。

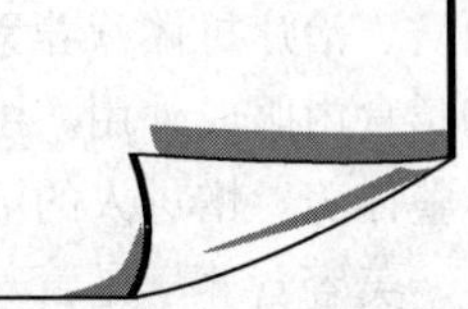

自古以来，美被人们所向往，从貂蝉的“一笑倾城”和杨贵妃的“回眸一笑百媚生”，到西施和王昭君的“沉鱼落雁”之貌，无不揭示人们对美的渴望。美的事物、美的人都会给人以美好的感觉。随着社会经济的发展，国民在解决温饱问题的同时，对美的向往和追求更加强烈了，美白、瘦身、纤体、排毒成为时下的热门话题，越来越多的人在关注美容与健康。

无论是医学美容，还是化妆美容，都离不开药物、手术、器械和化妆品，这些都会有一定的副作用，长期或过分依赖药物或者化妆品，容易使人皮肤枯黄，身材变形，甚至出现疾病，人们也越来越意识到这些美容方法和手段存在着弊端。

随着美容观念的不断更新与改变，美容不再局限于外在的美容技术与化妆品，而更多注重机体的内环境，也就是合理的膳食与营养搭配才能实现真正的美丽。面容与形体的美丽与机体内环境的变化关系密切。若体内环境不稳定，在脏器功能偏盛偏衰时都可能在肌肤和形体上反映出来。如脾胃功能虚弱时则营养不足，表现为面色无华，神疲乏力；脾胃功能亢进时，则食欲大开，多饮多食，会导致形体过于肥胖而显得臃肿；若气血不足、睡眠不佳则面容憔悴，皮肤出现皱褶；内分泌过盛会表现“水牛背”、“满月脸”、面现红丝及痤疮等；维生素D及Ca、P缺乏时会导致骨质疏松、佝偻病等形体异常。这些现象都说明影响美容的症状与体内的内环境密切相关，而体内内环境的变化是由我们的饮食结构与营养状况决定的。

一、营养学的基本概念

营养（nutrition）是机体摄取、消化、吸收和利用食物中营养素维持生命活动的整个过程。这一过程是指维持正常的生理、生化、免疫功能以及生长发育、新陈代谢等生命活动。

营养学（nutriology）是生命科学的一个分支，是研究人体营养过程、需要和来源，以及营养与健康关系的一门学科。营养学学科主要包括人体对营养的需要，即指营养学基础、不同人群的营养需要、各类食物的营养价值、临床上的营养需要、营养的流行病学等多个方面。

二、美容的概念

美容是一种改变原有的不良行为和疾病（面部），使之成为文明的、高素质的、具有可以被人接受的外观形象的活动和过程，或为达到此目的而使用的产品和方法。

三、美容营养学概念

美容营养学（aesthetic nutriology）是以营养学为基础，通过制定健康平衡膳食，预防、治疗机体营养素缺乏或过剩所致的症状和与美容相关的疾病，合理利用美容食物和膳食内服或外用，由内到外达到美容美发、减肥瘦身、美肤健体、延衰驻颜，维护人体整体美，增进人的活力美感和提高生命质量的应用科学。

美容营养学是营养学与美容医学的交叉学科，是一门年轻的学科，其基础理论及作用机制的研究起步较晚，从事此类研究工作的专业团队还未形成，在很大程度上影响和制约了该学科的发展。目前，美容医学、营养学等诸多学科相对成熟，在这些知识的普及基础之上，随着对美容营养学的研究不断深入，其研究内容正日益受到人们的关注并融入他们的生活之中。

四、美容营养学的发展简史

利用食物进行美容在我国的历史上源远流长。早在《神农本草经》中就记载了不少可以美容的食物，如生姜、芝麻、大枣、核桃、山药、百合等20多种。记载中有“蜂蜜，味甘平等久服令人好颜色”、“白僵蚕，味咸平”、“灭黑，令人面色好”等，均是描述食物有美容之功效。我国的《本草纲目》中有丝瓜液可通经络、行血脉、用以洗面可去垢腻的记载。在晋唐时期的美容古方中食物的品种更加繁多，涉及油类、禽兽类、鱼类、豆类、水果、干果类、蔬菜类、瓜类、调料及饮料类。在现今保存的《清宫秘方》里面也有面手脂膏和猪蹄抗皱的记载。

20世纪80年代以来，随着我国改革开放，社会生产力迅猛发展，人民生活水平日益提高，再加上东西方各国文化交流，人们对自身容貌、形体、形象美化的需求日趋增大，推动了美容市场的形成与发展。美容业的蓬勃发展，使得美容作为一门学科，其发展速度非常快。化妆品生产、首饰加工、皮肤病的药物治疗、美容缺陷的手术治疗、相貌平平者的化妆打扮等美容项目越来越多，全国多家高校开设医学美容专业。而传统的食物或者药物美容有被忽视的趋势。直到近年来，天然食物的美容养生才逐渐被重视。生活美容和医学美容工作者对美容理论、技术进行了不断的探索和实践，使美容业正在向纵深发展。1990年至今，我国先后成立了中华医学会医学美容与美容学会、中国中医药学会外科分会美容专业委员会、中国医药学会中医美容分会，从而推动了我国中医美容学的发展和提高。

美容营养学在中医养生、医学美容的不断发展中逐渐受到关注，它是在营养学的基础上研究营养与美容关系的学科，作为营养学专业、医学美容专业的必修课，具有很强的科学性和实践性，其将美容和营养两门学科有机结合起来，利用本学科理论与方法，通过改善和利用食物营养，从而达到美容、促进健康的目的，它将在增进我国人民体质、提高美容保健知识和实际应用方面起到重要的作用。

五、美容与营养的关系

随着科技的发展、社会的进步，人们对美容的认识也在逐渐加深。这主要表现在以下几个方面。第一，美容范围的扩大。美容的范围不再只局限于眼、脸、皮等颜面美容护肤与整形，而是通过美容外科与美容化妆术的完美结合，扩展到整个身体和健康，乃至全身皮肤的护理，发挥整体美的改造效果。第二，美容方式、方法的改变。很多消费者都认识到美容没有速成法，已开始明白“渴而穿井”、“斗而铸锥”实属不易的道理，所以“天晴修水路”已是美容者明智的选择。要想拥有真正的美白肌肤，就一定要持之以恒地做好清洁和保养。第三，生物活性物质的应用。今天，美容护肤品已经从化学美容、植物美容发展到生物美容、基因美容的阶段，在护肤品中添加生物活性物质已经成为美容界的潮流。然而，在接触与使用大量人工合成的化妆品以后，越来越多人发现，回归自然，用天然食物来美容健体已成为美容业发展的必然趋势，也就是天然食物才能真正达到内外兼修、美貌与健康并重，只有科学合理地运用美容营养，从日常膳食中加以干预，才能达到事半功倍的效果。

现代美容行业，更注重内环境的调养，也就是食疗美容，通过天然食物的营养成分和特殊功能成分，以改善人体的环境，通过“内调外养、表里通达”的手段从而达到美丽健康的一种美容方法。美丽的颜面与内环境的调养密不可分，如红润、光滑且附有弹性的皮肤，人的机体内环境一定是健康的，而失眠、便秘、营养不良、贫血等症状困扰的机体，人的肤色、颜面一定是病态的，身体也不会充满活力。美容除了外在的美容技术外，离不开内在的营养调理，只有内外结合，才能打造健康美丽的形象。

六、学习美容营养学的目的

美容营养学的教育宗旨是在“以内养外”思想的指导下，调节和改善人体的内环境，实现美容与健康相互吻合而完美的美容专业培养目标。根据高职高专教育的特点，面对营养专业、美容专业的社会需求，以基础理论和实际应用相结合的原则建设和发展本学科，使学生掌握必要的专业理论知识和实际操作技能，以及从事营养学、美容保健服务应具备的方法和技能。主要学习目的如下：

（1）学习美容营养学基础知识，掌握影响美容与健康的食物营养素，充分认识改善和利用食物因素是提高生命质量、促进美容和健康的重要措施。

（2）树立食物打造体内环境，“以内养外”的基本思想，学会利用营养学基本理论、方法和技能，灵活应用到营养学专业、美容专业的实际工作中去。

（3）掌握各种人群的美容营养需求，包括皮肤、形体、内分泌疾病、衰老、眼口唇等营养理论与实践，通过监测人群营养状况，研究解决美容保健问题的途径、方法和措施。

七、美容营养学研究的意义

现代美容观念的不断更新，美容营养越来越受到关注。饮食与美容，饮水与美容，维生素与美容，微量元素与美容，烟酒兼嗜与美容，不良习惯与美容，经络刺激与美容等备受女性青睐，从这些美容营养的实践研究中发现，合理膳食、营养搭配才是达到美丽的肌肤和迷人的身材的重要途径。

合理营养可以帮助人们拥有白皙嫩滑的皮肤、丰满翘臀的身材的同时，还可促进机体的抗病能力，提高工作与劳动效率，而且还能预防和治疗某些疾病。当膳食结构不合理，摄入的热能营养素不平衡，即营养失调时；因某个或某些营养素摄入不足，不能满足机体需要时，时间久了，体内的营养储备严重消耗，则出现相应的病理性改变，继而出现营养不足的疾病，如缺铁性贫血、佝偻病、克山病、克汀病、癞皮病等。反之，过量摄入能量和营养素时，也可导致营养过剩，从而导致肥胖、心脑血管病、糖尿病、肿瘤等。以上营养素过少或过多的各种情况，严重影响着身体健康，更谈不上美容了。

只有均衡营养，合理搭配各种营养素，在摄入恰当的热量的同时，合理分配每天的谷薯类、畜禽类、水果类、蔬菜类、奶制品、豆制品、油脂和盐的数量和质量，另外适当摄入含锌、硒、钙等有健美功效的食品；富含维生素和矿物质的新鲜水果蔬菜，不愁做不到楚楚动人、美若天仙。在肌肤健康的基础上再薄施粉黛，犹如锦上添花；在形体适中的前提下再简练着装，更显青春活力。

八、美容营养学的研究内容

美容营养学实践起步早，但研究较晚，尤其是对其基础理论及作用机制的研究仍有待于深入。美容营养学研究内容包括以下几方面：

(1) 营养素与美容：研究正常人体所需各种营养素的生理功能、食物来源、参考摄入量以及这些营养素对体形、容貌的影响。通过合理营养，选择美容食物，使人们在得到营养需求的同时，能真正获得健康和美丽。

(2) 皮肤美容与营养：皮肤是人体美的重要组成部分，女性的皮肤以白皙、细腻、红润、光洁为美，而化妆品只是一时的表面文章，只有合理的营养由内而外滋润肌肤，提供体内组织细胞所需的一切物质，才能达到美肤的健康之美。

(3) 美发营养与膳食：美丽乌黑的头发给人以美感，而白发、脱发、掉发等影响美观。当营养不均衡时就会头发干枯、发黄、掉发、失去弹性等。因此，研究如何营养内调才能达到乌黑发亮，具有弹性的秀发非常有必要。

(4) 肥胖、消瘦与营养：肥胖、消瘦都不是美的身材的表现。研究肥胖、消瘦的营养疗法，特别是针对肥胖的营养饮食减肥及其相应的减肥食谱，纠正减肥误区，科学减肥。过度消瘦也影响形体美，如何科学有效的增肥，并且提出丰乳健胸的营养膳食。

(5) 美胸与营养：拥有一对丰满匀称的乳房是女性胸部健美的目标，如何通过饮食调理达到美胸的效果是现代女性的热门话题。

(6) 美容外科与营养：研究美容手术前后的营养支持及其对人体容貌的影响，如瘢痕、美容外科手术、术后色素沉着等。

(7) 衰老与美容保健：女人渴望青春永驻，但随着年龄的增长，身体各项机能开始衰老，包括头发、皮肤、心血管等，通过调整饮食，提出膳食的合理化建议。针对衰老的各种征兆，科学应用有效方案，筑起延缓衰老的“防火墙”。

（8）眼睛、香口美齿营养食疗：五官也是人体美的重要组成部分。通过膳食调整，营养搭配消除目昏暗、黑眼圈、香口除臭，做到洁齿固齿、美唇护唇。

（9）食疗药膳与美容：食疗和药膳可以达到防病健美，延衰驻颜，维护人体整体美的目的。我国食疗药膳历史悠久，积累了很多宝贵的食疗药膳美容方。通过内服或者外用，补充各种营养素，从而增加外部器官的营养，达到整体美容的效果。

（10）美容技术与美容营养咨询：美容技术包括一些常见的美容技术与手法。在美容营养咨询中，对存在的美容问题进行询问、检测、分析、建议等流程，以实现内外兼修的美容效果。

美容营养学集医学、美学、心理学三位为一体，以边缘学科发展美容事业也是美容营养学研究内容的一部分，因为只有懂得医学才能知道人体的生理、病理是什么，才能真正地矫枉过正，解决美容院无能为力的皮肤疾患；只有医学才能弥补美容之不足和去美容之有余，使人体健康发展；只有将美学纳入美容行列，才能使健康的身体更趋协调、美观，才能真正使人们知道自身美化和健美的方向与方法；只有心理健康才会有全新的健康概念，而心理因素不协调，常常会导致美容缺陷。

总之，营养与美容密不可分，只有合理营养，均衡膳食，提供各种优质的营养素，才能够使得皮肤、毛发、形体健康而美丽，达到人体自然美的要求。

本章小结

营养学是生命科学的一个分支，是研究人体营养过程、需要和来源，以及营养与健康关系的一门学科。而美容营养学是营养学的一个分支，美容营养学是以营养学为基础，通过制定健康平衡膳食，预防、治疗机体营养素缺乏或过剩所致的症状和与美容相关的疾病；合理利用美容食物和膳食内服或外用，由内到外达到美容、美发、减肥瘦身、美肤健体、延衰驻颜，维护人体整体美，增进人的活力美感和提高生命质量的应用科学。

自古以来，人类早已利用食物营养来美容，时至今日，利用食物营养来美容以其天然无毒副作用的优势，越来越受到女性青睐。美容营养学主要从皮肤、美发、形体、内分泌、美容外科、抗衰老营养方、眼口牙齿美容营养、药膳美容营养等几个方面，攻克美容缺陷，打造出白皙细嫩皮肤和迷人身材的美丽形象。

自测题

1. 名词解释

（1）营养学；（2）美容营养学。

2. 简答题

简要叙述美容营养学主要研究的内容。

第二章 营养素与美容

☞ **知识目标**

(1) 了解营养素的概念和种类，并掌握膳食营养素参考摄入量的四种需要量。

(2) 了解各种产能营养素产生的能量大小。

(3) 掌握蛋白质、脂类、碳水化合物、各种维生素、矿物质、水、膳食纤维的参考摄入量、主要食物来源。

(4) 了解蛋白质、脂类、碳水化合物、各种维生素、矿物质、水、膳食纤维对美容的影响。

☞ **能力目标**

能综合应用各种营养素参考摄入量。

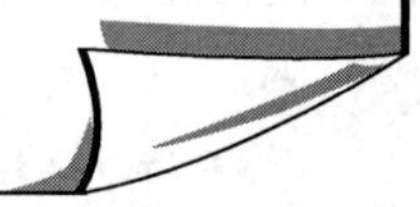

第一节 概 述

从字面上讲，"营"就是谋求的意思，"养"是养生的意思。合起来就是谋求养生。对人来说，营养就是从外界摄取食物，经过消化吸收和代谢，利用身体需要的物质以维持生命活动的整个过程。营养的核心是"平衡合理"。平衡合理营养是个综合性概念，它既要通过膳食调配提供满足人体生理需要的能量和各种营养素，又要考虑合理的膳食搭配和烹调方法，以利于各种营养物质的消化、吸收与利用。

一、营养素的基本概念

1. 营养素

营养素是机体为了维持生存、生长发育、体力活动和健康以食物的形式摄入的一些需要的物质。食物中所含营养素种类繁多，可概括为六大类：蛋白质、脂类、碳水化合物、矿物质、维生素和水，现在把碳水化合物中不能被消化吸收的膳食纤维独立出来称为第七类营养素。中国营养学会膳食营养素参考摄入量（DRIs）委员会将营养素做了以下分类：

宏量营养素：蛋白质、脂类、碳水化合物（糖类）；这些营养素因为需要量多，在膳食中所占的比重大，称为宏量营养素。另外，这三种营养素在体内经过氧化分解能释放能量，满足机体对能量的需要，所以又被称为三大产能营养素。

微量营养素：矿物质（包括常量元素和微量元素）、维生素（包括脂溶性维生素和水溶性维生素）；这些营养素因为需要量较少，在膳食中所占比重也少，称为微量营养素。

除了以上营养素外，食物中还含有许多其他成分。例如：水、膳食纤维和若干生物活性物质。这些成分被划分为其他膳食成分，也具有重要的生理功能或一定的保健作用。

2. 营养素的消化、吸收

1）营养素的消化

大多数食物原始状态是不能被人体所利用的。食物中所含有的人体必需营养成分中，水、矿物质和维生素一般由消化系统直接吸收，而糖类、脂类、蛋白质等结构复杂的大分子物质，不能直接被人体吸收和利用，它们必须经过消化道的物理和化学变化，成为结构简单的易溶于水的小分子物质，才能为人体吸收。这种在消化道内将食物由大分子变为小分子，进行化学分解，成为可以消受的物质的过程，即为食物的消化。糖类、脂类、蛋白质在消化的过程中，分解为单糖、脂肪酸和甘油、氨基酸等小分子，以有利于被吸收。

2）营养素的吸收

吸收就是消化道管腔内的物质透过消化管黏膜进入血液和淋巴的过程。消化道的不同部位都有不同程度的吸收功能。碳水化合物必须经过消化、水解为单糖后，才能被吸收。单糖的吸收主要在小肠内，到回肠末端几乎已完全被吸收。脂肪的吸收主要在小肠内，脂肪消化分解后的产物——甘油能溶于水，直接被吸收。脂肪酸受胆盐的作用，变成水溶物后才被吸收。蛋白质在小肠内被消化分解为多肽和氨基酸再被吸收，两者的吸收机制互不干扰，吸收后经过小肠绒毛内的毛细血管而进入血液循环。水和矿物质能直接被吸收。

二、膳食营养素供给量

膳食营养素供给量（recommended dietary allowances，RDAs）是指在营养生理需要量的基础上，按食物的生产水平和人们的饮食习惯，并考虑人体应激、个体差异、食物烹调损失、消化吸收率等因素所设置的热能和各种营养素的适宜数量。RDAs 略高于营养生理需要量。

三、膳食营养素参考摄入量

人体需要的各种营养素都需要从每天的饮食中获得，因此必须科学地安排每日的膳食以提供数量及质量适宜的营养素。为了帮助个体和人群安全地摄入各种营养素，避免可能产生的营养不足或营养过多的危害，营养学家根据有关营养素需要量的知识，提出了适用于各年龄、性别及劳动、生理状态人群的膳食营养素参考摄入量，并对如何使用这些参考值来评价膳食质量和发展膳食计划提出了建议。

膳食营养素参考摄入量（dietary reference intakes，DRIs）是一组每日平均膳食营养素摄入量的参考值，它是在推荐的营养素供给量（RDAs）基础上发展起来的，包括四项内容，即平均需要量（EAR）、推荐摄入量（RNI）、适宜摄入量（AI）和可耐受最高摄入量（UL）。

1. 平均需要量（estimated average requirement，EAR）

EAR是群体中各个体需要量的平均值，是根据个体需要量的研究资料计算得到的。EAR是可以满足某一特定性别、年龄及生理状况群体中半数个体的需要量的摄入水平。这一摄入水平能够满足该群体中50%的成员的需要，不能满足另外50%的个体对该营养素的需要。

2. 推荐需要量（recommended nutrient intake，RNI）

RNI相当于传统使用的膳食营养素参考摄入量（RDA），是可以满足某一特定性别、年龄及生理状况群体中绝大多数个体需要的摄入水平。长期摄入RNI水平，可以保证组织中有适当的储备。

RNI是以EAR为基础制定的。如果已知EAR的标准差，则RNI定为EAR加2个标准差，即RNI＝EAR＋2SD。

一个群体的平均摄入量达到RNI水平时，人群中有缺乏可能的个体仅占2%～3%，也就是绝大多数的个体都没有发生缺乏症的危险，所以也把RNI称为“安全摄入量”。摄入量超过“安全摄入量”并不表示有什么风险。

3. 适宜摄入量（adequate intake，AI）

当某种营养素的个体需要量研究资料不足而不能计算EAR，因而不能求得RNI时，可设定适宜摄入量AI来代替RNI。AI是通过观察或实验获得的健康人群某种营养素的摄入量。例如纯母乳喂养的足月产健康婴儿，从出生到4～6个月，他们的营养素全部来自母乳。母乳中供给的各种营养素量就是他们的AI值。AI的主要用途是作为个体营养素摄入量的目标。

AI和RNI相似之处是二者都用作个体摄入量的目标，能够满足目标人群中几乎所有个体的需要。AI和RNI的区别在于AI的准确性远不如RNI，可能明显的高于RNI，因此使用AI时要比使用RNI更加小心。

4. 可耐受最高摄入量（upper level of intake，UL）

UL是平均每日可以摄入该营养素的最高量。这个摄入水平对一般人群中的几乎所有个体都不至于损害健康，但并不表示可能是有益的。对大多数营养素而言，健康个体摄入量超过RNI和AI水平不会有更多的益处。UL并不是一个建议的摄入水平。当摄入量超过UL而进一步增加时，损害健康的危险性随之增大。对许多营养素来说，当前还没有足够的资料来制定其UL值，所以没有UL值并不意味着过多摄入这些营养素没有潜在的风险。鉴于营养素强化食品和膳食补充剂的日渐发展．需要制定UL来指导安全消费。

第二节　能　　量

一切生物体维持生命和一切活动都需要能量。人体为了维持生命活动和从事劳动，必须从食物中获得一定的能量和营养素以满足机体需要。人体所需要的能量主要来自于食物中的碳水化合物、脂类和蛋白质，即“三大产能营养素”，由于人体对此三大营养素的需求量较多，因此也把它们称之为“宏量营养素”。营养素经消化转变成可吸收的小分子营养物质被吸收入血液，再经血液运送至细胞内，经过合成代谢，构成机体组成成分或更新衰老的组织。在合成代谢的同时，三大营养素经过分解代谢形成代谢产物，并释放出所蕴藏的化学能，这些化学能经过转化便成为生命活动过程中各种能量的来源。故而，分解代谢是放能反应，产生能量；合成代谢则需要能量，消耗能量。机体在物质代谢过程中所伴随的能量释放、转移和利用，构成了能量代谢的整个过程，而物质代谢和能量代谢则构成了生物的新陈代谢。因此，保持能量平衡，维持理想体重对保障身体健康有着特殊的意义。

一、能量

“能”在自然界的存在形式有太阳能、化学能、机械能、电能。按照能量守恒定律，能量既不能创造也不能消失，但可以从一种形式转变为另一种形式。为了计量上的方便，对各种不同存在形式的“能”需要制定一个统一的单位，即焦耳（J）或卡（cal）。营养学上所使用的能量单位，多年来一直用卡或千卡（kcal）。1 kcal是指1000 g纯水的温度由15℃上升到16℃所需要的能量。现在国际和我国法定的能量单位是焦耳。两种能量单位之间的换算为

$$1\ \text{kcal}=4.184\ \text{kJ},\qquad 1\ \text{kJ}=0.239\ \text{kcal}$$

二、三大产能营养素产生的能量

能量维持着生命体的体温和一切生命活动。人体所需要的能量主要来自于食物中的三大产能营养素：蛋白质、脂类、碳水化合物。产能营养素在体内的燃烧过程和在体外燃烧过程不尽相同，所以产生的能量也不完全相同。据用“弹式热量计”测定，三种产能营养素在体内氧化实际产生能量，即“生理卡价”则为

1 g碳水化合物：17.15 kJ×98%＝16.81 kJ（4.0 kcal）

1 g脂肪：39.54 kJ×95%＝37.56 kJ（9.0 kcal）

1 g蛋白质：18.2 kJ×92%＝16.74 kJ（4.0 kcal）

三种产能营养素在体内都有其特殊的生理功能。虽然可相互转化，但不能完全代替，三者在总能量供给中应有一个恰当的比例，即合理的分配。根据我国的饮食习惯，成人碳水化合物以占总能量的55%～65%、脂肪占20%～30%、蛋白质占10%～15%为宜。儿童，蛋白质及脂肪供能占的比例应适当增加。成人脂肪摄入量一般不宜超过总

能量的 30%。

三、能量对美容的影响

人体对能量的摄入与消耗应该保持一个平衡状态。过瘦或者过胖都会影响形体美。有些人为了过分追求苗条，过度的节食，导致能量长期供应不足，体内储存的糖原和脂肪被动用，发生饮食性营养不良，临床表现为基础代谢降低、消瘦、贫血、精神萎靡、神经衰弱、皮肤干燥、骨骼肌退化、脉搏缓慢、体温降低、抵抗力弱，成为传染病的易感者，严重地影响健康和工作效率。

有些人摄入能量过多，而且活动量小，摄入的能量没有及时消耗，致使能量物质过剩部分在体内转变为脂肪沉积，则形成肥胖。肥胖症的脂肪沉着常以躯干为主，在脐部、肩部、上肢和下腹部脂肪异常沉着而表现为体态臃肿、肌肉松弛、动作笨拙、行动缓慢。极度肥胖由于肺泡换气不足而发生缺氧，会导致困倦和工作效率低下。过度摄入能量还会导致高甘油三酯血症，主要是因为糖质摄取过多及血中游离脂肪酸在肝内合成甘油三酯过程亢进所致。同时，肥胖者还容易发生心绞痛、心梗、心肌硬化、脑梗塞等动脉硬化性疾病，以及发生高血压、高尿酸血症、脂肪肝、胆结石等。

对于摄入过多能量导致的肥胖，有饮食疗法和运动疗法两种方法。其中，饮食疗法占有重要位置。在控制饮食时要注意维持基础代谢所需热能和蛋白质的供给。为防止人体组织成分的过度分解，应摄取低限蛋白质。糖质食品虽在体内极易形成甘油三酯，但因其是能量的主要来源，因此不能过分限制；同时必须注意糖质摄取不足会产生酮体，易导致酮症酸中毒；同时会导致肾脏钠再吸收功能低下，易发生直立性低血压。为防止不良情况发生，糖质食品应占一定比例。脂肪是高能量物质，极端限制脂肪会有空腹感，应多选用含有多价不饱和脂肪酸的植物油。另外，限制能量摄入的同时还要增加能量的消耗，运动是最积极的预防方法，通常步行 1 h 消耗 260 kcal 能量，而安静时只消耗 120 kcal，年长者运动以散步为宜，年轻者可选择多种运动方式。

第三节　蛋　白　质

生命是蛋白质的存在方式，蛋白质是生命的最重要的物质基础，一切基本的生命活动及其内在运动、生长繁殖等，都与蛋白质有关，没有蛋白质就没有生命。

一、蛋白质和必需氨基酸

蛋白质（protein）是构成人体一切细胞和组织的重要组成成分，约占人体总重量的 18%，仅次于水。大部分存在于人体肌肉组织中，其余存在于血液、软组织、骨骼和牙齿中（约占总量的 1/3）。人体内许多有重要生理作用的物质都是由蛋白质构成的，如血浆蛋白、血红蛋白、激素、酶以及免疫球蛋白等。蛋白质在遗传信息的控制、细胞膜的通透性以及高等动物的记忆、识别功能等方面都起着重要的作用。

构成蛋白质的基本单位是氨基酸。构成蛋白质最基本的氨基酸有 20 种。人体及所有食物中的蛋白质都是由这些氨基酸组成的。蛋白质所含有的 20 种氨基酸，大部分可以在体内合成。其中有 8 种氨基酸人体不能自行合成，必须从食物中摄取，被称之为“必需氨基酸”，它们是苯丙氨酸、亮氨酸、异亮氨酸、蛋氨酸、缬氨酸、赖氨酸、色氨酸和苏氨酸。此外，组氨酸对婴幼儿的生长也是必需的。但这并不说明其他氨基酸是不重要的，膳食中非必需氨基酸供给不足会严重影响对必需氨基酸的需求。

二、蛋白质的生理功能

蛋白质是构成组织和细胞的基本材料，是人体组织的主要成分，是供给人体氮的唯一来源，其含量约占人体总固体量的45%左右。人体的一切细胞组织都是由蛋白质组成的，蛋白质是许多重要的生理物质必不可少的成分。蛋白质的主要生理功能如下：

（1）构成身体组织。

（2）调节生理功能。

（3）提供能量。

三、蛋白质的膳食参考摄入量和主要食物来源

1. 膳食参考摄入量

理论上成人每天摄入 30 g 蛋白质即可满足零氮平衡，但从安全性和消化吸收等因素考虑，成人按 0.8 g/（kg·d）摄入蛋白质为宜。我国由于以植物性食物为主，所以成人蛋白质推荐摄入量为 1.16 g/（kg·d）。按能量计算，蛋白质摄入量应占总能量摄入量的 10%～12%，儿童青少年为 12%～14%。中国营养学会提出的成年男子、轻体力劳动者蛋白质推荐摄入量为 75 g/d。

2. 主要食物来源

蛋白质的主要来源可分为植物性蛋白质和动物性蛋白质两大类。植物蛋白质中，谷类含蛋白质 10%左右，蛋白质含量不算高，但由于是人们的主食，所以仍然是膳食蛋白质的主要来源。豆类含有丰富的蛋白质，特别是大豆含蛋白质高达 30%～40%，氨基酸组成也比较合理，在体内的利用率较高，是植物蛋白质中非常好的蛋白质。

蛋类含蛋白质 11%～14%，是优质蛋白质的重要来源。奶类（牛奶）一般含蛋白质 3.0%～3.5%，是婴幼儿除母乳外蛋白质的最佳来源。

肉类包括禽、畜和鱼的肌肉。新鲜肌肉含蛋白质 15%～22%，肌肉蛋白质营养价值优于植物蛋白质，是人体蛋白质的重要来源。

为改善膳食蛋白质质量，在膳食中应保证有一定数量的优质蛋白质，优质蛋白质包括动物性蛋白质和大豆蛋白质。一般要求动物性蛋白质和大豆蛋白质应占膳食蛋白质总量的 30%～50%。

四、蛋白质与美容

过多过少地摄入蛋白质对皮肤和毛发都有影响。因为胶原蛋白是人体结缔组织的重要组成成分，具有活性和生物功能的胶原蛋白能主动参与细胞的迁移、分化和增殖代

谢，既具有联结和营养功能，又具有支撑和保护作用。人体皮肤中，含有大量的胶原蛋白和黏多糖，它们对水有很强的亲和力，使皮肤中保持着大量的水分，使皮肤湿润、细腻及嫩滑，维持着人体皮肤的弹性和韧性。如果蛋白质缺乏，不但会引起人体生长发育的迟缓、憔悴、体重减轻、肌肉萎缩、抵抗力下降，还会导致皮肤粗糙、弹性下降、出现皱纹、褐斑、瘙痒、衰老等，头发稀疏、失去光泽、干枯易断。但是蛋白质摄入过多对机体也不利，过量的蛋白质不但难以消化吸收，反而会造成胃肠、肝脏、胰腺和肾脏的负担；同时，蛋白质在体内代谢后会产生过量的磷酸根、硫酸根等酸性物质，对皮肤有较强的刺激作用，导致过敏性皮炎的发生，以及引起皮肤的早衰。

图 2-1　蛋白质-热能营养不良（消瘦型）

蛋白质缺乏还会引起形体的缺陷。因为蛋白质缺乏与热能不足常并存，即“蛋白质-热能营养不良”。主要表现是消瘦型和水肿型。消瘦型体重下降，皮下脂肪消失，肌肉萎缩，形同骷髅。此型多见于婴幼儿，严重影响小儿的生长发育（图 2-1）。水肿型常见于成人，表现为消瘦、无力，皮肤弹性下降、皱纹增多，面色无华，苍白浮肿，毛发干枯脱落。由于消化酶活力降低，可出现腹泻，有的还出现肝大、肝功能减退、周身浮肿及腹水等表现。有的可见肝细胞萎缩和脂肪浸润，抵抗力低下，伤口愈合延缓，心率减慢，血压降低，体温较低，重症者可出现体温过低和休克。

第四节　脂　　类

脂类（lipids）又叫脂质，是不溶于水而溶于有机溶剂的化合物，其中包括油脂（油及脂肪）和类脂。油脂是甘油和脂肪酸结合形成的甘油酯，日常食用的动、植物油等均属此类。类脂包括磷脂、固醇等性质与油脂类似的化合物。

一、脂类和必需脂肪酸

1. 脂类的分类与组成

脂类是由脂肪酸所组成的物质，脂肪酸是构成甘油三酯和磷脂的基本成分。除了我们通常所说的脂肪以外，还包括磷脂、糖脂、固醇、类固醇等。

根据其组成的不同，脂类分为脂肪和类脂，脂肪即是甘油一酯、甘油二酯和甘油三酯。其中，甘油一酯和甘油二酯在自然界中含量很少。我们通常说的脂肪分为油（oil）和脂肪（fat），油属于不饱和脂肪酸（poly unsaturated fatty acid，PUFA），脂肪属于饱和脂肪酸（saturated fatty acid，SFA）。不饱和脂肪酸主要是植物油，包括豆油、花生油、葵花子油等，但椰子油、棕榈油除外。饱和脂肪酸主要是动物油，包括牛油、羊油、猪油等，但鱼油除外。

类脂（lipoids）是一类含有脂肪酸的复杂化合物，又分为磷脂类、鞘脂类、糖脂、脂蛋白和类固醇等。磷脂是指含有磷酸、脂肪酸和氮的化合物，如卵磷脂；鞘脂是指含有磷酸、脂肪酸、胆碱和氨基醇的化合物；糖脂和脂蛋白分别指脂肪酸与糖或蛋白质结合的物质。

2. 必需脂肪酸

必需脂肪酸（essential fatty acid，EFA）是指机体不能合成，必须从食物中摄取的脂肪酸。早期认为亚油酸、亚麻酸和花生四烯酸是必需脂肪酸。现在认为人体的必需脂肪酸是亚油酸和α-亚麻酸两种。亚油酸作为其他n-6系列脂肪酸的前体可在体内转变生成γ-亚麻酸、花生四烯酸等n-6系的长链多不饱和脂肪酸。α-亚麻酸则作为n-3系脂肪酸的前体，可转变生成二十碳五烯酸（EPA）、二十二碳六烯酸（DHA）等n-3系脂肪酸。

3. EPA和DHA

居住在北极圈内的因纽特人的膳食以鱼、肉为主，脂肪摄入量都很高，但冠心病、糖尿病的发生率和死亡率都远低于其他地区的人群。经研究发现，鱼油中富含EPA和DHA，它们有降低胆固醇、增加高密度脂蛋白的作用。而高密度脂蛋白是一种能移去血管壁上寄存的胆固醇、疏通血管的物质。它们还有抑制血小板聚集、降低血黏度和扩张血管等作用。动物实验还发现DHA可促进脑的发育，据此推测对儿童的生长发育很可能也有好处。有些植物油中含量丰富的亚麻酸在体内可以转变成EPA和DHA，与深海鱼油所含的EPA和DHA有同样的生物效用。EPA和DHA是组成磷酸、胆固醇酯的重要脂肪酸，已受到营养学界的重视。

4. 反式脂肪酸

反式脂肪酸（trans-fatty acids）是普通植物油经过人为改造变成“氢化油”过程中的产物。经过人工催化，向不饱和脂肪酸为主的植物油中适度引入氢原子，就可以将液态不饱和脂肪酸变成易凝固的饱和脂肪酸，从而使植物油变成黄油一样的半固态甚至固态反式脂肪酸。目的是防止油脂变质，增加产品货架期；增加口感及美味，稳定食品风味。

反式脂肪酸可升高血浆低密度脂蛋白胆固醇，降低高密度脂蛋白胆固醇，增加冠心病的危险性，并诱发肿瘤（乳腺癌等）、哮喘、Ⅱ型糖尿病、过敏等疾病，对胎儿体重、青少年发育也有不利影响。从2003年6月1日起，丹麦市场上人造脂肪含量超过2%的油脂都被禁，因此，成为世界上第一个对人造脂肪设立法规的国家。

二、脂类的生理功能

1. 脂肪

(1) 供给能量。

(2) 促进脂溶性维生素吸收。

(3) 维持体温、保护脏器。

(4) 增加饱腹感。

(5) 提高膳食感官性状。

2. 类脂

类脂主要功能是构成身体组织和一些重要的生理活性物质。

三、脂肪的膳食参考摄入量和主要食物来源

1. 膳食参考摄入量

中国营养学会参考各国不同人群脂肪膳食参考摄入量（RDA），结合膳食结构的实际，提出成人脂肪适宜摄入量（AI）：成年人以脂肪供能占总能量的 20%～30%为宜；饱和脂肪酸、单不饱和脂肪酸、多不饱和脂肪酸的适宜比例为 1∶1∶1，必需脂肪酸的摄入量占全日总能量的 3%，胆固醇的摄入量每天不超过 300mg。

2. 主要食物来源

脂肪的食物来源主要是植物油、油料作物种子及动物性食物。必需脂肪酸的最好食物来源是植物油类，所以在脂肪的供应中，要求植物来源的脂肪不低于总脂肪量的 50%。胆固醇只存在于动物性食物中，畜肉中胆固醇含量大致相近，肥肉比瘦肉高，内脏又比肥肉高，脑中含量最高，一般鱼类的胆固醇和瘦肉相近。

四、脂类与美容

机体储存适量的脂肪可以保持体形健美、增加皮肤弹性、延缓皱纹生成，使皮肤细腻、白皙、有光泽，其在身体各部分的分布直接影响一个人的体形、体态。皮下脂肪储存的多少随营养状况和活动量的多少而改变。膳食脂肪的合理摄取量以及适量运动可保持适度的皮下脂肪，使皮肤丰润、富有弹性和光泽，不仅有了光彩的容貌，还有身材的曲线美。如果饮食摄取和运动的不平衡，脂肪细胞则可以不断地储存甘油三酯，人体可不断地摄入过多的热能物质而导致皮下脂肪堆积，体态则变成臃肿，随之而来的肥胖则会导致糖尿病及高脂血症等一系列疾病的发生。同时，过量的脂肪会从皮肤的皮脂腺孔排出到皮肤表面或储存于毛孔内，易导致痤疮、毛囊炎及酒糟鼻的形成；过多的脂肪还会加重皮脂溢出、加速皮肤衰老。

脂肪的美容保健作用还体现在必需脂肪酸的特殊作用上。必需脂肪酸缺乏表现为皮肤细胞对水通透性增加，会出现炎症反应。而新生组织的生长、损伤组织的修复都需要必需脂肪酸，因此，必需脂肪酸对 X 射线、紫外线灯引起的一些皮肤损害有保护作用，其中亚麻酸效果较好。脂肪酸还可促进生长发育，增进皮肤微血管的健全，防止脆性增加，从而增加皮肤弹性，延缓皮肤的衰老。

相反，如果脂肪长期摄入不足，会出现脂溶性维生素的缺乏、蛋白质和糖类代谢障

碍，从而引起发育迟缓、免疫功能下降、内分泌系统异常等，还会使皮肤粗糙、失去弹性。因此，不摄入脂肪或过多摄入脂肪都会对美容造成不利影响，所以应合理地摄取脂肪，食用油应采用品质好的植物油，如橄榄油、大豆油等，要少吃油炸类食物，要防止油脂酸败和过氧化。

第五节　碳水化合物

碳水化合物（carbohydrates）又叫糖类，是由碳、氢、氧三种元素组成的一大类化合物，由于分子中氢与氧之比是 2∶1，刚好与水分子中氢与氧原子数之比相同，故糖类被称为碳水化合物。

一、碳水化合物的分类

碳水化合物是人体内最主要的功能物质，是人体细胞生命活动的主要能量来源，其在人体内消化吸收后，以葡萄糖的形式入血，在胰岛素的作用下，进入细胞内，迅速氧化给机体提供能量。根据碳水化合物结构可分为单糖、双糖、多糖。具体见表 2-1。

表 2-1　碳水化合物的分类

分　类	亚　类	代表物
单糖	—	葡萄糖、果糖、半乳糖
寡糖（2～10 个单糖分子）	双糖	蔗糖、乳糖、麦芽糖
	其他寡糖	棉子糖、水苏糖、麦芽糊精
多糖（>10 个单糖分子）	淀粉	直链淀粉、支链淀粉、变性淀粉
	非淀粉多糖	纤维素、半纤维素、果胶、亲水胶质物

二、碳水化合物的生理功能

（1）储存和提供能量。
（2）构成组织及重要生命物质。
（3）节约蛋白质作用。
（4）抗生酮作用。
（5）解毒。
（6）提供膳食纤维。

三、碳水化合物的膳食参考摄入量与主要食物来源

1. 膳食参考摄入量

碳水化合物的需要量要依据工作性质、活动强度、饮食习惯、生活水平而定。在发展中国家的膳食结构中，碳水化合物在总能量的供给中所占比例较大，而在发达国家，由于高脂肪、高蛋白膳食结构，使糖类所占总能量的比例较小。高脂肪、高蛋白结构对健康带来的不良影响已引起广泛注意。因此，人们根据碳水化合物、脂肪、蛋白质三大

产能营养素在体内的特殊生理作用及相互影响的事实，提出碳水化合物应提供55%～65%的膳食总能量。

2. 主要食物来源

膳食中淀粉的主要来源是粮谷类和薯类食物。粮谷类一般含碳水化合物60%～80%，薯类含量为15%～29%，豆类为40%～60%。

单糖和双糖的来源主要是蔗糖、糖果、甜食、糕点、甜味水果、含糖饮料和蜂蜜等。

动物性食物中只有奶能提供一定数量的碳水化合物——乳糖，乳糖在肠内停留时间较其他双糖长，有利于细菌的生长，某些细菌能产生维生素 B_{12} 和其他B族维生素。人成年后乳糖酶逐渐消失，所以奶及奶制品会引起某些人的腹泻。

四、碳水化合物与美容

碳水化合物是机体功能的主要来源，供应不足或者过量都会对体形和皮肤造成一定的影响，甚至产生疾病。如果碳水化合物供应不足，就会出现低血糖，使人感到心慌无力、出汗、大脑功能障碍，人的正常生命活动就不能维持；反之，如果碳水化合物摄入过多，超过机体的需要，多余的糖就会转化为中性脂肪储存在体内，使体重增加，导致肥胖的发生，影响体形。体形是反映机体营养状况和健康状况的形态指标。幼儿或儿童期的肥胖如不及时控制纠正转入成年人的肥胖，不仅影响美观，还会带来高血压、冠心病、糖尿病、痛风及癌症等慢性病。因此，保持理想的体重非常重要。

碳水化合物也可为皮肤的代谢提供能量。碳水化合物的供给充足，能促进蛋白质的合成和利用，并能维持脂肪的正常代谢，从而间接地起到美容的作用。如果碳水化合物摄入不足，体内的脂肪被分解，会产生大量的酸性代谢物酮体，因酮体积累而发生酮症酸中毒现象，会使皮肤失去光泽，变得灰暗、干燥、失去弹性。

我们日常所摄入的大米、面粉、薯类是我们通常所说的主食，其供能热能应占总热能的60%以上。但有些人特别爱吃甜食，如糖果、巧克力、冰激凌、糕点等，在三餐正常摄入的情况下，再摄入这些甜食，多余的热能将转变为脂肪，从而造成体重增加，影响体形。所以单糖和蔗糖不能作为膳食碳水化合物的主要来源，最好少食用。而且含糖量高的食品可诱发血糖升高，促使胰岛β-细胞过解的作用，可以进一步加快体重的增加。因此，要控制体重，不要贪吃甜食。可以用水果代替甜食，水果中含有大量的维生素、矿物质、水分和糖类，口感好，而且有些水果还能治疗疾病，特别是含有丰富纤维素的水果。多吃水果可减少主食的摄入，有助于减肥。但凡事不能过量，如果过量食用糖分高的水果，产生的多余热能照样会转变为脂肪，导致肥胖。所以，适宜的摄入水果才是最佳选择。

第六节 维 生 素

维生素是维持身体健康所必需的一类有机化合物，这类物质在体内既不是构成身体组织的原料，也不是能量的来源，而是一类调节物质，在物质代谢中起重要作用。

一、维生素的分类和命名

1. 维生素的分类

维生素不能在体内合成或合成量不足，所以虽然需要量很少，但必须经过食物供给。维生素的缺乏曾给人类带来了极大的威胁，因为几乎每一种维生素极度缺乏时都有致命的危险。植物性食物可供给机体某些必需的维生素，吃植物的动物通常把维生素储存在肝脏中，因此动物肝脏富含维生素，特别有营养价值。不同维生素的功能各异，结构差异也很大，根据其溶解性不同可分为水溶性维生素和脂溶性维生素两大类。具体见表 2-2。

表 2-2　维生素的分类

溶解性不同分类	维生素	俗　名
脂溶性维生素	维生素 A	视黄醇
	维生素 D	钙化醇、抗佝偻病维生素
	维生素 E	生育酚、抗不育维生素
	维生素 K	凝血维生素
水溶性维生素	维生素 B_1	硫胺素、抗脚气病维生素
	维生素 B_2	核黄素
	维生素 B_5	维生素 PP、烟酸、抗癞皮病
	维生素 B_6	吡哆醇、抗皮炎维生素
	维生素 M	叶酸、叶精、抗贫血因子
	维生素 B_{12}	钴胺素、抗恶性贫血维生素
	维生素 H	生物素
	维生素 C	抗坏血酸

2. 维生素的特点

（1）它们以不同形式存在于天然食物中，大多数维生素不能在体内合成，也不能大量储存于组织中，所以必须由食物供给。即使有些维生素（如维生素 K、维生素 B_6）能由肠道细菌合成，也不能替代从食物中获得这些维生素。

（2）维生素不是构成机体各种组织的原料，也不提供能量。

（3）虽然机体每日维生素的生理需要量甚微（仅以毫克或微克计），但是在调节物质代谢过程中是必不可少的。缺少会患维生素缺乏症，过多也会造成疾患。

（4）维生素常以辅酶或辅基的形式参与酶的活动。

3. 维生素的命名

各种维生素的名称开始完全是按发现的顺序，在维生素之后加上英文大写字母构成，分别称为维生素 A、维生素 B、维生素 C、维生素 D、维生素 K 等。后来随着研究的深入，发现不同的维生素具有不同的生理功能，于是又按功能命名——如维生素 A

为抗干眼病维生素或抗夜盲维生素，维生素 C 为抗坏血酸等。具体可见表 2-2。也有许多维生素以其化学结构命名。

二、维生素 A

1. 维生素 A 的种类

维生素 A 是一类不饱和一元醇，包括维生素 A_1 和维生素 A_2 两种。维生素 A_1 存在于哺乳动物及咸水鱼的肝脏中，即视黄醇（retinol）；维生素 A_2 存在于淡水鱼的肝脏中。天然维生素 A 只存在于动物性食品中，存在于植物性食品的胡萝卜素在体内可以转化为维生素 A，故称为维生素 A 原。其中最重要的是 β-胡萝卜素，其次还有 α-胡萝卜素、γ-胡萝卜素和叶黄素。还有一些类胡萝卜素，如玉米黄素、辣椒红素、番茄红素等。

维生素 A 和胡萝卜素溶于脂肪，不溶于水，对热、酸和碱稳定，一般烹调和罐头加工不致引起破坏，但易被氧化破坏，特别在高温条件下更甚，紫外线可促进其氧化破坏。食物中含有磷脂、维生素 E 和抗坏血酸或其他抗氧化剂时，维生素 A 和胡萝卜素都非常稳定。

2. 维生素 A 的生理功能

（1）维持正常视觉功能。

（2）维持上皮组织细胞的健康。

（3）促进细胞生长发育。

（4）抗氧化、抗癌作用。

3. 维生素 A 的参考摄入量与食物主要来源

1）膳食参考摄入量

人体对维生素 A 的需要量取决于人体的体重与生理状况。儿童处于生长发育时期，乳母具有特殊的生理状况，需要量均相对较高。中国营养学会推荐（2000 年）我国居民维生素 A 膳食参考摄入量（RNI）成年人为 800 μg RE/d。

维生素 A 摄入过量则会产生色素沉积，皮肤上出现黄色。孕妇如长期、过量摄取维生素 A，生出畸形儿的比率可能会增加。故中国营养学会提出维生素 A 的可耐受最高摄入量（UL）为 3000 μg RE/d。建议应从食物中摄取足量的维生素 A，而不是依赖药品来补充是重要的保健概念。

案例

过多服“维生素 A”引来头晕、关节痛

半年多前，年逾不惑的徐女士感觉自己的眼睛忽然变得干涩，但因为既不痛又不痒，她便懒得去医院问诊。听办公室里的同事说补充维生素 A 对眼睛很好，她就买了几瓶维生素 A，为求得明显效果，她擅自增加了服用剂量。

服用了维生素A近7个月后，徐女士的干眼症状的确缓解了不少，但不定期袭来的头晕及关节隐隐作痛却成了她新的烦恼。在一次和老同学的聚会中，她又习惯性地在饭后掏出2片维生素A吞服，一位是医生的老同学在随口问了她服用剂量后明确告知：赶紧停服维生素A，因为她的头晕及关节痛就是过量服用营养素补充剂对身体造成的副作用。

【对策】

每个人对营养素补充剂的需求是不同的。年龄性别不同、生理病理状态不同、饮食习惯不同都应该有个体化的方案。和抗生素相比，营养素补充剂的购买渠道更加便捷。许多市民很方便、很自然地成了营养素补充剂的追捧者。专家指出，服用营养素补充剂大有讲究，需要"度身定做"。有可能的话应该去医院做全面体格检查，在生化检测、膳食摄入调查、疾病风险预测的基础上，由专业的营养师或医师制定科学合理的营养素补充方案，做到平衡有度。

对于此案例中，适量服用维生素A对防治皮肤干燥、眼干、夜盲症有一定的作用。但如果小儿一次用量超过30万单位，成年人超过50万单位，就会引起头晕、腹泻、嗜睡。不论成人或小儿，如连续每日服10万单位，超过6个月，可造成关节疼痛、肿胀，无力、妇女月经过多等不良后果。试想，如果徐女士在擅自服用维生素A前咨询一下医生，身体反应上便不会出现"新的烦恼"。

2）主要食物来源

维生素A在动物性食物中含量丰富，最好的来源是各种动物的肝脏、鱼肝油、全奶、蛋黄等。植物性食物只含β-胡萝卜素，最好的来源为有色蔬菜，如菠菜、空心菜、芹菜叶、莴笋叶、胡萝卜、辣椒，水果中的芒果、杏子、柿子等。如果缺乏维生素A，可建议食谱：韭菜炒猪肝、肚肺萝卜煲、炒南瓜、菠菜金针菇、韭菜炒鸡蛋。

三、维生素A与美容

维生素A被称为"健美维生素"，能够维持皮肤和黏膜的完整性及弹性，使皮肤保持正常的新陈代谢；具有强化皮肤和黏膜的作用，可使皮肤柔软细嫩、增加皮肤光泽、去皱纹、淡化皮肤斑点、预防皮肤癌。膳食中维生素A长期缺乏或不足，首先出现暗适应能力降低，然后出现一系列影响上皮组织正常发育的症状，表现为皮肤干燥、弹力下降、呈鳞片状、异常粗糙及皱缩等，称为毛囊角化过度症。这些症状多出现在上下肢的伸肌表面、肩部、背部、下腹部及臂部的毛囊周围。上皮细胞的角化不仅出现在皮肤，还发生在呼吸道、消化道、泌尿生殖器官的黏膜处及眼的角膜和结膜上，因此泪腺、唾液腺、汗腺、胃腺等分泌机能下降，从而发生一系列病变（图2-2）。维生素A还是丘脑、脑垂体等重要内分泌腺体活动所需要的重要营养成分，当其不足时，丘脑、脑垂体不能向卵巢发出正常的分泌激素的指令，致使性激素比例失调，使皮肤容易长痤疮。如在化妆品中加入维生素A，可使皮肤与黏膜代谢正常，阻止皮肤角化，使毛发光亮，促进毛发正常生长。

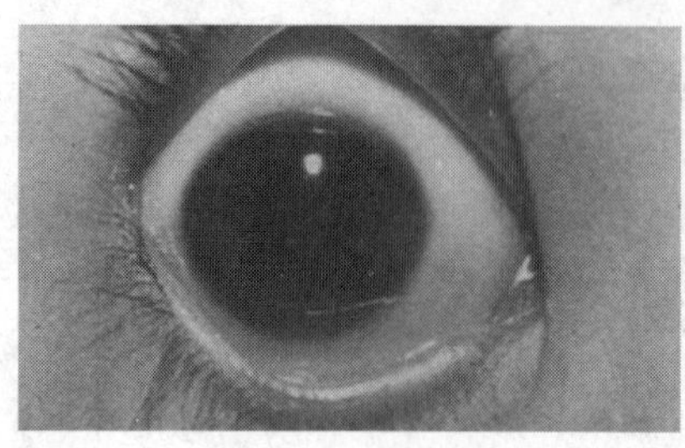
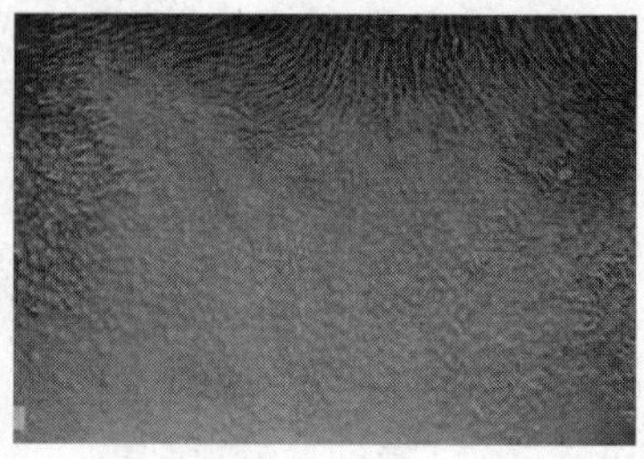

图 2-2　缺乏维生素 A 导致的干眼症和毛囊角化过度症

缺乏维生素 A 其他方面还会表现为记忆力减退甚至痴呆，心情烦躁及失眠，指甲出现深刻明显的白线，头发干枯等症状。

四、维生素 D

维生素 D 是类固醇的衍生物，环戊烷多氢菲类化合物，因具有抗佝偻病的作用，所以又叫抗佝偻病维生素。以维生素 D_3（胆钙化醇）和维生素 D_2（麦角钙化醇）两种形式最为常见。

维生素 D 溶于脂肪溶剂，对热、碱较稳定。通常烹调方法不至于损失。光及酸可促进其异构化。脂肪酸败也可引起维生素 D 破坏。

1. 生理功能

人类从两个途径可获得维生素 D，即经口从食物摄入与皮肤内由维生素 D 原形成。摄入的维生素 D 在小肠与脂肪一起被吸收。维生素 D_3 在体内发挥生理功能，并非其原始形式，而是经代谢活化而成的活化形式。其主要生理功能有：

（1）促进小肠黏膜对钙吸收。

（2）促进骨组织的钙化。

（3）促进肾小管对钙、磷的重吸收。

2. 维生素 D 的膳食参考摄入量与主要食物来源

1）膳食参考摄入量

对膳食维生素 D 最低需要量尚难肯定，因为皮肤形成的维生素 D 量难确定。皮肤形成的量取决于阳光照射程度、时间及身体暴露面积。阳光照射强度又与季节、云雾和大气污染情况有关，因此皮肤形成量变化较大。

中国营养学会建议，我国居民维生素 D 膳食参考摄入量（RNI）成年人为 5 μg/d，儿童、少年、乳母、孕妇及老人为 10 μg/d。长期大量服用维生素 D 可引起中毒，为此，中国营养学会提出维生素 D 可耐受最高摄入量（UL）为每天 20 μg。

对于日照少的地区可适当增加，婴幼儿、孕妇和乳母可根据季节和日照情况，适量增加维生素 D 的供给，成人因户外活动较多，可适当减量。

2）主要食物来源

天然食物来源的维生素 D 不多，脂肪含量高的海鱼、动物肝脏、蛋黄、奶油和干酪等中相对较多。鱼肝油中的天然浓缩维生素 D 含量很高。

3. 维生素 D 与美容

维生素 D 对皮肤与形体有较大的影响。对皮肤，1,25-$(OH)_2D_3$ 可促进皮肤表皮细胞的分化，对皮肤疾病具有潜在的治疗作用。维生素 D 能促进皮肤的新陈代谢，有促进骨骼生长和牙齿发育的作用。体内维生素 D 缺乏时，皮肤就易患渗出性疾病，对日光敏感，在日晒部位发生皮炎、干燥脱屑、口唇和舌发炎，且容易破损、溃烂，使肌肉弹性减退，形成皱纹。服用维生素 D 可抑制皮肤红斑形成，治疗银屑病、斑秃、皮肤结核等。

缺乏维生素 D 时，血中钙、磷含量降低，不仅骨骼生长发生障碍，同时也影响肌肉和神经系统的正常功能。低血钙能刺激甲状旁腺分泌甲状旁腺素，从而使骨内钙质移入血中，结果会导致骨质疏松。同时软骨母细胞发挥代偿作用生成软骨质，因为缺乏钙质沉淀而使骨骼柔软变形，临床上表现为佝偻病或骨质软化病。

婴幼儿佝偻病表现为烦躁、夜惊、多汗，头部经常在枕头上转动摩擦形成“枕秃”，肌肉韧带松弛，腹肌无力，肝脾肿大，腹部膨起如“蛙腹”，食欲不振，腹泻或便秘，以致发生贫血，抵抗力下降。缺钙引起骨骼方面的变化：患婴颅骨软化，头骨隆起呈方形，前囟门闭合延迟；幼儿肋骨与软骨连接处有珠状突起，呈肋骨串珠，表现为胸骨前凸或内陷形成“鸡胸”或“漏斗胸”。下肢内弯或外弯，形成“O”形或“X”形腿（图 2-3）。

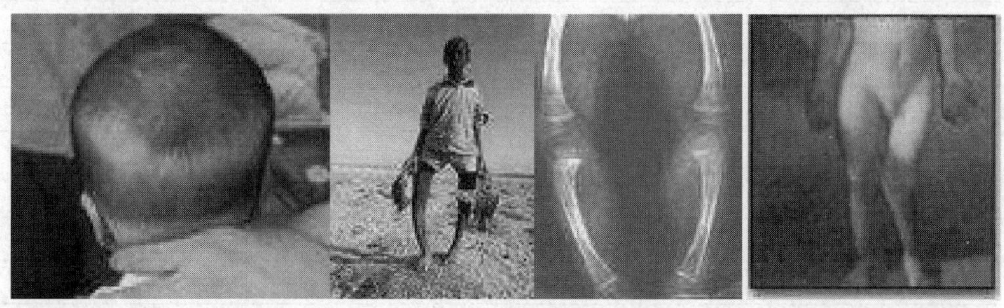

图 2-3　婴幼儿佝偻病症状

五、维生素 E

维生素 E 又称为生育酚、抗不育维生素，是指具有 α-生育酚生物活性的一类物质，包括 4 种生育酚和 4 种生育三烯酚，其中 α-生育酚生物活性最高。维生素 E 常用作抗氧化剂，其本身为淡黄色油状物，对热、光及碱性环境较稳定，在一般烹调过程中损失不大，但在高温中，如油炸，由于氧的存在和油脂的氧化酸败，可使维生素 E 的活性明显下降。

1. 生理功能

（1）抗氧化作用。

（2）与动物的生殖功能有关。

（3）抗衰老作用。

（4）保持红细胞的完整性。

2. 维生素E膳食参考摄入量与主要食物来源

1）膳食参考摄入量

人体不同生理时期对维生素 E 的需要量不同。妊娠期间对维生素 E 的需要量增加，以满足胎儿生长发育的需要。婴儿出生时体内维生素 E 的储存量有限，为了防止发生红细胞溶血，早产婴儿在出生的头 3 个月，应补充维生素 E13 mg/（kg 体重）。从人体衰老与氧自由基损伤的角度考虑，老年人需要增加维生素 E 的摄入量。中国营养学会建议，成年人膳食参考摄入量（AI）为 14 mg/d。

2）主要食物来源

维生素 E 在自然界中广泛分布于动、植物组织中，一般不易缺乏。维生素 E 以麦胚油、豆油、玉米油等植物油中的含量最为丰富，在绿叶蔬菜、大豆、花生仁、葵花子、麦芽、核桃、松子等食品中含量也较高，所以通过膳食即可获得足够的维生素 E。常见食物中维生素 E 的含量见表 2-3。

表 2-3 常见食物中总维生素 E 单位：mg/100g

食物名称	含 量	食物名称	含 量	食物名称	含 量	食物名称	含 量
胡麻油	389.90	螺	20.70	鸡蛋黄	5.06	葡萄	1.66
鹅蛋黄	95.70	黄豆	18.90	蚕豆	4.90	黄鳝	1.34
豆油	93.08	杏仁	18.53	豇豆	4.39	鸡蛋	1.23
芝麻油	68.53	花生仁	18.09	小米	3.63	大黄鱼	1.13
菜籽油	60.89	鸭蛋黄	12.72	红枣（干）	3.04	番茄	1.19
葵花子油	54.60	黑木耳	11.34	豆腐	2.71	稻米（粳）	1.01
玉米油	51.94	绿豆	10.95	豆角	2.24	糯米	0.93
花生油	42.06	乌贼	10.54	樱桃	2.22	稻米（籼）	0.54
松子仁	32.79	桑葚	9.87	芹菜	2.21	猪肝	0.86
羊肝	29.93	红辣椒	8.76	萝卜	1.80	肥瘦猪肉	0.49
发菜	21.70	玉米（白）	8.23	小麦粉	1.80	牛奶	0.21

3. 维生素E与美容

维生素 E 被人们誉为“抗衰老维生素”，对保持皮肤代谢、防止皮肤衰老有着至关重要的作用。人体皮脂的氧化作用是皮肤衰老的主要原因之一，维生素 E 具有抗氧化作用，能抑制脂质过氧化反应，减少脂质产生和沉积，促进人体细胞的再生与活力，延长细胞分裂周期，推迟细胞的老化过程，延缓衰老。维生素 E 能保护皮脂、细胞膜蛋白质及皮肤中的水分，使皮肤细嫩光洁，富有弹性，减少面部皱纹，洁白皮肤，防治痤疮。维生素 E 具有维持结缔组织弹性、促进血液循环的作用，使皮肤有丰富的营养供应，对皮肤中的胶原纤维和弹力纤维有“滋润”作用，从而改善和维护皮肤弹性。在化妆品或外用制剂中加入维生素 E，能加快皮肤的柔嫩与光泽，增进皮肤的弹性，对消除面部皱纹和色素沉着斑、延缓皮肤的衰老具有良好作用。维生素 E 具有扩张末梢血管、改善血管微循环的作用，能促进营养成分的输送以及体内“代谢垃圾”的排泄，从而有利于“斑”的祛除。维生素 E 可改善头发毛囊的微循环，保证毛囊有充分的营养供应，使头发再生。

案例

视力模糊伴恶心“维生素 E 中毒”在作祟

年近七旬的刘老太近来因头痛、恶心、眩晕、视力模糊，到医院求诊。医生按脑动脉供血不足为她治疗一段时间后，症状不仅无好转且有加重之势。当医生再次详细询问她过去的病史时，才得知她多年坚持大剂量服用维生素 E，医生最后得出了“维生素 E 中毒”的诊断结论。停服“维生素 E”半个月后，刘老太的病情开始好转，1 个月后上述症状竟然完全消失了。刘老太心里十分纳闷：“维生素 E”不是抗衰老的营养素吗？营养素补充剂应该对健康有好处，怎么会令身体中毒呢？

【对策】

从广义上说，维生素片、钙片、鱼肝油丸以及目前出现的多种维生素和复合维生素矿物质等，都属于营养素补充剂。从目前大多数国人的日常营养状态分析，适当服用一些需要的营养素补充剂是有必要的。但如果过分依赖营养素补充剂，将其功能无限放大，俨然成了“有病治病，无病防病”的滋补佳品。这样服用营养素补充剂并不是多多益善，长期过量服用，必然会引起不良反应，甚而导致中毒。

以维生素 E 为例，其具有多种生理功能，而抗氧化作用是其最主要功能，对润泽肌肤、延缓衰老亦有一定功效。但长期服用大剂量“维生素 E”会引起各种疾患，其中较严重的主要有血栓性静脉炎及肺栓塞，并出现头痛、腹痛、腹泻、肌肉衰弱及视力障碍等。

六、维生素 K

维生素 K 具有促进凝血的功能，又名凝血维生素，是一类萘醌的化合物。维生素 K 在室温下是黄色油状物，它们溶于脂肪及脂溶剂，不溶于水，对光和碱敏感，但对热和氧化剂相对稳定。

1. 生理功能

（1）血液凝固作用。
（2）影响骨代谢的作用。

2. 维生素 K 的膳食参考摄入量与主要食物来源

1）膳食参考摄入量

维生素 K 可由肠道细菌制造，食物来源亦丰富，一般造成缺乏的情况并不多见。出生的婴儿因第一周的肠管呈无菌状态，母乳又仅能提供少量的维生素 K，较易造成初生儿出血症。另外，若因肝、胆疾病及脂肪吸收不良或长期服用抗生素等，皆有可能造成人体内维生素 K 不足而导致缺乏症。婴儿每日建议量约 5 μg，儿童提高为 15～30 μg，青少年 70 μg，成人约 80 μg。

2）主要食物来源

维生素 K_1 是绿色植物中叶绿体的组成成分，故绿色蔬菜含量丰富，动物肝脏、鱼类的含量也较高，而水果和谷物含量较少，肉类和乳制品含量中等。绿色蔬菜、花椰菜、甘蓝菜、菠菜、莴苣、芜菁、白菜及马铃薯、水果、大豆、燕麦等谷类及种子食品、蛋黄、牛奶、干酪与海藻类是维生素 K 的来源。

3. 维生素 K 与美容

缺乏维生素 K 时肝脏所产生的凝血酶原减少，血中几种凝血因子的含量都降低，致使出血后血液凝固发生障碍。皮下易出现淤点、淤斑，有碍美容。轻者凝血时间延长，重者可出现显著出血情况：皮下可出现紫癜或淤斑，鼻衄、牙龈出血、创伤后流血不止；有时还会出现肾脏及胃肠道出血。

七、维生素 B_1

维生素 B_1 又称硫胺素（thiamine）、抗脚气病维生素。维生素 B_1 极易溶于水，微量溶于乙醇，不溶于其他有机溶剂，对热较稳定，在一般烹调温度下损失不大，遇碱则易被破坏，所以在烹调食物时，应尽量不放或少放碱。

1. 维生素 B_1 的生理功能

（1）构成辅酶，维持体内正常代谢。

（2）促进胃肠蠕动。

（3）对神经组织的作用。

（4）缺乏可导致脚气病。

2. 维生素 B_1 膳食参考摄入量与主要食物来源

1）膳食参考摄入量

中国营养学会推荐的膳食维生素 B_1 参考摄入量（RNI）为成年男子 1.4 mg/d，成年女子 1.3 mg/d。

2）主要食物来源

维生素 B_1 广泛存在于天然食物中，但含量随食物种类而异，且受收获、储存、烹调、加工等条件影响。最为丰富的来源是葵花子仁、花生、大豆粉、瘦猪肉；其次为小麦粉、小米、玉米、大米等谷类食物；鱼类、蔬菜和水果中含量很少。高温环境下工作或神经精神高度紧张者对维生素 B_1 的需要量大。另外，引起代谢率增高的某些疾病，如发烧或其他炎症、甲状腺机能亢进等，以及输注葡萄糖的病人，维生素 B_1 的需要量都要相应增加。

应当强调指出的是：粗杂粮是维生素 B_1 的丰富来源。近几年，由于人民生活水平提高和营养知识的缺乏，爱吃精米精面已成风气，在我国本已绝迹的脚气病又卷土重来。成人脚气病表现为多发性神经炎、肌肉萎缩和水肿。这种脚气病就是由于缺乏维生素 B_1 而引起的。维生素 B_1 不能在体内储留，必须不断从饮食中补给，粗粮、豆制品、发酵食品、小麦胚芽、瘦猪肉及动物内脏维生素 B_1 含量丰富。维生素 B_1 还存在于植物种子的外表皮中。多食用粗粮，可以补充维生素 B_1。豌豆和蚕豆也富含维生素 B_1，但烹调过度会使之破坏。

3. 维生素 B_1 与美容

维生素 B_1 能促进皮肤的新陈代谢，使血液循环畅通，因而被称为“美容维生素”。维生素 B_1 能促进胃肠功能，可增进食欲、促进消化、防止肥胖，还能润泽皮肤、舒展皮肤皱纹和防止皮肤老化，对身体消瘦者可促使肌肤丰满。缺乏维生素 B_1 容易导致疲劳、没有胃口，使皮肤过早衰老、产生皱纹。维生素 B_1 可参与糖的代谢，维持神经、心脏与消化系统的正常功能，从而帮助皮肤保持青春美丽、减少炎症的发生。医学研究证明神经炎、脂溢性皮炎常与维生素 B_1 缺乏有关。当体内维生素 B_1 不足时，会引起心脏功能衰弱，使体内水分的代谢发生障碍而导致水肿，使皮肤变黄且易过敏和破损。

八、维生素 B_2

维生素 B_2（核黄素）于 1897 年以乳黄素的形式从牛奶的乳清中分离出来。维生素 B_2 是一种能溶于水的黄绿色物质，来源于食物中的四种黄色素，肝中的叫肝黄素，奶中的叫乳黄素，蛋中的叫蛋黄素，草中的叫黄绿素，科学家发现一切生命体的细胞核中都含有这种物质，因此定名为核黄素。

维生素 B_2 在自然界分布虽较广，但含量并不多。纯粹的核黄素是黄橙色结晶，不溶于脂肪，能溶于水，核黄素对热稳定，在酸性溶液中加热到 100℃时仍能保存，在碱性溶液中很快被破坏。核黄素对光很不稳定，受光作用时，容易失去生理效能。为了避免食品中核黄素的损失，应尽量避免在阳光下暴露。

1. 维生素 B_2 的生理功能

（1）构成黄酶辅酶参加物质代谢。
（2）参与细胞的正常生长。
（3）抗氧化活性。

2. 维生素 B_2 膳食参考摄入量和主要食物来源

1）膳食参考摄入量

中国营养学会推荐的膳食维生素 B_2 参考摄入量（RNI）为成年男子 1.4 mg/d，成年女子 1.2 mg/d。

2）主要食物来源

维生素 B_2 广泛存在于天然食物中，但因其来源不同，含量差异很大。动物性食品，尤以动物内脏如肝、肾、心肌等含量最高；其次是蛋类、奶类；大豆和各种绿叶蔬菜也含有一定数量，其他植物性食物含量较低。

维生素 B_2 是一种比较易缺乏的维生素。特别是膳食中动物内脏、蛋、奶较少时，必须设法加以补充，如多吃新鲜的叶菜和豆类。应根据维生素 B_2 的化学性质，采取各种措施，尽量减少其在食品加工、烹调、储存中的损失。一般动物性食物含维生素 B_2 较高，奶类和蛋制品也含有丰富的维生素 B_2。核黄素也存在于酵母、麦胚和绿叶蔬菜里。

3. 维生素 B_2 与美容

由于维生素 B_2 是体内氧化还原反应中酶的辅酶，在三大营养素代谢中作为主要电子传递和主要递氢体，从而影响着整个物质代谢过程。其不足会使物质代谢障碍，从而影响生长发育；影响皮肤和黏膜的完整性，主要表现在眼部、口腔、皮肤的变化。

1）眼部症状

球结膜充血，角膜周围血管增生，角膜透明度下降，角膜与结膜相连处有时发生水疱。严重时角膜下部出现溃疡，发生睑缘炎，出现羞光、视物模糊、流泪等。目前有研究认为老年白内障暗适应能力下降与维生素 B_2 缺乏有关。对于暗适应能力下降的人，当给予维生素 A 无效不明显时，给予维生素 B_2 有时起到积极的作用。

2）口腔症状

口角湿白、裂隙、疼痛，口腔溃疡，唇肿胀、唇炎，舌肿胀和疼痛，红斑及舌乳头萎缩。典型者全舌呈紫红色或红、紫相间，并伴有裂隙，有的出现中央红斑、边缘界限清楚的地图样变化（地图舌，见图 2-4）。

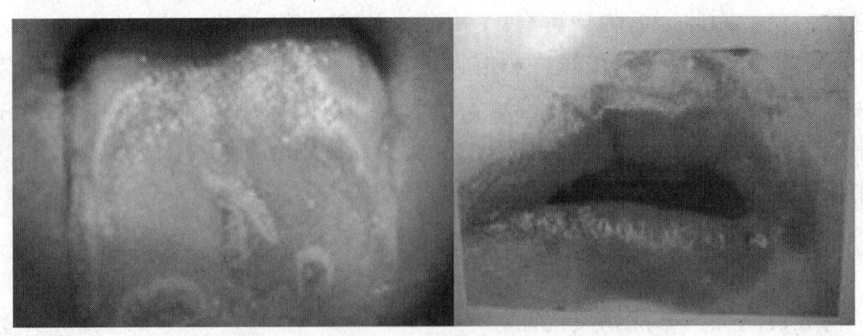

图 2-4 缺乏维生素 B_2 导致的地图舌、唇炎

3）皮肤症状

维生素 B_2 常有“抗皮炎维生素”之称，参与体内许多氧化还原反应，能促进皮肤新陈代谢和血液循环。因此，维生素 B_2 有保持皮肤健美，使皮肤皱纹变浅，消除皮肤斑点及防治末梢神经炎的作用。维生素 B_2 是皮肤不可少的营养素，供给不足时，可引

起皮肤粗糙、皱纹形成、脱屑及色素沉着等症状，影响皮肤的平滑、光泽。还可导致脂溢性皮炎，常见于皮脂分泌旺盛的部位。多见于鼻唇沟、下颌、眉间、眼外部及耳后、乳房下、腋下、腹股沟等处。患处皮肤皮脂增多，轻度红斑，有脂状黄色鳞片；有的出现酒渣鼻等，严重影响美容，还可导致脂溢性脱发。同时，男性阴囊常有渗液、糜烂、脱屑、皲裂、皮肤变厚等变化。此等变化也偶见于女性阴唇。维生素 B_2 能够帮助皮肤抵抗日光的损害，机体缺乏维生素 B_2 时，皮肤对日光比较敏感，容易出现光化性皮炎。人体脂肪分解时也需要大量的维生素 B_2，缺乏维生素 B_2 脂肪就会滞留于毛孔内，使皮肤分泌物增加，引起痤疮等。

由于维生素 B_2 缺乏常表现为口腔与生殖器官炎症变化，故有口腔-生殖综合症之称。另据研究报道，维生素 B_2 缺乏可使生长停止、食欲减退、繁殖力下降、寿命缩短，易导致脱发、皮肤干燥以及消化和神经系统功能障碍。

九、烟酸

烟酸又名维生素 PP、抗癞皮病因子、维生素 B_5 等，其氨基化合物为烟酰胺，二者都是吡啶的衍生物。烟酸、烟酰胺均溶于水和乙醇，性质较稳定，酸、碱、氧、光或加热条件下不易破坏，一般加工烹调损失很小，但会随水流失。

1. 生理功能

（1）构成脱氢酶的辅酶。

（2）葡萄糖耐量因子的组成成分。

（3）扩张末梢血管和降低血清胆固醇水平。

烟酸缺乏可引起癞皮病。此病起病缓慢，常有前驱症状，如体重减轻、疲劳乏力、记忆力差、失眠等。如不及时治疗，则可出现皮炎（dermatitis）、腹泻（diarrhea）和痴呆（depression）。由于此三系统症状英文名词的开头字母均为“D”字，故又称为癞皮病“3D”症状。

2. 烟酸膳食参考摄入量和主要食物来源

1）膳食参考摄入量

中国营养学会推荐的膳食烟酸参考摄入量（RNI）为成年男子 14 mgNE/d，成年女子 13 mgNE/d。

2）主要食物来源

烟酸及烟酰胺广泛存在于食物中。植物性食物中存在的主要是烟酸，动物性食物中以烟酰胺为主。烟酸和烟酰胺在肝、肾、瘦畜肉、鱼以及坚果类中含量丰富；乳、蛋中的含量虽然不高，但色氨酸较多，可转化为烟酸。

3. 烟酸与美容

缺乏烟酸可导致癞皮病，初期临床表现为体重减轻、食欲不振、失眠、头疼、记忆力减退等，继而出现皮肤、胃肠道、神经系统症状。

皮肤症状为对称性皮炎，分布于身体暴露和易受摩擦部位，如面、颈、手背、下臂、足背、小腿下部，以及肩背部、膝肘处皮肤和阴囊、阴唇、肛门等处出现对称性晒斑样损伤。皮炎最初表现为灼伤、红肿、水泡、溃疡等，随后，皮肤逐渐变为暗红色或红棕色，表皮粗糙变厚、脱屑、过度角化、鳞癣状变化、色素沉着，也可因感染而糜烂，边缘清楚。典型的皮肤表现似火烫伤或麻风样变，见图 2-5。烟酸还参与 DNA 合成及细胞分化，若烟酸缺乏则蛋白质在 DNA 修复、复制及细胞分化时受阻，皮肤伤口愈合减慢，伤口易感染，形成疤痕，有碍美容观瞻。

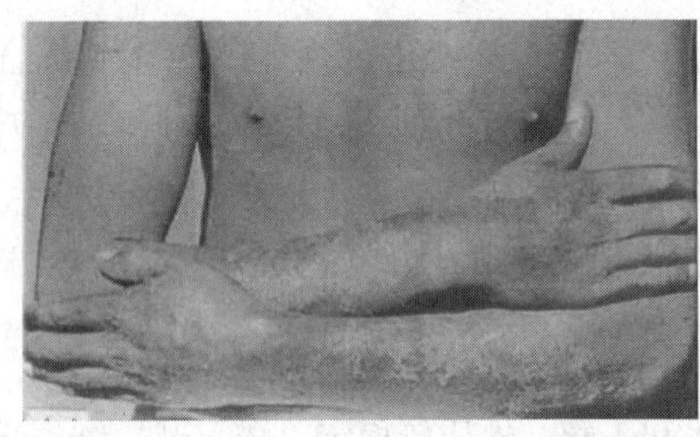
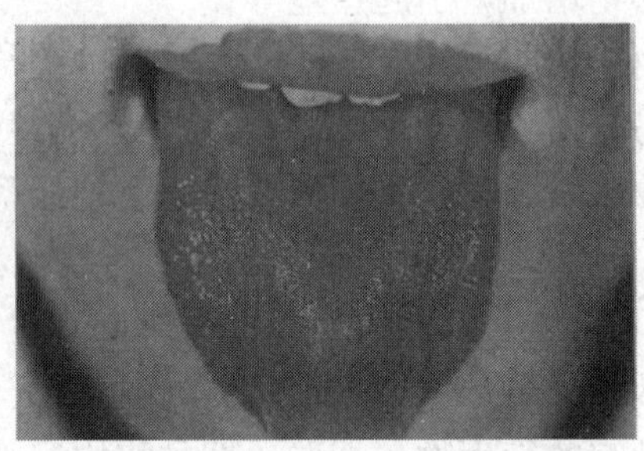

图 2-5　缺乏烟酸的对称性皮炎和杨梅舌

胃肠道症状主要为食欲丧失，消化能力减弱，恶心，呕吐，腹痛，腹泻或便秘（或二者交替）。舌与口腔炎症，舌平滑，上皮脱落，色泽红如杨梅（称杨梅舌，见图 2-5），伴疼痛，水肿。有时味蕾上皮脱落，溃面周围暗紫色而呈地图形。神经系统症状包括神经错乱、神志不清、甚至痴呆等。

十、维生素 B_6

维生素 B_6 是吡啶的衍生物，在生物组织内有吡哆醇（pyridoxine）、吡哆醛（pyridoxal）和吡哆胺（pyridoxamine）三种形式，均具有维生素 B_6 的生物活性。这三种形式通过酶可互相转换。第一种主要存在于植物性食品中，后两种主要存在于动物性食品中。维生素 B_6 易溶于水，对酸相当稳定，在碱性溶液中易破坏，在中性溶液中易被光破坏，对氧较稳定。吡哆醛和吡哆胺较不耐热，吡哆醇耐热，在食品加工、储存过程中稳定性较好。

1. 生理功能

（1）维生素 B_6 是许多重要酶的辅酶。
（2）维生素 B_6 是形成神经介质所必需的物质。
（3）可降低血清胆固醇。

2. 维生素 B_6 膳食参考摄入量和主要食物来源

1）膳食参考摄入量

人体对维生素 B_6 的需要与膳食中蛋白质的含量、肠道细菌合成部分的数量及人体利用程度、生理状况、服用药物状况有关。一般不会缺乏维生素 B_6，但在怀孕、药物治疗、受电离辐射或在高温环境下生活、工作时，需要适当增加供给量。中国营养学会推荐的膳食维生素 B_6 参考摄入量（RNI）成年人为 1.2 mg/d。

2）主要食物来源

维生素 B_6 广泛存在于动植物食物中，其中豆类、畜肉及肝脏、鱼类等食物中含量较丰富，其次为蛋类、水果和蔬菜，而奶类、油脂等中含量较低。

3. 维生素 B_6 与美容

维生素 B_6 的作用与维生素 B_2 相似，能与氨基酸发生作用，调节糖和脂肪的代谢、维持体形。维生素 B_6 可促进人体脂肪代谢、滋润皮肤、抑制皮脂腺活动、减少皮脂的分泌，可用于治疗脂溢性皮炎和暗疮，对扁平疣、带状疱疹等有辅助治疗作用。维生素 B_6 缺乏时，会导致蛋白质的代谢异常，而使皮肤发生种种变化，引起脂溢性皮炎、痤疮、酒渣鼻等损容性皮肤病。维生素 B_6 参与血红素的合成，若缺乏维生素 B_6 可发生低色素小细胞性贫血，皮肤苍白，疲乏无力，影响人的精神状态。另外还与脱毛、荨麻疹、湿疹、冻疮等皮肤病有关。人们之所以将维生素 B_6 同维生素 B_2 称为美容维生素，就因为它们能防治各种皮肤疾患，使皮肤光洁柔润。维生素 B_6 的磷酸酯是多种酶系统的活性辅基，在物质代谢中发挥重要作用，如抗脂肪肝、降低血清胆固醇的作用，防止肥胖，健美机体。

十一、叶酸

叶酸又称叶精、蝶酰谷氨酸、抗贫血因子、维生素 M、维生素 U 等，是对氨基苯甲酸和谷氨酸结合而成的一组化合物，因最初从菠菜中分离出来而得名。其为橙黄色结晶，微溶于水，不溶于有机溶剂；在酸性溶液中对热不稳定，在碱性或中性溶液中对热稳定，易被酸和光破坏；在室温下储存食物很容易损失其所含的叶酸。

1. 生理功能

叶酸对于细胞分裂和组织生长具有极其重要的作用。叶酸在脂代谢过程中亦有一定作用。孕妇摄入叶酸不足时，胎儿易发生先天性神经管畸形。叶酸缺乏也是血浆同性半胱氨酸升高的原因之一。

近年来，国内外的医学研究结果表明，叶酸对预防心脑血管疾病有重要的作用。人体低叶酸状态在某些肿瘤形成的早期可能起重要作用。在同样受到病毒感染的情况下，血液中叶酸水平过低的妇女较叶酸水平正常的妇女患子宫颈癌的危险性高 5 倍。

叶酸缺乏可引起巨幼红细胞贫血和高同型半胱氨酸血症，另外，可引起胎儿神经管畸形。

2. 叶酸膳食参考摄入量和主要食物来源

1）膳食参考摄入量

中国营养学会建议我国居民叶酸膳食参考摄入量（RNI）成年人为 400 μg DFE/d，

可耐受最高摄入量（UL）为 1000 μg DFE/d。

2）主要食物来源

叶酸广泛存在于各种动、植物食品中。富含叶酸的食物为动物肝、肾、鸡蛋、豆类、酵母、绿叶蔬菜、水果及坚果类。但叶酸怕热、怕光，食物经煎、炒、蒸、煮后大部分叶酸已损失。因此，科学合理的烹饪方法对保持蔬菜中的叶酸不受损失十分重要。

3. 叶酸与美容

叶酸有造血功能，与核酸、血红蛋白的生物合成有密切关系，对正常红细胞形成有促进作用。其促进 DNA 合成，缺乏叶酸时，染色质变得疏松，可使红细胞的发育成熟发生障碍，核分裂停止，细胞核形增大，造成巨红细胞性贫血症，其表现为面色苍白，精神状态欠佳。叶酸缺乏还能引起口炎性腹泻，此时红细胞与白细胞的生成都减少；还可能引起智力退化和精神病，常见于热带地区人群及老年人。

十二、维生素 B_{12}

维生素 B_{12} 又称钴胺素，是一组含钴的类咕啉化合物。维生素 B_{12} 无臭无味，熔点高，溶于水、乙醇和丙酮。水溶液在弱酸性环境中相当稳定，但在强酸或碱性溶液中易分解，遇热可有一定程度的破坏，但快速高温消毒损失较小，遇强光或紫外线易被破坏。

1. 生理功能

维生素 B_{12} 在体内以甲基钴胺素和腺苷钴胺素两种辅酶形式参与体内生化反应、发挥生理功能。维生素 B_{12} 作为辅酶参与蛋氨酸的转变、提高叶酸的利用率、增加核酸和蛋白质的合成、促进红细胞的发育和成熟、影响脂肪酸的正常合成。如缺乏维生素 B_{12}，可形成高同型半胱氨酸血症，导致核酸合成障碍、恶性贫血、神经系统疾病。

2. 维生素 B_{12} 膳食参考摄入量和主要食物来源

1）膳食参考摄入量

中国营养学会建议的膳食参考摄入量（AI），成年人为 2.4 μg/d。孕妇、乳母为 4 μg/d，胃黏膜萎缩、胃全部切除、甲亢及长期应用广谱抗生素者应防止维生素 B_{12} 缺乏。国外严格素食者、缺乏维生素 B_{12} 的母亲所生育的婴儿都易发生维生素 B_{12} 不足症状。

2）主要食物来源

维生素 B_{12} 主要食物来源为肉类、动物内脏、鱼、禽、贝壳类及蛋类，乳及乳制品中含量较少，植物性食品基本不含维生素 B_{12}。维生素 B_{12} 缺乏多因吸收不良引起，膳食维生素 B_{12} 缺乏较少见。膳食缺乏见于素食者，由于不吃肉食可发生维生素 B_{12} 缺乏。老年人和胃切除患者胃酸过少也会引起维生素 B_{12} 的吸收不良。

3. 维生素 B_{12} 与美容

维生素 B_{12} 是一种抗贫血的维生素，能促进铁红蛋白的合成，是重要的“造血原料”之一，可用于治疗缺铁性贫血。它能营养皮肤，使容颜红润，还能影响性功能和性激素的功能，所以具有美容功效。维生素 B_{12} 在食物中部分为游离型，大部分为结合型（与谷氨酸结合），是维持组织细胞结构和功能所必需的。此外还能参与血红蛋白的生成和核酸代谢，增进神经和皮肤健康，有助于保持和恢复毛皮颜色。缺乏时，可发生各种贫血症状。

十三、维生素C

维生素C又称抗坏血酸（ascorbic acid），在酸性溶液中比较稳定，易溶于水，遇空气、热、光、碱性物质均能遭到不同程度的损失。在空气中易被氧化失效，与某些金属，特别是在有氧化酶及微量铜、铁等重金属离子存在下，可促进其氧化破坏进程。蒸煮蔬菜，尤其是在碱性条件下蒸煮时，维生素C可被明显破坏。采用酸性处理、冷藏、隔氧等措施，则可使食品中维生素C破坏延缓。

1. 生理功能

（1）抗氧化作用。
（2）促进胶原组织合成。
（3）促进胆固醇代谢。
（4）提高铁的利用率，具有防贫血作用。
（5）解毒作用。
（6）抗感染作用。
（7）缺乏可导致坏血病。

2. 维生素C膳食参考摄入量和主要食物来源

1）膳食参考摄入量

中国营养学会建议的膳食参考摄入量（RNI），成年人为100 mg/d，可耐受最高摄入量（UL）为1000 mg/d。

而对于特殊人群，维生素C的摄入量需要相应增加。若是吸烟者，比正常量约增加50％；在寒冷条件与高温、急性应激状态下，如外科手术者，其维生素C的需要量增加；服用避孕药会使血浆维生素C的浓度下降；采用高营养浓度的全静脉营养也需要增加维生素C的供给量，因为在这种情况下尿中的损失增加；老年人血浆的维生素C水平往往低于正常，也需要适当增加。

2）主要食物来源

维生素C主要来源于新鲜蔬菜与水果。蔬菜中，辣椒、茼蒿、苦瓜、白菜、豆角、菠菜、土豆、韭菜等中含量丰富；水果中，酸枣、红枣、草莓、柑橘、柠檬等中含量最多；在动物的内脏中也含有少量的维生素C。常见食物中维生素C含量见表2-4。

表 2-4 常见食物中维生素 C 含量 单位：mg/100g

食物	含量	食物	含量	食物	含量	食物	含量
酸枣	1170	草莓	47	柚	23	桃	10
枣（鲜）	243	白菜	47	柠檬	22	黄瓜	9
沙棘	160	荠菜	43	白萝卜	21	黄豆芽	8
红辣椒	144	卷心菜	40	猪肝	20	西瓜	7
猕猴桃	131	豆角	39	橘	19	茄子	5
芥菜	72	绿茶	37	番茄	19	香菇	5
灯笼椒	72	菠菜	32	鸭肝	18	牛心	5
柑	68	柿	30	菠萝	18	猪心	4
菜花	61	马铃薯	27	胡萝卜	16	杏	4
茼蒿	57	甘薯	26	花生	14	苹果	4
苦瓜	56	葡萄	25	芹菜	12	牛奶	1
山楂	53	韭菜	24	梨	11	—	—

3. 维生素C与美容

维生素C有“美容营养素”之称，是保持肌肤健康所必不可少的营养素。维生素C促进人皮肤的胶原和弹性纤维的形成，保持了皮肤的弹性。皮肤生长、修补都离不开胶原蛋白，胶原蛋白的保水性使细胞可以保持充足水分而使皮肤表现为柔嫩而富有弹性。缺少维生素C可使胶原蛋白合成障碍，导致皮肤弹性降低、皮肤及黏膜干燥、出现皱纹等。胶原蛋白可提高组织细胞储水功能，促进水分代谢，使皮肤保留更多的水分和其他营养物质，使代谢作用更为活跃，从而使肌肤具有更强烈的美感。氧则会对保持湿度的透明质酸酶起破坏作用，同时破坏皮肤中的胶原和弹性纤维，导致皮肤粗糙、出现褐斑、色素沉着。所以，维生素C能抑制皮肤内多巴胺的氧化作用，使皮肤内深色氧化型色素还原成浅色，从而抑制了黑色素的形成和慢性沉积，可防止黄褐斑、雀斑发生，使皮肤保持洁白细嫩的功能，还能增强皮肤对日光的抵抗力，维护皮肤的白皙，并有促进伤口愈合、强健血管和骨骼的作用。另外，如果缺乏还容易出现紫癜、牙龈出血。常吃新鲜蔬菜和水果是维生素C的主要途径，对调节人体血液循环，促进机体代谢，保护皮肤细胞和皮肤弹性都有益处。因此，维生素C被广泛运用于抗老化、修护晒伤，在美白产品中大多添加维生素C这一成分，帮助肌肤抵御紫外线的侵害，避免黑斑、雀斑的产生。

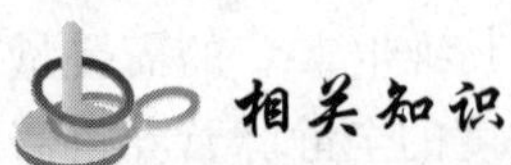

相关知识

多喝维生素C饮料，美容又健康？

在各种品牌的饮料当中，维生素C饮料以其酸酸甜甜的独特口感和主打健康、美丽的宣传口号，受到很多时尚白领的青睐。商家推出“长喝维生素C饮料能使人更加美丽、健康”的理念，使得维生素C饮料备受年轻女性喜爱。维生素C最主要的作用是通过抵抗人体细胞核血浆的氧化来减少自由基对身体的损害。成人每天维生素C推荐摄入量是60～100 mg。

专家认为，目前市场上维生素C饮料每100 mg中维生素C含量在25～50 mg之间，多数维生素C含量在40 mg/100 mg以上。每瓶饮料按500 mg计算，每瓶饮料维生素C含量达200 mg，远高于成人的推荐摄取量。同时，维生素C饮料中一般含糖量较高，大量饮用会导致糖摄入过多、能量摄入过剩。维生素C饮料多还含有防腐剂、色素、抗氧化剂、果胶、维果灵、香精、甜味剂等，这些都不是人体所需的营养物质。除此之外，还添加了钠等元素，人体过量摄入会加重心脏负担，导致血压升高。

第七节 矿 物 质

人体是由多种元素组成的，除碳、氢、氧、氮构成蛋白质、脂类、碳水化合物等有机物及水外，其余元素无论含量多少，统称为矿物质，亦称无机盐。矿物质分为常量元素和微量元素，共有20多种，其中体内含量较多（＞0.01%体重），每日膳食需要量都在100 mg以上者，称为常量元素，有钙、镁、钾、钠、磷、氯、硫共7种。在人体新陈代谢过程中，每日都有一定量的各种常量元素随各种途径，如粪、尿、汗、头发、指甲、皮肤及黏膜的脱落排出体外，因此必须通过膳食补充。凡体内含量在人体体重0.01%以下的矿物质，称为微量元素。矿物质不能在体内合成，只能靠食物供给，因此应通过膳食补充。在我国，钙、铁和碘的缺乏较为常见。

一、钙

钙在人体中的含量仅次于氢、氧、碳、氮，列为第五位。总量达1300 g，约为体重的1.5%～2%。其中99%以羟磷灰石的形式存在于骨骼和牙齿中，其余1%以游离的或与蛋白质相结合的离子状态存在于软组织、细胞外液及血液中，与骨骼中的钙维持着动态平衡。

1. 钙的生理功能

（1）钙形成和维持骨骼和牙齿的结构。
（2）维持细胞膜的稳定性。
（3）维持肌肉和神经的正常活动。
（4）参与凝血过程。
（5）调节激素作用。

2. 钙的美容功效

钙能降低血管的渗透性和神经的敏感性，能增强皮肤对各种刺激的耐受力。低血钙可使皮肤黏膜对水的渗透性增加，皮肤失去弹性，经常出现不明原因的瘙痒、水肿和皮肤风疹块。钙是骨骼和牙齿的主要成分，若体内钙的含量不足，不但对身体生长发育影响极大，而且亦不利于机体健美。

钙摄入量过低可致钙缺乏症，主要表现为骨骼的病变，即儿童时期的佝偻病和成人的骨质疏松症。具体表现为儿童发生佝偻病，出现方颅、鸡胸、牙齿缺损等症状。成人可发生骨质疏松和骨质软化症，并可出现神经紧张、脾气急躁、烦躁不安等症状。

3. 钙的膳食参考摄入量和主要食物来源

1）膳食参考摄入量

中国营养学会提出的成年人钙适宜摄入量（AI）为 800 mg/d。但钙的吸收与年龄有关，随着年龄增长其吸收率下降。婴儿钙的吸收率超过 50%，儿童约为 40%，成年人只为 20%左右。一般在 40 岁以后，钙吸收率逐渐下降。但在人体对钙的需要量大时，钙的吸收率增加，妊娠、哺乳和青春期，钙的需要量最大，因而钙的吸收率增高；需要量小时，吸收率降低。

2）主要食物来源

乳和乳制品是钙的最好食物来源，含量丰富，且吸收率高。豆类、坚果类、绿色蔬菜、各种瓜子也是钙的较好来源。少数食物如虾皮、海带、发菜、芝麻酱等含钙量特别高。但不同的食物搭配会影响钙的吸收，既有有利的方面，也有不利的方面。

有利于钙吸收的因素：适量的维生素 D、某些氨基酸（赖氨酸、精氨酸、色氨酸）、乳糖和适当的钙、磷比例。

不利于钙吸收的因素：谷物中的植酸，某些蔬菜（菠菜、苋菜、竹笋等）中的草酸，过多的膳食纤维、碱性磷酸盐、脂肪等。抗酸药、四环素、肝素也不利于钙的吸收。蛋白质摄入过高，增加肾小球滤过率，降低肾小管对钙的再吸收，使钙排出增加。

二、铁

铁是人体必需微量元素之一。成人体内含铁为 3～4 g。主要以铁蛋白及含铁血红素的形式存在。其中血红蛋白是体内铁的最主要储存形式，约占体内含铁量的 72%，肌红蛋白铁量约占 6%。此外，铁还存在于运铁蛋白及含铁的酶中。

1. 铁的生理功能

（1）参与体内氧的转运和组织呼吸过程。铁是血红蛋白、肌红蛋白、细胞色素以及某些呼吸酶的组成成分，在体内氧的转运和组织呼吸过程中起着十分重要的作用。

（2）维持正常的造血功能。红细胞中的铁约占机体总量的 2/3，缺铁可影响血红蛋白的合成甚至巨幼红细胞的增殖。所以铁能够维持正常的造血功能。

（3）维持正常的免疫功能。铁与免疫关系密切，铁可提高机体免疫力，增加中性粒细胞和吞噬细胞的功能。但当感染时，过量铁往往促进细菌的生长，对抵御感染不利。

2. 铁的美容功效

因为铁能促进血红蛋白、肌红蛋白的合成，使肌肤细腻、白里透红。机体缺铁会导致缺铁性贫血，面色苍白，失去红润的肤色，头发干枯、脱落，指甲变脆而易脱落，易患各种皮肤癣。缺铁性贫血特别在婴幼儿、孕妇、乳母中更易发生。体内铁缺乏，引起含铁酶减少或铁依赖酶活性降低，可使细胞呼吸障碍，从而影响组织器官功能，降低食欲。严重者可有渗出性肠病变及吸收不良综合征等。铁缺乏的儿童易烦躁，对周围不感兴趣，成人则冷漠呆板。当血红蛋白继续降低，则出现面色苍白，口唇黏膜和眼结膜苍白，有疲劳乏力、头晕、心悸、指甲变薄、反甲等；儿童少年身体发育受阻，体力下降、注意力与记忆力调节过程障碍、学习能力降低等现象。

需特别注意婴幼儿与孕妇贫血。流行病学研究表明，早产、低出生体重儿及胎儿死亡与孕妇早期贫血有关。铁缺乏可损害儿童的认知能力，且在以后补充铁后，也难以恢复。铁缺乏也可引起心理活动和智力发育的损害及行为改变。

3. 铁的膳食参考摄入量和主要食物来源

1）膳食参考摄入量

中国营养学会2000年制定的《中国居民膳食铁参考摄入量》（DRIs）中，成人铁适宜摄入量（AI）男子为15 mg/d，女子为20 mg/d；孕妇中期和乳母为25 mg/d，孕妇晚期为35 mg/d。可耐受最高摄入量（UL）男女均为50 mg/d。铁过量可致中毒，急性中毒常见于误服过量铁剂，多见于儿童，主要症状为消化道出血，且死亡率很高。慢性铁中毒可发生于消化道吸收的铁过多和肠道外输入过多的铁。铁过量还会使皮肤产生色素沉着。

2）主要食物来源

铁广泛存在于各种食物中，但分布极不均衡，吸收率相差也极大。一般动物性食物铁的含量和吸收率均较高，因此膳食中铁的良好来源主要为动物肝脏、动物全血、畜禽肉类、鱼类。

植物性食物中铁的吸收率较动物性食物低，如大米为1%，玉米和黑豆为3%，莴苣为4%，小麦、面粉为5%，鱼为11%，动物肉、肝为22%。食物中一些还原物质，如维生素C、柠檬酸、盐酸能促进铁的吸收；而磷酸、植酸、鞣酸等能与铁形成不溶性的铁盐，影响铁的吸收。这些不利于铁吸收的物质主要存在于植物性食物中，所以一般植物性食物中铁的吸收率较低，而动物性食物中铁的吸收率较高。另外，蛋类铁的吸收率较低，仅达3%。牛奶是贫铁食物，且吸收率不高，以致缺铁动物模型可以采用牛奶粉或其制品喂养动物来建立。另外，人体胃酸缺乏及腹泻也会影响铁的吸收。

用铁质烹调用具烹调食物可显著增加膳食中铁的含量，用铝和不锈钢取代铁的烹调用具就会使膳食中铁的含量减少。

三、锌

锌在人体内的含量只有2～2.5 g，确是人体必需的一种微量元素。锌主要存在于肌肉、骨骼、皮肤、毛发中。头发中含锌量可以反映膳食中锌的长期供给情况。

1. 锌的生理功能

（1）参与体内酶的构成。

（2）促进生长发育。

（3）参加免疫功能过程。

（4）促进食欲。

2. 锌的美容功效

锌对皮肤、体形有美容的功效。锌可影响皮肤的光滑和弹性程度，保护皮肤的健康，人体缺锌会导致皮肤干燥、粗糙和上皮角化，使皮肤迅速出现皱纹，易生痤疮。皮肤创后伤口愈合缓慢，易感染，形成疤痕。青少年体内缺锌会导致发育迟缓，头发发黄稀疏。急性缺乏时，以皮肤症状为主，四肢末端、口腔周围、眼睑、肛门周围或外阴部以及易受机械刺激的部位糜烂，形成水疱和脓疱，并出现毛发脱落；慢性缺乏时，皮肤干燥、粗糙，易生痤疮，创伤愈合延迟。锌在视网膜含量很高，缺锌的人，眼睛会变得呆滞，甚至造成视力障碍。锌对第二性征体态的发育，特别是女性的"三围"有重要影响。

3. 锌的膳食参考摄入量和主要食物来源

1）膳食参考摄入量

中国营养学会2000年制定的《中国居民膳食锌参考摄入量》（DRIs）中，成人锌的推荐摄入量（RNI）定为每天15.5 mg。成年男子可耐受最高摄入量（UL）为每天45 mg。

2）主要食物来源

锌的来源广泛，但食物中的锌含量差别很大，吸收利用率也有很大差异，贝壳类海产品、红色肉类、动物肝脏都是锌的极好来源，如牡蛎、鲱鱼等海产品含锌丰富，其次为肉、肝、蛋类食品。干果类、谷类胚芽、麦麸、奶酪、虾、燕麦和花生等也富含锌。

植物性食物中含有的植酸、鞣酸和纤维素等均不利于锌的吸收，而动物性食物中的锌生物利用率较高，维生素D可促进锌的吸收。我国居民的膳食以植物性食物为主，含植酸和纤维较多，锌的生物利用率一般为15%～20%。

四、硒

硒是一种对人体和动物都有着重要作用的微量元素。在人体中总量为14～20 mg，广泛分布于人体各组织器官和体液中，肾中硒浓度最高，肝脏次之，血液中相对低些，脂肪组织中含量最低。

1. 生理功能与美容功效

（1）构成含硒蛋白与含硒酶。

（2）抗氧化作用。

（3）硒对某些化学致癌物有拮抗作用。

（4）维持正常免疫功能。

(5) 保护心血管和心肌的健康。

(6) 抗艾滋病作用。

(7) 维持正常生育功能。

硒缺乏易被证实是发生克山病的重要原因。克山病在我国最初发生于黑龙江省克山地区，临床上主要症状为心脏扩大、心功能失代偿、心力衰竭等。但是，硒摄入过多也可致中毒。20 世纪 60 年代，我国湖北恩施地区和陕西紫阳县发生过吃高硒玉米而引起急性中毒的病例。病人 3～4 d 内头发全部脱落，中毒体征主要是头发脱落和指甲变形，肢端麻木、抽搐，严重者可致死亡。

2. 硒的美容功效

硒有抗衰老作用，可使人长寿，是生长和长寿所必需的营养素。能防止皮肤老化，使之光洁明艳；使头发富有光泽和弹性；还有保护视觉器官功能的健全，改善和提高视力，使眼睛明亮有神，预防白内障。

3. 硒的膳食参考摄入量和主要食物来源

1) 膳食参考摄入量

中国营养学会 2000 年提出的每日膳食硒参考摄入量，18 岁以上者硒的推荐摄入量（RNI）定为 50 μg/d。可耐受最高摄入量（UL）为 400 μg/d。

2) 主要食物来源

硒的良好来源是海洋食物和动物的肝、肾、肉类（包括禽、鱼、肉和内脏）、奶类和蛋类及香菇、木耳、芝麻等食物。谷类和其他种子的硒含量依赖它们生长土壤的硒含量，因环境的不同而差异较大。蔬菜和水果的含硒量甚微。人类一般的饮用水中除非有特殊含硒量的土壤，否则水中硒的含量是微不足道的。

五、碘

碘是人体必需微量元素之一。碘在人体内含量很少，健康的成人体内含碘量约 50 mg，其中 20%存在于甲状腺内，其余的碘存在于肌肉等组织中。

1. 碘的生理功能

碘在体内主要参与甲状腺素的合成，其生理作用也是通过甲状腺素的作用表现出来的。至今尚未发现碘的独立功能。甲状腺素调节和促进代谢，与生长发育关系密切。

(1) 参与能量代谢。

(2) 促进体格的生长发育。

(3) 促进神经系统的发育。

(4) 调节组织中的水盐代谢。

临床碘缺乏的典型症状是甲状腺肿大，而长期高碘摄入可导致高碘性甲状腺肿。孕妇缺乏碘可影响胎儿神经、肌肉的发育；婴幼儿缺碘可引起生长发育迟缓、智力低下，严重者则可发生呆小症（克汀病）。

2. 碘的美容功效

碘在美容方面可维护人体皮肤及头发的光泽和弹性。而缺乏碘时，皮肤干燥不细腻，毛发零落，性情失常，同时甲状腺肿大，有碍美容观瞻，身材矮小，第二性征发育迟缓，女性缺乏曲线美，男性则无健美的体格。

3. 碘的膳食参考摄入量和主要食物来源

1）膳食参考摄入量

2000年中国营养学会制定的《中国居民膳食营养素参考摄入量》成人碘推荐摄入量（RNI）每天为150 μg；可耐受最高摄入量（UL）为1000 μg/d。碘的需要量受自身体重、性别、年龄、营养状况、气候与疾病状况等的影响。人类所需的碘，主要来自食物，为一日总摄入量80%～90%，其次为饮水与食盐。

2）主要食物来源

海洋生物含碘量丰富，是碘的良好来源，如海带、紫菜、海鱼、蚶干、蛤干、干贝、海菜、海参、海蜇、龙虾等。其中干海菜含碘可达36 mg/kg。而远离海洋的内陆山区或不易被海风吹到的地区，土壤和空气中含碘量较少，这些地区的食物含碘量也不高。

陆地食品含碘量动物性食品高于植物性食品，蛋、奶含碘量相对稍高（40～90 μg/kg），其次为肉类，淡水鱼的含碘量低于肉类。

六、铜

铜是人体必需的微量元素，正常成人体内含铜总量为50～120 mg。

1. 铜的生理功能

（1）催化作用。

（2）铜对脂质和糖代谢有一定影响。

2. 铜的美容功效

人体皮肤的弹性、红润与铜的作用有关。铜和铁都是造血的重要原料。铜还是组成人体中一些金属酶的成分。组织的能量释放，神经系统磷脂形成，骨髓组织胶原合成，以及皮肤、毛发色素代谢等生理过程都离不开铜。铜和锌都是与蛋白质、核酸的代谢有关，能使皮肤细腻，头发黑亮光润，使人焕发青春，保持健美。人体缺铜，可引起皮肤干燥、粗糙，头发干枯，面色苍白、不红润，生殖功能衰弱，抵抗力降低等。另据报道白癜风、寻常天疱疮与血铜含量减少有关；面部色素沉着、黑变病、银屑病、皮肤淀粉变性等与血铜升高有关。

铜对于大多数哺乳动物是相对无毒的。人体急性铜中毒主要是由于误食铜盐或使用与铜容器或铜管接触的食物或饮料。出现口腔有金属味、上腹疼痛、恶心呕吐等，严重者甚至发生肝、肾衰竭、休克、昏迷以致死亡。

3. 铜的膳食参考摄入量和主要食物来源

1）膳食参考摄入量

中国营养学会2000年制定了不同年龄人群铜的AI值，成年人为2 mg/d，可耐受最高摄入量值（UL）成年人每天为8 mg。

2）主要食物来源

进入人体消化道的铜，差不多全部来自固体食物，而不是液体食物或水。各种食物的铜含量变化约相差100倍，一般说来，牡蛎和其他鱼类中含量最高，其次是坚果、谷物、其他种子和谷类、鱼、家禽、蔬菜、水果、肌肉。在种子和其他谷类中，糠麸和胚芽含铜最多。

第八节　水和膳食纤维

人类食物中除了碳水化合物、脂类、蛋白质、维生素、矿物质等营养素之外，还有两种营养素对人体是非常重要的——水和膳食纤维。

一、水

水是构成生物机体的重要物质，水对人类生存的重要性仅次于氧气。水对于维持生命比食物更为关键，没有水，其他营养素就像干涸河床上的泥沙，无法进入细胞为人体利用。如果没有水，任何生命过程都无法进行，人如果断食而只饮水时尚可生存数周，但如果断水，则只能生存数日，当断水至全身水分10%时，就可能死亡。

人体的所有组织都含有水，如血液的含水量为90%，肌肉的含水量为70%，坚硬的骨骼中也含有22%的水分。

1. 水的生理功能

（1）构成细胞和体液的重要组成成分。

（2）参与人体内新陈代谢。

（3）调节体温。

（4）润滑作用。

2. 水的美容功效

水是保护皮肤清洁、滋润、细嫩的特效而廉价的美容剂。正常人皮肤中所含水分占人体总水量的18%～20%，因为密度小、洁净，水很容易被皮肤吸收，以保持皮肤的水分。皮肤有了充分的水分，才能使皮肤柔软、丰腴、润滑，富有光泽和弹性。由于皮肤有储水性，当机体由于某种原因缺水时，使水过度排出，细胞外液水分大量丧失，皮肤的水会对机体水代谢起调节作用，皮肤提供部分水分以调节循环血量，此时皮脂腺分泌减少，皮肤不仅会出现干燥、脱皮等现象，还会产生皱纹、暗疮或粉刺，面色也会显得苍老。水分在皮肤内的滋润作用不亚于油脂对皮肤的保护作用，有助于减退色斑，增强皮肤抵抗力和免疫功能。因此，机体排水过多和摄入水不足都会导致细胞脱水而使皮肤发生改变，更应注意的是脱水将对健康带来巨大影响。由于循环血量不足，可能导致心力衰竭，同时由于肾血流量减少，尿少，代谢废物不能及时排出，毒物不仅可使机体出现不同程度的中毒表现，而且会导致肾功能衰竭。

水还是一种无副作用的持久的减肥剂。因为体内有足够水时，可减少油脂的积累，消除人体的臃肿和排除一些代谢废物。如体内水不足，大肠内的水分被带走，则可造成便秘，而便秘是美容和皮肤的“大敌”。

3. 水的需要量

水的需要量主要受代谢情况、年龄、体力活动、温度、膳食等因素的影响，故水的需要量变化很大。通常每人每日饮水约 1200 mL，食物中含水约 1000 mL，内生水约 300 mL。内生水主要来源于蛋白质、脂肪和碳水化合物代谢时产生的水。

4. 如何选择有美容功效的水

（1）矿泉水中含有多种无机盐。如矿泉水含有钙、镁、钠、二氧化碳等成分，能健脾胃、增进食欲，经常饮用能使皮肤细腻光滑。

（2）水中加入鲜橘汁、番茄汁、猕猴桃汁等。有助于减退色素斑，保持皮肤张力，增强皮肤抵抗力，但不能选用饮料来代替果汁。

（3）在饮用水中加入花粉，可保持青春活力和抗衰老。花粉中含有多种氨基酸、维生素、矿物质和酶类。天然酶能改变细胞色素，消除色素斑、雀斑，保持皮肤健美。

（4）饮茶。红茶、绿茶都有益于健康，并有美容护肤功效。茶叶具有降低血脂、助消化、杀菌、解毒、清热利尿、调整糖代谢、抗衰老、去斑及增强机体免疫功能等作用。但不宜饮浓茶及过量饮茶，以免妨碍铁的吸收，造成贫血。

（5）弱碱性水。人体 70%都是由水组成的，我们可以通过长期饮用弱碱性的水来平衡人体内不断产生的酸性废物。大自然中未遭受污染的水，如新鲜的泉水、湖水、雪水等一般都是弱碱性水。世界卫生组织多次深入长寿地区进行跟踪调查，结果发现，长寿地区的居民均饮用天然水，这些天然水 pH 均呈弱碱性，能够中和人体内多余的酸性物质。

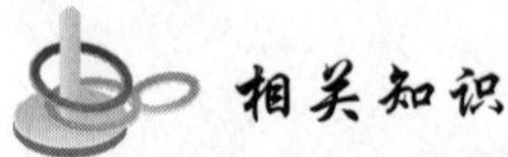

相关知识

一天喝水时刻表

6:30：经过一整夜的睡眠，身体开始缺水，起床之际先喝 250 mL 的水，可帮助肾脏及肝脏解毒。别马上吃早餐，等待半小时让水融入每个细胞，进行新陈代谢后，再进食早餐。

8:00：清晨从起床到进入工作或者学习状态，时间紧凑，情绪也较紧张，身体无形中会出现脱水现象，所以这时给自己一杯至少 250 mL 的水，放松一下心情。

11:00：经过一上午的工作或学习，这时应补充流失的水分，喝一天中的第三杯水，同时缓解紧张情绪。

13:00：午餐0.5 h后，喝一些水，取代让你发胖的人工饮料，可以加强身体的消化功能。不仅对健康有益，也能助你保持身材。

15:00：以1杯健康矿泉水代替下午茶与咖啡等。喝上一大杯水，除了补充流失的水分之外，还能帮助头脑清醒。

17:00：1天的工作和学习即将结束，想要运用喝水减重的，可以多喝几杯，增加饱足感，以免晚饭时暴饮暴食。

22:00：睡前0.5～1 h再喝上一杯水，不过别一口气喝太多，以免夜间影响睡眠质量。

二、膳食纤维

膳食纤维是碳水化合物中的一类多糖，是木质素和不能被人体消化酶所消化的多糖之总称。有人将蛋白质、脂类、碳水化合物、维生素、矿物质、水和膳食纤维并列称为七大营养素。在过去一段时间，膳食纤维被认为是几乎完全没有营养价值的食物成分，是不能被小肠消化吸收的一大类物质，只能将其作为粪便排出体外。但近年来发现，由于人们所吃的食物越来越精细，受西方高脂肪、低纤维的膳食结构影响，患慢性便秘的人群越来越多，粪便在体内不断停留、储存，时间久了可诱发直肠癌、结肠癌等，膳食纤维却可作为发酵物质对大肠菌群的生长发挥着重要作用。

膳食纤维可分为可溶性膳食纤维与非可溶性膳食纤维。前者包括部分半纤维素、果胶和树胶等，后者包括纤维素、木质素等。

1. 膳食纤维的生理功能

(1) 可增强肠道功能，防止便秘，降低结肠癌的发病率。
(2) 降低血清胆固醇和血糖。
(3) 预防胆石形成。
(4) 吸收毒素。
(5) 防止能量过剩和肥胖，促进减肥。

2. 膳食纤维的美容功效

大量的医学研究表明，膳食纤维对人的皮肤保健、美容有着特殊的生理作用。膳食纤维可维持胃肠正常活动，防止便秘，而经常便秘的人，肤色枯黄。膳食纤维可增强排泄毒素的功能，从而使皮肤润泽、减少色素沉着、美丽容颜。如果人的血脂和胆固醇过高时，会诱发脂溢性皮炎、脂质沉积症等损容性皮肤病。膳食纤维可以降低血脂和血胆固醇，从而预防皮肤病的发生。机体在新陈代谢过程中产生的乳酸和尿素等有害酸性物质，一旦随汗液分泌到皮肤表层，就会使皮肤失去活力和弹性，尤其是面部皮肤会因此而变得松弛，遇冷或经日光暴晒后容易皲裂或发炎。膳食纤维有解毒和促进新陈代谢的作用，有利于人体防病保健、健美肌肤。

3. 膳食纤维的膳食参考摄入量和主要食物来源

1）膳食参考摄入量

成人以每日摄入 30 g 左右膳食纤维为宜。过多摄入对机体无益，还可影响营养素的吸收利用，这是因为膳食纤维可与钙、铁、锌等结合，从而影响这些元素的吸收利用。

2）主要食物来源

膳食纤维只存在于植物性食品中，不同的植物含有不同种类的膳食纤维，其含量也不一样。一般来说，越是精细加工的食品，膳食纤维的含量越低。麦麸、荞麦、玉米、水果皮和绿叶蔬菜中含量较高，麦麸中膳食纤维的含量高达 70%，且几乎不含植酸。但是，这些食物大部分口感较差，不受欢迎。用燕麦制成的麦片是极好的膳食纤维来源。日常使用的玉米渣中膳食纤维含量也很丰富。糙米和全麦面包只是中等程度的膳食纤维来源。糙米所含膳食纤维虽然只是略高于白米，但按每人一天 500 g 的食量，也能相差 5～10 g。

柑橘、苹果、香蕉、柠檬等水果和圆白菜、甜菜、苜蓿、豌豆、蚕豆等蔬菜含有较多的果胶。除了天然食物所含自然状态的膳食纤维外，近年有多种粉末状、单晶体等形式从天然食物中提取的膳食纤维产品。多吃些粗粮和蔬菜，是满足纤维需要量的重要途径，膳食纤维是平衡膳食必需的营养素。

第九节　膳食结构与膳食指南

膳食指南是以营养学理论为依据，结合实际情况，为教育社区人群采用平衡膳食、摄取合理营养、促进健康而制定的指导性意见。我国政府于 1989 年首次发布了中国居民膳食指南，1997 年 4 月，再次发布了修改后的新的膳食指南。2007 年国家卫生部委托中国营养学会制定了中国居民膳食指南（2007），中国居民膳食指南（2007）分为一般人群膳食指南、特定人群膳食指南和平衡膳食宝塔三部分组成。

一、中国居民膳食指南（2007）

1. 一般人群的膳食指南（适合于 6 岁以上的正常人群）

1）食物多样，谷类为主，粗细搭配

人类的食物是多种多样的。各种食物所含的营养成分不完全相同，每种食物都至少可提供一种营养物质。任何一种天然食物都不能提供人体所需的全部营养素。平衡膳食必须由多种食物组成，才能满足人体各种营养需求，达到合理营养、促进健康的目的。谷类食物是中国传统膳食的主体，是人体能量的主要来源，也是最经济的能源食物。随着经济的发展和生活的改善，人们倾向于食用更多的动物性食物和油脂，为了保持我国膳食的良好传统，避免高能量、高脂肪和低碳水化合物膳食的弊端，人们应保持每天适量的谷类食物摄入，一般成年人每天摄入 250～400 g 为宜。并且要注意粗细搭配，经常吃一些粗粮、杂粮和全谷类食物，每天最好能吃 50～100 g。稻米、小麦不要研磨得太精，否则谷类表层所含维生素、矿物质等营养素和膳食纤维大部分会流失到糠麸之中。

2）多吃蔬菜水果和薯类

新鲜蔬菜水果是人类平衡膳食的重要组成部分，也是我国传统膳食重要特点之一。蔬菜水果是维生素、矿物质、膳食纤维和植物化学物质的重要来源，水分多、能量低。薯类含有丰富的淀粉、膳食纤维以及多种维生素和矿物质。富含蔬菜、水果和薯类的膳食对保持身体健康，保持肠道正常功能，提高免疫力，降低患肥胖、糖尿病、高血压等慢性疾病风险具有重要作用，所以近年来各国膳食指南都强调增加蔬菜和水果的摄入种类和数量。推荐我国成年人每天吃蔬菜 300～500 g，最好深色蔬菜约占一半，水果 200～400 g，并注意增加薯类的摄入。

3）每天吃奶类、大豆或其制品

奶类营养成分齐全，组成比例适宜，容易消化吸收。奶类除含丰富的优质蛋白质和维生素外，含钙量较高，且利用率也很高，是膳食钙质的极好来源。儿童青少年饮奶有利于其生长发育，增加骨密度；中老年人饮奶可以减少其骨质丢失，有利于骨健康。建议每人每天饮奶 300 g 或相当量的奶制品，对于饮奶量更多或有高血脂和超重肥胖倾向者应选择减脂、低脂、脱脂奶及其制品。大豆含丰富的优质蛋白质、必需脂肪酸、B 族维生素、维生素 E 和膳食纤维等营养素，且含有磷脂、低聚糖，以及异黄酮、植物固醇等多种植物化学物质。大豆是重要的优质蛋白质来源，建议每人每天摄入 30～50 g 大豆或相当量的豆制品。

4）常吃适量的鱼、禽、蛋和瘦肉

鱼、禽、蛋和瘦肉均属于动物性食物，是人类优质蛋白、脂类、脂溶性维生素、B 族维生素和矿物质的良好来源，是平衡膳食的重要组成部分。鱼类脂肪含量一般较低，且含有较多的多不饱和脂肪酸，有些海产鱼类富含二十碳五烯酸（EPA）和二十二碳六烯酸（DHA），对预防血脂异常和心脑血管病等有一定作用。禽类脂肪含量也较低，且不饱和脂肪酸含量较高，其脂肪酸组成也优于畜类脂肪。蛋类富含优质蛋白质，各种营养成分比较齐全，是很经济的优质蛋白质来源。畜肉类一般含脂肪较多，能量高，但瘦肉脂肪含量较低，铁含量高且利用率好。目前我国部分城市居民食用动物性食物较多，尤其是食猪肉的人过多，应调整肉食结构，适当多吃鱼、禽肉，减少猪肉摄入。推荐成人每日摄入量：鱼虾类 50～100 g，畜禽肉类 50～75 g，蛋类 25～50 g。

5）减少烹调油用量，吃清淡少盐膳食

脂肪是人体能量的重要来源之一，并可提供必需脂肪酸，有利于脂溶性维生素的消化吸收，但是脂肪摄入过多是引起肥胖、高血脂、动脉粥样硬化等多种慢性疾病的危险因素之一。膳食盐的摄入量过高与高血压的患病率密切相关。建议我国居民应养成吃清淡少盐膳食的习惯，即膳食不要太油腻，不要太咸，不要摄食过多的动物性食物和油炸、烟熏、腌制食物。建议每人每天烹调油用量不超过 25 g 或 30 g；食盐摄入量不超过 6 g，包括酱油、酱菜、酱中的食盐量。

6）食不过量，天天运动，保持健康体重

进食量和运动是保持健康体重的两个主要因素，食物提供人体能量，运动消耗能量。如果进食量过大而运动量不足，多余的能量就会在体内以脂肪的形式积存下来，增加体重，造成超重或肥胖；相反若食量不足，可由于能量不足引起体重过低或消瘦。体重过高和过低都是不健康的表现，易患多种疾病，缩短寿命。所以，应保持进食量和运动量的平衡，使体重维持在适宜范围。成人的健康体重是指体质指数（BMI）为 18.5～23.9 kg/m^2。由于生活方式的改变，身体活动减少、进食量相对增加，我国超重和肥胖的发生率正在逐年增加。这是心血管疾病、糖尿病和某些肿瘤发病率增加的主要原因之一。应改变久坐少动的不良生活方式，养成天天运动的习惯，坚持每天多做一些消耗能量的活动。

7）三餐分配要合理，零食要适当

合理安排一日三餐的时间及食量，进餐定时定量。早餐提供的能量应占全天总能量的 25%～30%，午餐应占 30%～40%，晚餐应占 30%～40%，可根据职业、劳动强度和生活习惯进行适当调整。要天天吃早餐并保证其营养充足，午餐要吃好，晚餐要适量。不暴饮暴食，不经常在外就餐，尽可能与家人共同进餐，并营造轻松愉快的就餐氛围。零食作为一日三餐之外的营养补充，可以合理选用，但来自零食的能量应计入全天能量摄入之中。

8）每天足量饮水，合理选择饮料

水是膳食的重要组成部分，是一切生命必需的物质，在生命活动中发挥着重要功能。体内水的来源有饮水、食物中含的水和体内代谢产生的水。水的排出主要通过肾脏，以尿液的形式排出，其次是经肺呼出、经皮肤和随粪便排出。进人体内的水和排出来的水基本相等，处于动态平衡。水的需要量主要受年龄、环境温度、身体活动等因素的影响。一般来说，健康成人每天需要水 2500 mL 左右。在温和气候条件下生活的轻体力活动的成年人每日最少饮水 1200 mL（约 6 杯）。饮料多种多样，需要合理选择，如乳饮料和纯果汁饮料含有一定量的营养素和有益膳食成分，适量饮用可以作为膳食的补充。有些饮料添加了一定的矿物质和维生素，适合热天户外活动和运动后饮用。有些饮料只含糖和香精香料，营养价值不高。多数饮料都含有一定量的糖，大量饮用特别是含糖量高的饮料，会在不经意间摄入过多能量，造成体内能量过剩。另外，饮后如不及时漱口刷牙，残留在口腔内的糖会在细菌作用下产生酸性物质，损害牙齿健康。有些人尤其是儿童青少年，每天喝大量含糖的饮料代替喝水，是一种不健康的习惯，应当改正。

9）如饮酒应限量

在节假日、喜庆和交际的场合，人们饮酒是一种习俗。高度酒含能量高，白酒基本上是纯能量食物，不含其他营养素。无节制的饮酒，会使食欲下降，食物摄入量减少，以致发生多种营养素缺乏、急慢性酒精中毒、酒精性脂肪肝，严重时还会造成酒精性肝硬化。过量饮酒还会增加患高血压、中风等疾病的危险；并可导致事故及暴力的增加，对个人健康和社会安定都是有害的，应该严禁酗酒。另外饮酒还会增加患某些癌症的危险。若饮酒尽可能饮用低度酒，并控制在适当的限量以下，建议成年男性一天饮用酒的酒精量不超过 25 g，成年女性一天饮用酒的酒精量不超过 15 g。孕妇和儿童青少年应忌酒。

10）吃新鲜卫生的食物

食物放置时间过长就会引起变质，可能产生对人体有毒有害的物质。另外，食物中还可能含有或混入各种有害因素，如致病微生物、寄生虫和有毒化学物等。吃新鲜卫生的食物是防止食源性疾病、实现食品安全的根本措施。正确采购食物是保证食物新鲜卫生的第一关。烟熏食品及有些加色食品，可能含有苯并芘或亚硝酸盐等有害成分，不宜多吃。食物合理储藏可以保持新鲜，避免污染。高温加热能杀灭食物中大部分微生物，延长保存时间；冷藏品温度常为 4～8℃，一般不能杀灭微生物，只适于短期储藏；而冻藏温度低达－23～－12℃，可抑止微生物生长，保持食物新鲜，适于长期储藏。烹调加工过程是保证食物卫生安全的一个重要环节。需要注意保持良好的个人卫生以及食物加工环境和用具的洁净，避免食物烹调时的交叉污染。有一些动物或植物性食物含有天然毒素，为了避免误食中毒，一方面需要学会鉴别这些食物，另一方面应了解对不同食物进行浸泡、清洗、加热等去除毒素的具体方法。

2. 中国居民膳食宝塔

中国营养学会修订的中国居民膳食指南（2007），以谷薯类、蔬果类、肉蛋类、奶豆类和盐油五大类食物构建成“中国居民膳食宝塔”（图 2-6），指导中国人合理膳食。

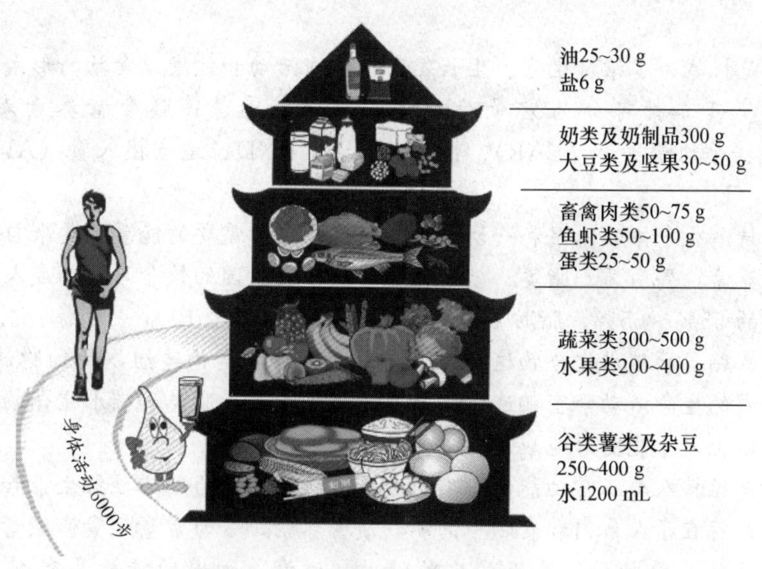

图 2-6　中国居民膳食宝塔（2007）

膳食宝塔共分五层，包含每天应摄入的主要食物种类。膳食宝塔利用各层位置和面积的不同反映了各类食物在膳食中的地位和应占的比重。谷类食物位居底层，每人每天应摄入 250～400 g；蔬菜和水果居第二层，每天应摄入 300～500 g 和 200～400 g；鱼、禽、肉、蛋等动物性食物位于第三层，每天应摄入 125～225 g（鱼虾类 50～100 g，畜、禽肉 50～75 g，蛋类 25～50 g)；奶类和豆类食物位居第四层，每天应吃相当于鲜奶 300 g 的奶类及奶制品和相当于干豆 30～50 g 的大豆及制品。第五层塔顶是烹调油和食盐，每天烹调油不超过 25～30 g，食盐不超过 6 g。由于我国居民现在平均糖摄入量不多，对健康的影响不大，故膳食宝塔没有建议食糖的摄入量，但多吃糖有增加龋齿的危险，儿童、青少年不应吃太多的糖和含糖高的食品及饮料。

新膳食宝塔增加了水和身体活动的形象，强调足量饮水和增加身体活动的重要性。水是膳食的重要组成部分，是一切生命必需的物质，其需要量主要受年龄、环境温度、身体活动等因素影响。在温和气候条件下生活的轻体力活动成年人每日至少饮水 1200 mL (约 6 杯)；在高温或强体力劳动条件下应适当增加。饮水不足或过多都会对人体健康带来危害。饮水应少量多次，要主动，不应感到口渴时再喝水。目前我国大多数成年人身体活动不足或缺乏体育锻炼，应改变久坐少动的不良生活方式，养成天天运动的习惯，坚持每天多做一些消耗体力的活动。建议成年人每天进行累计相当于步行 6000 步以上的身体活动，如果身体条件允许，最好进行 30 min 中等强度的运动。

合理营养是健康的物质基础，而平衡膳食又是合理营养的根本途径。根据中国居民膳食指南的条目并参照膳食宝塔的内容来安排日常饮食和身体活动是通往健康的光明之路。

本章小结

营养素是机体为了维持生存、生长发育、体力活动和健康以食物的形式摄入的一些需要的物质。营养素可分为宏量营养素和微量营养素；膳食营养素参考摄入量(DRIs)，包括平均需要量（EAR)、推荐摄入量（RNI)、适宜摄入量（AI）和可耐受最高摄入量（UL)。

能量维持着生命体的体温和一切生命活动。人体所需要的能量主要来自于食物中的三大产能营养素：蛋白质、脂类、碳水化合物。根据我国的饮食习惯，成人碳水化合物以占总能量的 55%～65%，脂肪占 20%～30%，蛋白质占 10%～15%为宜。

蛋白质、脂类和碳水化合物这三大产能营养素，既是构造组织和细胞的基本材料，又与各种形式的生命活动紧密相连，只有在掌握蛋白质、脂类和碳水化合物生理功能及营养意义基础上，才能更好地应用在美容营养上。

维生素是维持人类正常功能的一类小分子有机物，分为脂溶性维生素和水溶性维生素。矿物质是存在于人体内和食物中的矿物质营养素，分为常量元素和微量元素。水是构成生物机体的重要物质，是保护皮肤清洁、滋润、细嫩的特效美容剂，而且促进减肥。

中国居民膳食指南（2007）分为一般人群膳食指南、特定人群膳食指南和平衡膳食宝塔三部分组成。其中，一般人群膳食指南共十条。中国居民膳食宝塔（2007）在原来的基础上调整了各类食物的摄入量，并增加了每天 1200 mL 水和身体活动 6000 步。

自测题

1. 单选题

(1) 成人蛋白质供能应占全日热能摄入量的（　　）。

A. 10%～15%　　B. 15%～20%　　C. 55%～65%　　D. 20%～30%

(2) 为维持蛋白质的代谢正常，60 kg 体重的成年男性（轻体力劳动），膳食中每日需补充蛋白质 75 g，其中优质蛋白质应有（　　）。

A. 10 g　　B. 25 g　　C. 40 g　　D. 50 g

(3) 下列油类中，适合老年人食用的有（　　）。

A. 玉米油　　B. 猪油　　C. 羊油　　D. 氢化植物油

(4) 碳水化合物主要来源于（　　）。

A. 蔬菜　　B. 肉类　　C. 蛋奶类　　D. 谷类

(5) EPA、DHA 的良好来源是（　　）。

A. 海水鱼　　B. 花生油　　C. 牛肉　　D. 杏仁等硬果类

(6) 下列中具有抗衰老作用的营养素是（　　）。

A. 脂肪　　B. 维生素 D　　C. 维生素 E　　D. 铁

(7) 维生素 A 的缺乏会导致人患有（　　）。

A. 夜盲症　　B. 佝偻病　　C. 脚气病　　D. 口角炎

(8) 下列不属于叶酸功能的是（　　）。

A. 巨幼红细胞贫血　　B. 高同性半胱氨酸血症

C. 胎儿神经管畸形　　D. 预防癞皮病

(9) 儿童长期缺锌可致以下疾病，不包括（　　）。

A. 性发育迟缓　　B. 创伤愈合不良　　C. 多发性神经炎　　D. 生长发育迟缓

(10) 含碘量较为丰富的食品有（　　）。

A. 菠菜　　B. 白菜　　C. 海带　　D. 胡萝卜

(11) 下列微量元素中（　　）缺乏会引起异食癖。

A. 钙　　B. 锌　　C. 铁　　D. 硒

(12) 营养缺乏病的病症有（　　）。

A. 糖尿病　　B. 地方性甲状腺肿　　C. 肥胖病　　D. 高血压

(13) 膳食纤维主要来源于（　　）。

A. 牛奶　　B. 鸡蛋　　C. 蔬菜水果　　D. 豆奶

(14)（　　）是牛奶中唯一的碳水化合物。

A. 葡萄糖　　B. 果糖　　C. 乳糖　　D. 蔗糖

(15) 中国居民膳食指南不包括（　　）。

A. 禁止吸烟　　B. 多吃蔬菜、水果和薯类

C. 食物多样，谷类为主　　D. 如饮酒应限量

(16) 平衡膳食宝塔的最底层是（　　）。

A. 谷类食物　　B. 奶类食物　　C. 水果、蔬菜类　　D. 大豆制品

2. 填空题

(1) 人体所需的能量主要来自食物中的________、________和________等产能营养素。

(2) 营养素包括________、________、________、________、________、________、________等七大类。

(3) 中国营养学会提出的成年人钙适宜摄入量（AI）为________ mg/d；成人铁适宜摄入量（AI）男子为________ mg/d，女子为________ mg/d；成人锌的推荐摄入量（RNI）定为每天________ mg；18 岁以上者硒的推荐摄入量（RNI）定为________ μg/d。

(4) 写出下列维生素的俗称。

维生素 A ________　　维生素 C ________　　维生素 B_1 ________

维生素 B_2 ________　　维生素 E ________　　维生素 D ________

(5) 中国居民膳食宝塔（2007）建议每人每日摄入油类不超过________ g 为宜，食盐用量以不超过________ g 为宜。

(6) 中国居民膳食宝塔（2007）在原来的基础上调整了各类食物的摄入量，并增加了每天________ mL 水和身体活动________步。

3. 简答题

(1) 简述水的生理功能与美容功效。

(2) 简述膳食纤维的生理功能与美容功效。

(3) 中国居民膳食指南中对一般人群膳食指南的要求是什么？

(4) 中国居民膳食宝塔分为几层？分别简述每层食物的摄入量。

下篇　美容营养学实践

第三章 皮肤美容与营养膳食

☞ 知识目标

(1) 了解皮肤的生理功能。

(2) 了解皮肤衰老及皮肤白皙细嫩的营养疗法。

(3) 了解痤疮、黄褐斑的营养疗法。

☞ 能力目标

(1) 能判断不同皮肤类型。

(2) 能根据不同皮肤类型进行合理膳食营养。

(3) 能对不同年龄人群的皮肤问题进行合理膳食营养。

(4) 能根据不同季节的皮肤问题进行合理膳食营养。

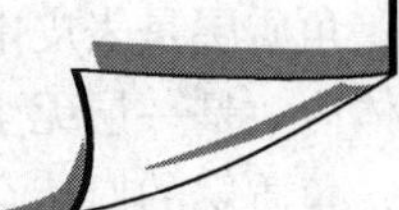

第一节 皮肤的结构和功能

皮肤是美容的关键，覆盖于整个身体表面，是人体最大的器官之一，它也是心理和身体健康状态的体现。不同国家、地区种族对美的判断标准不同，但对健康的皮肤的标准是一样的，即柔软、细腻、微湿、富有弹性，pH 应呈弱酸性，这样的皮肤才是健康、结实并有抵抗疾病能力的。

一、皮肤的结构

人的全身表面都覆盖着皮肤，皮肤是软组织，柔软而富有弹性。不同国度、地区皮肤颜色不同，主要有白色、黄色、红色、棕色、黑色等。皮肤总重量占体重的 14%～16%，总面积为 1.5～2 m^2。皮肤的厚度因人或因部位不同而异，为 0.5～4 mm。如成年女性比男性皮肤厚，老年人比青年人皮肤薄；人的眼睑和四肢屈侧的皮肤较薄，掌跖及四肢伸侧的皮肤较厚。不管是什么年龄和部位，皮肤的结构是一样的。

皮肤由外向内可分三层，表皮、真皮、皮下组织层。另外，皮肤还有一些附属器官。皮肤结构模型见图 3-1。

1. 表皮

人的表皮由角化的复层扁平上皮组成，位于皮肤的表面，它与外界接触最多，又是与化妆品关系最密切的部位。表皮是皮肤的最外层，覆盖全身，有保护作用。表皮内没

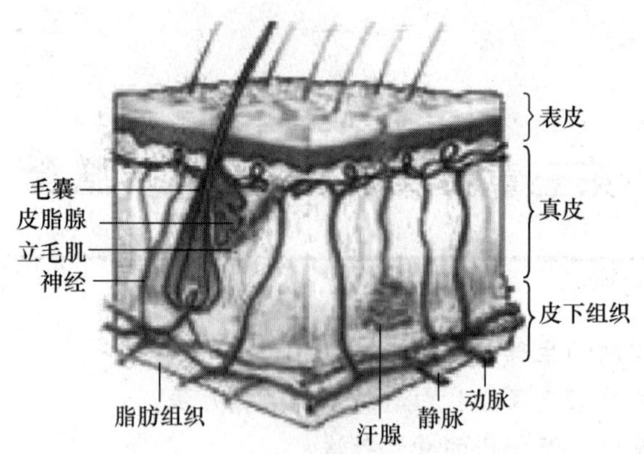

图 3-1　皮肤结构模型图

有血管，但有很多细小的神经末梢，能感知外界刺激，产生触觉、痛觉、冷觉、热觉、压力觉等感觉。表皮的平均厚度为 0.07～2 mm。部位不同，厚度也不同。表皮由内向外可分为基底层、有棘层、颗粒层、透明层、角质层等五层，这里重点介绍角质层。

角质层是表皮中的最外层，可抵抗外界摩擦，防御体外水分、化学物质及微生物进入体内，是一层无生物活性的保护层。也因为是最外面一层，其与美容的关系最为密切。角质层的厚薄会影响：

(1) 人的肤色：角质层过厚，会使皮肤看起来发黄，缺少光泽。

(2) 皮肤的吸收能力：角质层越厚，皮肤吸收能力越差。

(3) 皮肤的敏感性：角质层过薄，皮肤易干燥脱屑，易出现发红、敏感现象。

(4) 角质层的保湿作用：正常情况下，由于皮肤角质层有吸水作用和屏障功能，角质层中水分含量在 10%～20%，皮肤水嫩光滑。

从表皮的基底层到角质层，是细胞不断地进行增殖、分化和角化的过程。由基底层细胞向外变成棘层细胞，再向外又变成颗粒层细胞及透明层细胞，最后变成皮肤最外面一层的角质层细胞，角质层不断地脱落并离开人体。不同年龄者表皮细胞代谢的速度不是一定的，短者为 1 周，长者则需要 6 周。通常，基底层的增生率与角质层的脱落维持正常的动态平衡。从基底层分裂上升、角化一直到角质层的时间约为 13 d，在角质层又停留 15 d，总共 28 d 左右，即皮肤的新陈代谢周期约为 1 个月。

2. 真皮

真皮在表皮下层，比表皮厚，其厚度约为表皮的 10 倍。真皮能够供给表皮营养，有血管和神经。没有再生修复的功能，受伤后会留下疤痕。占皮肤总含水量的 60%。

真皮主要由纤维、基质、细胞等构成。其中，纤维由胶原纤维和弹性纤维构成。胶原纤维占真皮的 95%，是由胶原蛋白分子构成，使皮肤具有柔韧性，抵抗外界牵拉，但缺乏弹性。胶原蛋白有保持大量水分的能力。弹性纤维位于胶原纤维之间，共同构成了真皮中的弹性网络。弹性纤维由弹性蛋白构成，能够伸展到原长的 2 倍，有较好的弹性，可以使牵拉后的胶原纤维恢复原状。如果真皮中纤维老化、基质减少，皮肤就会缺水，同时弹性、韧性下降，皮肤就容易出现皱纹。基质为无定形均质状物质，充填于细胞和纤维之间，主要成分为黏多糖（透明质酸），主要功能是保持组织内水分。

真皮是皮肤中最重要的一层，除了以上的组成部分外，还包含毛细血管、淋巴管、感应神经末梢、汗腺与汗管、皮脂腺、毛囊和立毛肌等。真皮皮肤中血管的收缩和舒张，能影响体内热量的散发。感觉神经末梢使皮肤能感受外界的冷、热、触、痛等刺激。倘若这些组织机能衰退，皮肤就会呈现老化现象。因此，皮肤的松弛、起皱等老化都发生在真皮之中。

3. 皮下组织

皮下组织位于真皮的下层，二者之间无明显分界，其厚度约为真皮的5倍。皮下组织由大量的脂肪细胞和疏松的结缔组织构成，含有丰富的血管、淋巴管、神经、汗腺和深部毛囊等。皮下脂肪具有保温防寒，缓冲外力，保护皮肤，分解释放能量的作用。人身体不同部位脂肪量也有很大差异，女性的腰、腹、背部等部位皮下脂肪较厚，人的眼睛四周所含脂肪则极少，所以人在疲倦、生病时眼窝塌陷，就是脂肪被大量消耗所致。脂肪过多易造成弹性纤维折断，过少则易产生皮肤松弛、皱纹等问题。另外，皮下脂肪的厚薄对人的体形有很大影响。

4. 皮肤的附属器官

皮肤其他附属器官包括汗腺、皮脂腺、毛发、指甲等。皮脂腺也是与皮肤美容密切相关的部分，其结构由腺体和导管两部分组成，腺体位于真皮浅层，导管开口于毛囊。除手脚掌外，皮脂腺遍布全身，以头面部最多，其次为前胸和背部。皮脂腺能够滋润皮肤、毛发；防止皮肤水分蒸发，皮脂呈弱酸性，有一定的抑菌杀菌的功能。皮脂腺的分泌受雄性激素和肾上腺皮脂激素的调节，青春期分泌皮脂腺较旺盛。分泌量过多时皮肤呈现油性，分泌量过少时皮肤呈现干性状态。

二、皮肤的功能

皮肤覆盖于人体的表面，对人体各器官而言，是使其免受外界伤害的第一道防线。它的完整、健康与否，将直接影响到人体的健康与安全。皮肤具有排泄作用，汗液中含有尿素等废物，通过汗腺可排出体外。皮肤直接与外界环境接触，它能感受外界的刺激，能防御细菌等的侵入，对人体能起到保护作用。

1. 保护作用

皮肤犹如一个大屏障，无论对从外界来的机械的、物理性的、化学性的或生物性的种种有害刺激，还是机体内部某些有用物质，皮肤都能起到屏障作用，使得这些物质不能轻易地进入机体。皮肤坚韧而具有弹性，能抵抗一定限度的摩擦、挤压、冲击、牵拉等作用力，受力后仍能保持完整，并在外力去除后恢复原状。皮下组织疏松，含有大量脂肪细胞，使得内脏器官伤害减轻。在炎热的高温环境中，紫外线对人体有害，此时皮肤会保护人体，这是由于皮肤及毛发表面凹凸不平，皮肤的角质层和黑色素颗粒能反射和吸收部分紫外线，阻止其摄入体内伤害内部组织。健康皮肤表面呈弱酸性（pH 4.2～

5.6），这时的皮肤相当于一个“酸外套”，可抑制寄生于皮肤表面的各种细菌、真菌的生长，防止这些微生物侵入机体，皮肤表面的皮脂膜里的游离脂肪酸也可以抑制皮肤寄生菌的生长。一旦皮肤表面的酸性环境被破坏，皮肤抗菌能力下降，就会出现各种妨碍美容的皮肤问题。

2. 感觉作用

皮肤内分布着丰富的神经末梢和感受器，对各种感觉十分灵敏，包括触觉、压觉、痛觉、氧觉、冷觉、热觉等，还有更为复杂的，包括柔软感、坚硬感、光滑感、粗糙感、潮湿感、干燥感等。皮肤产生的上述感觉，通过反射活动，机体都会产生一系列相应的应答措施，使机体与自然环境保持协调一致，免受侵害。

3. 分泌和排泄作用

皮肤的分泌和排泄功能，是通过皮脂腺和汗腺来完成的。皮脂腺主要是分泌排出皮脂，而汗腺则主要是排泄汗液。人体皮肤内小汗腺约有 200 万个，以手掌及足趾部最多，大腿外侧最少。当外界环境温度变化时，刺激了神经纤维，可引起反射性排汗增加，这种排泄叫直接排汗。受到精神刺激导致的头面部和手脚出汗，叫做精神性出汗。还有药物作用引起的出汗，吃了辛辣热烫食物引起的出汗等。以上出汗，皮脂在皮肤表面与汗液混合，形成乳化皮脂膜，滋润保护皮肤和毛发。皮肤还可通过出汗排泄体内代谢产生的废物，如尿酸、尿素等。

4. 调节体温作用

人的正常体温保持在 37℃左右，而人体内肌肉和肝脏是产热器官，产生的热量靠皮肤散热来完成。当气温较高时，皮肤毛细血管网大量开放，体表血流量增多，皮肤散热增加，可使体温不致过高。当气温较低时，皮肤毛细血管网部分关闭，部分血流不经体表，直接由动静脉吻合进入静脉中，使体表血流量减少，减少散热，保持体温。当气温高时，人体大量出汗，汗液蒸发过程中可带走身体的部分热量，起到降低体温的作用。

5. 吸收功能

皮肤并不是绝对严密无通透性的，它能够有选择地吸收外界的营养物质。皮肤直接从外界吸收营养的途径有三条：营养物渗透过角质层细胞膜，进入角质细胞内；大分子及水溶性物质有少量可通过毛孔、汗孔被吸收；少量营养物质通过表面细胞间隙渗透进入真皮。

第二节　皮肤衰老的预防与营养膳食

人的一生可分为生长、成熟和衰退三个过程，最后的衰退过程为老化。一般来说，人到 25 岁后就开始衰老。皮肤与机体的其他器官一样，随年龄的增长会逐渐衰老。皮肤覆盖于体表，岁月的痕迹往往先从皮肤上表现出来，面部皱纹、眼睑下垂的出现直至全身皮肤松弛，标志人的生命里程逐渐走向暮年。皮肤的衰老是自然规律，不能改变。但如果采用科学、有效的美容保健方法，改善营养，改善肌肤赖以生长发育的内环境，是可以做到延缓皮肤衰老的。再好的化妆品，也无法消除面黄肌瘦，再好的化妆品也难以掩盖满脸的倦容。营养与美容，息息相关。

一、皮肤衰老的原因

一般人觉得皮肤出现皱纹就是衰老的开始，其实并不全面。皮肤衰老主要表现为：皮肤弹性减弱，无光泽，如暗淡无光、发灰、发黄；皮下组织减少、变薄；皮肤松弛、下垂；皱纹增多，特别是颈部；色素增多，出现褐斑、老年斑等。当皮肤出现任何一种现象，都该警惕肌龄发出的老化警讯。皮肤衰老的机制很复杂，影响皮肤老化的因素，主要分为以下两大类。

1. 内在因素

（1）皮肤组织衰退。表皮增生能力减退，表皮层变薄。表皮细胞核分裂增加，脂褐质沉积增多，以致肤色变深。表皮更替速率降低，老化细胞附着于表皮角质层，使皮肤表面变硬，失去光泽。

（2）胶原蛋白减少。随年龄的增长，皮肤中弹性蛋白酶和胶原酶的抑制剂水平下降，增加了皮肤内胶原蛋白分解，使皮肤弹性和韧性降低，皮肤逐渐松弛，产生皱纹。

（3）汗腺、皮脂腺功能下降。皮肤的汗腺、皮脂腺数目减少，功能降低，致使皮肤表面的水脂乳化物含量减少，经表皮水分损失增多，致使皮肤干燥，出现鳞屑，失去光泽。

（4）皮肤营养障碍。皮肤的营养障碍，血液循环功能减退，细胞和纤维组织营养不良，使皮肤出现皱纹。

（5）清除自由基能力下降。随着年龄增加，皮肤内清除氧自由基酶的能力下降，脂类自由基和结构蛋白在金属离子的存在下可以与氧反应，释放出使生物分子聚合和交联的物质，使皮肤失去弹性，产生色斑。

2. 外在因素

（1）紫外线伤害。皮肤长期受到光照会引起老化，主要是因为 UVA、UVB 照射引起的皮肤基质金属蛋白表达异常，氧自由基产生过多，胶原纤维、弹力纤维变性、断裂和减少，黑素合成增加，从而使皮肤松弛、皱纹增多、皮肤增厚、粗糙、色素沉着、毛细血管扩张，并易发生肿瘤。

（2）环境突然改变或环境恶劣。寒冷、酷热和过度干燥的空气，可影响皮肤正常呼吸，使皮肤散失过多的水分，使皮肤老化；空调或集中供暖会使皮肤脱水，产生起皮屑、脱皮的现象。

（3）面部表情过于丰富。经常眯眼、皱眉、大笑、撇嘴等表情都会使面部皱纹增多，所以最好尽量减少面部动作和过分的表情。

（4）长期睡眠不足及烟、酒等用品的刺激。睡眠不足会使皮肤细胞的各种调节活动失常，影响表皮细胞的活力。睡眠是否充足很容易表现在皮肤上，尤其是娇嫩的眼部肌肤。尼古丁对皮肤血管有收缩作用，所以吸烟者皮肤出现皱纹要比不吸烟者提前十年到来。喝酒会减少皮肤中油脂的数量，促使皮肤脱水，间接影响到皮肤的正常功能。

（5）滥用化妆品。每个人的肌肤都有自己的特点，先了解自己的皮肤或者测试自己的皮肤，再选择化妆品，如果选用化妆品不当或选用了劣质化妆品，都会对皮肤造成不良效果。化妆品要尽量选用新鲜的当年产品，不要买市场削价处理的化妆品。

二、皮肤衰老的营养膳食治疗

营养与衰老的关系，主要表现为能量摄入及饮食成分两方面。研究认为，合理地限制能量摄入、合理的饮食结构及某些营养素，尤其是抗氧化营养素的摄入，对保持青春、延缓衰老有重要作用。

1. 富含抗皮肤衰老营养素的食物

（1）富含蛋白质的食物。经常食用高蛋白的食物可促进皮下肌肉的生长，使肌肤柔润而富有弹性，防止皮肤松弛，延缓皮肤衰老。

富含蛋白质的食物有瘦肉、鱼类、贝壳类、蛋类、奶类及大豆制品等。

（2）富含抗氧化作用的食物。如维生素 E 具有抗氧化功能，可以清除自由基，具有抗皮下脂肪氧化，增强组织细胞活力，使皮肤光滑、富有弹性的作用。

富含维生素 E 的食物有杏仁、榛子、麦胚、植物油。

（3）富含胶原蛋白的食物。胶原蛋白和弹性蛋白是真皮结构的主要物质，皮肤的生长、修复和营养都离不开它们。胶原蛋白可使组织细胞内外的水分保持平衡，使干燥、松弛的皮肤变得柔软、湿润。适量补充富含胶原蛋白和弹性蛋白的食物，对保持皮肤弹性、减少皮肤皱纹和维持皮肤润泽都有益处，尤其是中年以后，这种美容效果是非常明显的。

富含胶原蛋白和弹性蛋白的食物包括猪、鸡、鸭、鹅、鱼的皮，猪、牛、羊的蹄筋，以及甲鱼、乌龟的甲板、裙边，鸡、鸭的爪和翅膀等。

（4）富含维生素的食物。富含维生素的食物可增强皮肤弹性，使皮肤更加柔韧，光泽度好。

富含维生素的食物有新鲜的蔬菜，如菠菜、萝卜、番茄、大白菜，新鲜的瓜果，如苹果、柑橘、西瓜、大枣、芒果等。

（5）富含矿物质的食物。富含矿物质的食物与人体健美关系密切，缺乏或过量均会导致疾病，引起早衰。钠、钾参与人体神经、肌肉活动，血液中过多过少都会引起肌肉松弛。铁能使皮肤恢复美丽的红润，缺铁时可引起贫血、皮肤苍白、皮肤干燥、嘴角裂口等。锌可维持皮肤黏膜的弹性、韧性、致密度和使其细嫩滑润。

富含矿物质的食物有芦笋、洋葱、豆腐、樱桃、海产品等。

(6) 富含异黄酮的食物。大豆可以代替雌激素，因为其中含有大量的大豆异黄酮。在女性体内雌激素含量低时，大豆制品能代替雌激素。

富含大豆异黄酮的食物有豆腐、豆芽、大豆、豆豉、豆浆等。

(7) 富含硫胺软骨素的食物。软骨素是真皮中黏多糖基质的成分之一，是构成真皮弹性纤维最重要的物质。25 岁以后，弹性纤维的生产能力逐渐衰退，45 岁以后几乎完全消失。因此，在发育期开始即应注意经常进食一定量的此类食物。

富含硫胺软骨素的食物有鱼翅、鲑鱼头、鸡、鲨鱼以及其他小鱼的软骨中。

(8) 富含核酸的食物。核酸在蛋白质的合成过程中起重要作用，可促进皮肤细胞的新陈代谢。每日摄取一定量的富含核酸食品，可以消除细小浅纹、光滑皮肤。

富含核酸的食物有兔、动物肝脏、牡蛎、鱼虾、酵母、蘑菇、银耳、木耳、蜂蜜、花粉。

(9) 水分。人体组织液中含水量达 72%，成人体内含水量为 58%～67%。当人体水分减少时，会使皮肤干燥，皮脂腺分泌减少，从而使皮肤失去弹性，没有光泽，甚至出现皱纹。因此，为保证水分的摄入，正常人每日饮水应不少于 1200 mL。

以上是具有美容功效的营养食物，但食物要均衡营养，合理搭配才能起到延缓衰老的功效。美国老年病学专家 Frank 拟定了一份延缓衰老的食谱，要求如下：

每天要吃一种海产品；

每周要吃一次动物肝脏；

每周要吃 1～2 次鲜牛肉；

每周要有 1～2 次以扁豆、绿豆、大豆或蚕豆作为正餐或配菜；

每天至少要吃下列蔬菜中的一种：鲜笋、萝卜、洋葱、韭菜、菠菜、卷心菜、芹菜；

每天至少要喝一杯菜汁或果汁；

每天至少要喝 4 杯水。

2. 皮肤的保养疗法

1) 加强保湿和防晒

老化的皮肤多半比较干燥，提高角质层的含水量可以使一些微小的细纹不明显。紫外线对肌肤的伤害远远超过肌肤的自然衰老，应选用合适的防晒用品，注意皮肤的隔离防晒。

2) 局部使用抗氧化剂

局部使用抗氧化剂如维生素 E、左旋维生素 C、果酸、硒、泛癸利酮、硫辛酸等。

3) 适度补充雌激素

女性进入更年期以后，体内雌激素的含量骤然降低，皮肤会在短时间内变薄、变脆弱，皮脂腺的分泌减少，皮肤变得更加干燥，这时皮肤对外界的敏感原、细菌、病毒等微生物的防御能力降低，皮肤容易发生过敏和感染。适度补充雌激素，一方面可以改善更年期的不适症状，另一方面也可以延缓皮肤的老化。

4) 去除老化的角质

皮肤老化以后，角质层细胞难以脱落而粘贴在一起使角质层增厚，增厚的角质层可使皮肤变得不敏感。老化的角质保水能力较差，而且堆积的老化胶质细胞会使肤色暗沉。使用含有去角质成分的保养品，如A酸（维生素A、异维A酸、阿维A酸）、果酸等，除加速角质细胞新陈代谢、剥除老化角质、使肌肤散发健康光彩之外，使用数月后，皮肤会清新、细嫩、光滑富有弹性。

5）去除老年斑

根据实际情况，可以选择用激光、电烧或强脉冲光去除已有的老年斑。

案例

熬夜一族如何抗皮肤衰老？

小张是报社的夜班编辑，平时的工作时间一般是从晚上7点到凌晨1点。作为长期熬夜族的典型代表，而熬夜是皮肤的大敌，但小张的皮肤细腻、白皙、有光泽、无明显的皱纹，并无熬夜的迹象。小张的经验是熬夜前晚餐的配餐尤为讲究，对皮肤的保养起关键作用。

【对策】

熬夜一族进晚餐时间可以安排晚一些，在劳动前一两小时为宜。晚餐除了吃含一定比例粗粮的谷类主食外，可多吃一些水果、蔬菜、豆类及富含蛋白质的食品，如肉、蛋、奶等，来补充体力消耗。脂肪不宜过多，否则影响消化。甜食也是大忌，高糖虽有高热量，刚开始让人兴奋，却会消耗B族维生素，在兴奋过后反而会导致疲劳，同时也容易引来肥胖问题。此外，多补充一些含有胶原蛋白的食物，有利于皮肤恢复弹性和光泽。但应杜绝辛辣食品，敏感性皮肤尽量少食海鲜。很多熬夜族身边都会放一些方便面、薯片等垃圾食品，饿了的时候顺手拿来充饥。但是这类食物不容易消化，会加重消化道负担，还会使血脂增高，对健康不利。熬夜时尽量不要抽烟喝酒，否则会加速皮肤老化，对身体造成更大伤害。

此外，熬夜族要多喝白开水，因为熬夜族身体很容易缺水。但不宜饮用咖啡或浓茶，因为咖啡或浓茶会引起失眠，且容易产生眼袋和黑眼圈。另外，市面上有一些针对熬夜人士的提神口服液，很多人把它视为法宝。这些口服液对提神有一定的效果，但常喝会产生依赖，最好避免服用。

第三节　皮肤白皙细嫩与营养膳食

人人都希望自己的皮肤滋润、细腻、柔嫩，富有弹性，“一白遮三丑”。然而，很多人的皮肤不尽如人意，显得粗糙、黯淡、缺乏光泽。分析其原因，一方面与遗传因素和疾病的影响有关，另一方面与后天的营养和保养有关。如何通过后天的营养调养打造“白里透红”、“肤如凝脂”的皮肤呢？

一、皮肤的颜色与影响因素

1. 皮肤颜色的分类

皮肤的颜色受遗传影响可表现为白色、黄色、黑色等。不同人种有着不同的肤色，同一人种的不同个体肤色的深浅也不相同，即使是同一个体，不同部位的肤色也不同。决定皮肤颜色的因素有两个方面。一方面是皮肤内的色素的含量，即皮肤黑色素、胡萝卜素以及皮肤血液中氧化及还原血红蛋白的含量；另一方面是皮肤解剖学差异，主要是皮肤的厚薄，特别是角质层和颗粒层的厚薄。

皮肤有四种内色素：褐色的黑素、红色的氧化血红蛋白、蓝色的还原血红蛋白和黄色的胡萝卜素。正常肤色主要有三种色调：黑色、红色、黄色。黑色由皮肤中黑素的含量决定，黑素细胞产生的黑素是决定皮肤颜色的最主要因素，在日晒、内分泌及营养代谢等因素的作用下，黑素生成增加致使皮肤变黑。红色由皮肤中血红蛋白和真皮血管血流的分布决定，微循环将血红蛋白运输到皮肤，单位时间内皮肤血流携氧量充足则皮肤外观红润，如果营养不良、睡眠不足、贫血则皮肤外观晦暗。黄色由组织中胡萝卜素的含量以及角质层和颗粒层的薄厚决定。

造成肤色差异的主要因素是一定皮肤区域中黑素的数量和血管的分布。含黑素较少的皮肤显白色，中等的显黄色，较多的显黑色。黑素是在黑色素细胞内酪氨酸经过酪氨酸酶的催化，逐步氧化生成的。

2. 影响皮肤美白的主要因素

（1）食物对黑素的影响。酪氨酸、色氨酸、赖氨酸及复合维生素 B、泛酸、叶酸参与黑素的形成，可使黑素增加。而谷胱甘肽、半胱氨酸和维生素 C、维生素 E 含量的增多可抑制黑素的生成。通过有针对性地食用富含不同种类营养素的水果、蔬菜和谷类食物，可在一定程度上干扰黑素的代谢，改善肤色。

（2）皮肤解剖学差异。皮肤表皮厚薄不一，光线在厚薄不一的皮肤中散射后，表皮颜色会出现变化。如光线在光滑、含水较多的角质层有规则地反射，则皮肤光泽明亮，而在干燥、有鳞屑的角质层以非镜面的形式反射，则皮肤晦暗。除此之外，皮肤血管数目的多少，血流量的多少，以及是否有毛细血管扩张等因素也会影响皮肤的颜色。

（3）药物亲和黑色素。不少药物也要改变正常肤色。如氯奎对黑色素的亲和力强，加重肤色黑变；服用奎宁者约 10％的病人面部出现蓝色色素斑。镇静药对肤色威胁最大，长时间服用者面、颈部出现蝴蝶斑，手臂等处则呈棕灰、浅蓝色或浅紫色。此外，反复使用含汞软膏，也可在病患处留下棕色色素。抗癌药中引起肤色变化的药物更多。

（4）自然环境伤皮肤。罪魁祸首是紫外线，它刺激皮肤中的黑色素，诱发雀斑等皮肤病变，即使是阴天，“紫外线”也依然强烈。紫外线可造成皮肤变黑、老化、产生皮肤皱纹。人类皮肤对紫外线的反应，在急性反应方面为造成皮肤发红、晒黑反应及增加肌肤的表皮厚度，在慢性反应方面，则会导致皮肤老化。在夏日里，如果依然想要拥有白净无瑕的肌肤，就应确实做好防晒，尤其是紫外线指数到达 7 或 7 以上时，更容易伤害肌肤，应特别加强防晒，不要因怕麻烦而造成日后的懊恼。其实，潮湿的空气、透过车窗照进来的阳光、甚至室内的灯管、电脑，都是令皮肤变黑变暗的元凶。

（5）某些疾病是诱因。不少疾病可以改变正常肤色，使其变黑。其中最常见的有内分泌系统疾病、慢性消耗性疾病、营养不良性疾病等。这些病可使皮肤变成褐色或暗褐色，分布于脸、手背、关节等暴露部位或受压摩擦等部位尤为明显。再如慢性肝病，可引起面部黄褐斑或眼眶周围变黑。此外，黑变病患者的黑色素也大多堆积于面部，特别是前额、脸颊、耳后及颈部，非常明显。

还有一类疾病是皮肤病，特别是某些食物过敏引发的皮肤病，如生葱、生蒜、辣椒、花椒、韭菜、酒、鱼、虾、海带、鸡肉、鸭肉、猪蹄、猪头肉等食物，也可诱发皮肤变态反应，以致疹块丛生，最后留下色素而使皮肤变黑。

3. 影响皮肤细腻的因素

皮肤细腻与否主要由皮肤纹理决定，健美的皮肤质地细腻、毛孔细小。皮肤借皮下组织与深部附着，并受真皮纤维维束的排列和牵拉形成多走向的沟和嵴，皮沟和皮嵴构成皮肤纹理，皮沟将皮肤表面划分成许多菱形、三角形或多角形的微小皮丘，皮沟的深浅因人种、年龄、性别、营养状况及皮肤部位的不同而有所差异。健康皮肤的表面纹理细小、表浅、走向柔和，皮肤光滑细腻。美容的目的在于通过保湿、防晒、合理营养等方式，使皮肤质地细腻，光洁度高，给人以美感。

二、皮肤白皙细嫩营养疗法

1. 富含维生素 C 的食物

维生素 C 是产生黄酮类激素的基本物，可阻止黑色素的再生，使皮肤更白皙，有利于面部色素斑的淡化和消除。

（1）西红柿汁。西红柿中含丰富的维生素 C，被誉为“维生素 C 的仓库”。维生素 C 可抑制皮肤内酪氨酸酶的活性，有效减少黑色素的形成，从而使皮肤白嫩，黑斑消退。

（2）柠檬冰糖汁。柠檬中含有丰富的维生素 C，100 g 柠檬汁中含维生素 C 可高达 50 mg。此外还含有钙、磷、铁和 B 族维生素等。常饮柠檬汁，不仅可以白嫩皮肤，防止皮肤血管老化，消除面部色素斑，而且还具有防治动脉硬化的作用。

（3）白萝卜。中医认为，白萝卜可“利五脏、令人白净肌肉”。白萝卜之所以具有这种功能，是由于其含有丰富的维生素 C，常食白萝卜可使皮肤白净细腻。

（4）黄瓜。黄瓜含有大量的维生素和游离氨基酸，还有丰富的果酸，能清洁美白肌肤，消除晒伤和雀斑，缓解皮肤过敏，是传统的养颜圣品。

（5）草莓。含有丰富的维生素 C 和植物性生物黄酮，能够保护皮肤的胶原组织及弹性组织，使皮肤润泽而有弹性。

2. 富含乳清蛋白和乳酸的食物

鸡蛋蛋白质和牛奶中的乳清蛋白含硫丰富。乳清蛋白的分解产物有美白作用，乳酸具有洁肤、保湿、祛斑作用。

牛奶和鸡蛋含丰富蛋白质、乳清蛋白、维生素，有滋润和洁白皮肤作用，保持身材的女士们可选择脱脂牛奶，而鸡蛋每天只宜吃一个。

3. 富含矿物质的食物

有些矿物质有抗氧化等功效，可使皮肤细嫩白皙。

(1) 芦笋。芦笋富含硒，能抗衰老和防治各种与脂肪过度氧化有关的疾病，使皮肤白嫩。因为芦笋含有高蛋白，并且热量低，在美白肌肤的同时又不使人发胖。

(2) 冬瓜。冬瓜含微量元素锌、镁。锌可以促进人体生长发育，镁可以使人精神饱满，面色红润，皮肤白净。

4. 多摄入碱性食物

皮肤的粗糙往往是因血液酸性偏高造成的。日常饮食中所吃的鱼、肉、禽、蛋、粮食类等均为生理酸性。生理酸性食物会使体内和血液中的乳酸、尿酸含量增高。有机酸不能及时排除体外时，就会侵蚀敏感的表皮细胞，使皮肤失去细腻和弹性。而新鲜蔬菜和水果中的碱性无机盐如钙、钠、钾等含量较高，经常吃新鲜蔬菜能使机体内碱性物质充足。体内的酸性物质被迅速中和成无毒的化合物排除体外，使血液维持在比较理想的弱碱性状态中，可保持皮肤的光滑滋润。

属于碱性的常见食物有：菠菜、卷心菜、萝卜、青笋、胡萝卜、马铃薯、黄瓜、豆腐、豌豆、赤豆、绿豆、山芋、甘薯、四季豆、藕、栗子、洋葱、茄子、香菇、牛奶、蛋白、橘子、葡萄、香蕉、苹果、柿子等。

5. 其他美白食物

(1) 菠萝。菠萝酵素是天然的分解蛋白质高手，还能溶解血管中的纤维蛋白及血栓，真正让身体做到由内而外的调节。食用菠萝不仅可以清洁肠道、美白调节肤色，还有很强的分解油腻，有减肥的作用。

(2) 醋。加入 250 g 黄豆于醋中，浸 15 d 后，每日食用 10 粒能将皮肤黑色素减淡。

(3) 樱桃。樱桃中含有多种美白肌肤的成分。如有丰富的维生素 C 能滋润美容皮肤，有效抵抗黑色素的形成。樱桃的含铁量为苹果的 20 倍，梨的 30 倍，而铁是血液中血红素的重要成分，血液充足使肌肤白里透红。而 β-胡萝卜素及维生素 C 可美白肌肤，让肌肤细腻、有弹性。

(4) 荔枝。含有丰富的蛋白质、维生素及微量元素，铁、铜含量也高于苹果和梨，经常食用荔枝可以起到红润肤色的作用。

(5) 虾。虾中含有丰富的铜，是形成皮肤色素的微量元素。铜元素不仅是形成机体抗老化酶——超氧化物歧化酶的关键元素，胶原蛋白和弹性蛋白的生成也离不开它。经常食用虾可使皮肤颜色、张力和弹力均匀。

6. 少摄入富含酪氨酸的食物

酪氨酸是黑色素的基础物质。如果酪氨酸摄入减少，合成黑色素减少，皮肤就可以变白了。海边的居民，多喜欢食甲壳类动物，如蛤、蟹、螺、牡蛎以及各种海产品，这些富含酪氨酸，豆类、硬壳果类、水产品等，也富含酪氨酸，经常食用以上食物，可致肤色稍深。

第四节　痤疮与营养膳食

痤疮是发生于毛囊皮脂腺的一种慢性炎症性症状，俗称粉刺、青春痘，是青春期常见的额皮肤病。好发于面部、胸部、背部等处皮肤，形成丘疹如刺，针尖或米粒大小，或见黑头，能挤出白色米渣样粉汁。痤疮皮损可破坏皮肤的正常质地和颜色，严重影响人的容貌，导致患者产生相应的审美心理障碍（图 3-2）。

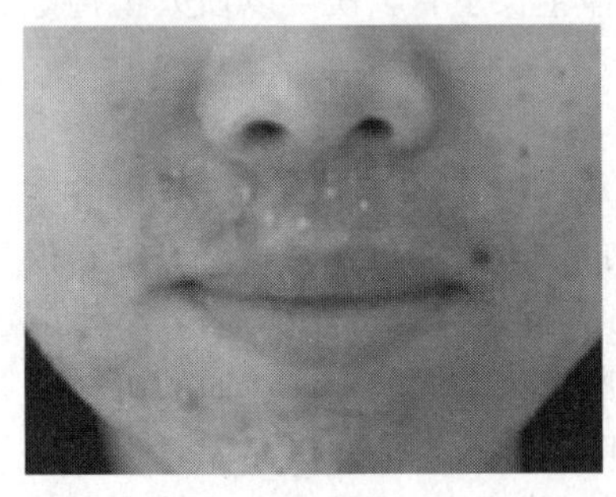

图 3-2　痤疮

痤疮可分为寻常痤疮和重度痤疮两种。寻常痤疮最为常见，皮损以粉刺、炎性丘疹和脓疱等为主，预后可遗留不同程度的色素沉着或瘢痕。重度痤疮多发于男性，包括聚合性痤疮和暴发性痤疮两种类型，在寻常痤疮的基础上出现经久不愈的严重脓肿、囊肿、结节等损害，预后形成严重瘢痕。

一、痤疮产生的原因

1. 内在因素

（1）饮食因素。大量食用高脂、高糖和酸性食品，而纤维素、维生素的摄入过少，造成体内酸度过大，造成皮肤粗糙、毛孔堵塞，甚至不同程度的痤疮。

（2）精神因素。紧张焦虑、烦躁忧虑以及失眠、长期睡眠不足会引起体内新陈代谢失调，也会引起痤疮。

（3）内分泌因素。青春期和青春期后的内分泌失调造成体内激素水平异常，会严重地影响皮肤的状况，是引起痤疮爆发的一个主要因素。

（4）遗传因素。遗传因素也被认为是发生痤疮的重要原因，父母有痤疮史，其后代非常容易长痤疮。

（5）身体因素。如月经不调、工作劳累、休息欠佳、青春期和皮肤病治疗以及不注意皮肤生理卫生。还有油性皮肤的人，皮脂腺分泌旺盛，易成为痤疮杆菌、毛囊虫、螨虫等的营养环境，发生感染。

以上这些因素最终导致体内雄激素水平升高，雄激素水平过高又会引起皮脂腺发育旺盛，皮脂分泌增加；另外还有毛囊皮脂腺导管角化异常，皮脂淤积。这两方面因素可能单独存在，也可能同时存在。继而发生毛囊内微生物感染及炎症反应，导致痤疮的发病。

2. 外在原因

（1）卫生因素。面部清洁不彻底，油垢堆积，堵塞毛孔。

（2）化妆品使用不当。化妆品可引起面部出现痤疮样皮疹。多由于化妆品对毛孔的机械性堵塞引起，如不恰当地使用粉底霜、遮瑕膏、磨砂膏等产品，引起黑头、粉刺或加重已存在的痤疮，也可能造成炎症。

（3）环境因素。包括空气、土壤、水、食物、噪声、射线等污染，经常使皮肤处于一种紧张的防御状态，皮肤新陈代谢减慢，造成皮肤抵抗力下降，易诱发痤疮。包括季节变换时，温度骤然升高时，皮脂腺分泌的传导密码一时调节失灵，也会造成痤疮出现。

二、痤疮的营养膳食治疗

1. 饮食营养治疗

（1）保持适量的能量摄入。一般能量控制在 10.5 MJ/d（2000 kcal/d）左右，以维持理想体重。

（2）减少脂肪的摄入。一般可控制在 50 g/d。脂肪摄入过多，可使皮脂腺分泌增加，加重病情。

（3）保证充足的蛋白质摄入。一般保证 100 g/d 或占总能量的 20%左右。充足的蛋白质可维持正常的表皮细胞代谢，有助于维持毛囊皮脂腺导管的通畅。

（4）增加膳食纤维的摄入。膳食纤维可减少食物中脂肪的吸收。富含膳食纤维的食物有茎叶蔬菜及新鲜水果，如芹菜、苹果、梨等。

（5）增加锌的摄入。痤疮患者可有绝对或相对的锌缺乏，血锌水平可能低于正常人群。锌缺乏可影响维生素 A 的代谢和利用，而维生素 A 可有效调节上皮分化，维持细胞的正常代谢，维生素 A 的利用障碍则会引起和加重毛囊皮脂腺导管的异常角化。因此，增加锌的摄入可改善机体的锌的缺乏，使痤疮病情得以缓解。含锌丰富的食物有牡蛎、禽畜肉、蛋类等。

（6）减少碘的摄入。碘摄入过多易引起毛囊口角化，使皮脂淤积。应减少使用紫菜、海带等含碘丰富的食物。

（7）适当补充维生素。维生素 A 可调节上皮分化，改善毛囊皮脂腺导管和毛孔的堵塞，应适当多食富含维生素 A 的食物，如动物肝脏、奶制品等，以及南瓜、菠菜、油菜、豌豆苗、苋菜、番茄等含丰富胡萝卜素的红、绿、黄色蔬菜和水果。B 族维生素的食物主要有粗杂粮、酵母、麦片、瘦猪肉等。

（8）其他。多饮水。尽量少食或忌食高糖高脂食物、辛辣刺激性食物等，避免咖啡、浓茶的摄入。腥发食物易引起过敏而使痤疮加重，所以对海鱼、海虾等海产品及羊肉、狗肉等腥发食物应忌食。最好不吸烟，不喝酒及浓茶、咖啡等。

2. 痤疮的生活疗法

（1）化妆品选用。选择化妆品时应选用自然成分，无刺激性，适合个人皮肤质的护肤品，促使毛孔畅通，排除毒素，早晚配合清洁、保养严重青春痘时可针对性治疗，按摩、脱角质要酌情处理。起居要正常，避免过分疲劳，睡眠不足、精神紧张容易使痤疮更加恶化。

(2) 避免用手挤压痤疮。避免用手经常触摸已长出的粉刺或用头发及粉底霜极力掩盖皮疹，尤其要克服用手乱挤乱压粉刺的不良习惯，因为手上的细菌和头发上的赃物极易感染皮肤，加重粉刺，而乱挤乱压可致永久的凹陷性疤痕，留下终身遗憾。

(3) 注意环境。活动性、炎症性痤疮（如丘疹、脓疮）患者要少晒太阳，避免风沙，太冷、太热、太潮湿的场所也对痤疮不利。

(4) 注意运动。坚持多做一些室内的大幅度运动。以加快血液循环，促使体内的废物及时排出体外，使皮肤在不断的出汗过程中保持毛孔通畅，随后及时加以清洗。

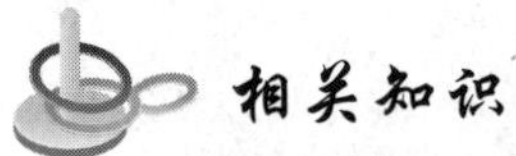

痤疮食疗两例

薏苡仁海带双仁粥：用薏苡仁、枸杞子、桃仁各15 g，海带、甜杏仁各10 g、绿豆20 g、粳米80 g。将桃仁、甜杏仁用纱布包扎好，水煎取汁，加入薏苡仁、海带末、枸杞子、粳米一同煮粥。每日2次，具有清热解毒、清火消炎、活血化淤、养阴润肤之功效。

枸杞消炎粥：枸杞子30 g、白鸽肉、粳米各100 g，细盐、味精、香油各适量。洗净白鸽肉剁成肉泥；洗净枸杞子和粳米，放入砂锅中，加鸽肉泥及适量水，文火煨粥，粥成时加入细盐、味精、香油，拌匀。每日1剂，分2次食用，5～8剂为1个疗程，具有脱毒排邪、养阴润肤之功用。

第五节　黄褐斑、雀斑与营养膳食

黄褐斑是常发生于面部的色素增加性皮肤病，是影响面容的常见病之一，多见于女性。初起通常是对称地分布于颧突和前额，大小不一，形状也不规则，边界较清楚，呈黄褐或淡黑色，平摊于皮肤上，抚之不碍手，没有任何自觉症状。久之延伸到鼻部、口唇周围，颜色加深，形成褐色蝴蝶状斑块，春夏季往往加重，入冬以后颜色减淡（图3-3）。

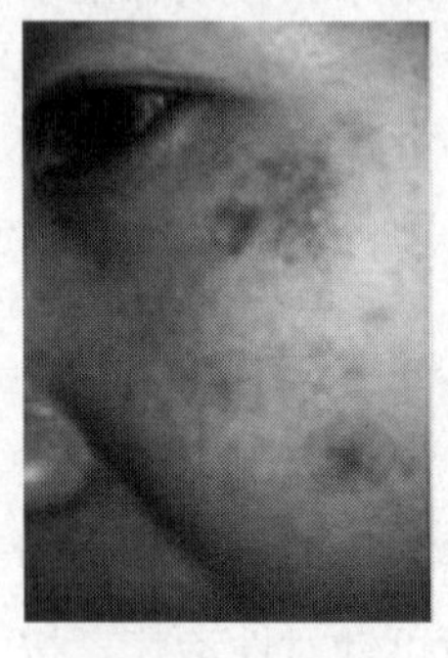
图3-3　黄褐斑

一、产生黄褐斑的原因

1. 妊娠期间激素变化

妊娠期间内分泌变化较大，雌激素和促黑素细胞激素分泌增加，雌激素能促进黑素细胞合成黑素，而孕激素则可促进黑素的转运和扩散，两者可发挥协同作用，结果导致大量黑色素沉着于表皮细胞，引起黄褐斑。

2. 妇科疾病

某些慢性病，特别是妇科疾病，如月经失调、痛经、子宫附件炎、不孕症等的患者中也常发生本病，可能与卵巢、垂体、甲状腺等内分泌失调有关。

3. 日晒是一个重要因素

紫外线能激活酪氨酸酶活性，使照射部位黑色素细胞增殖，从而使黑色素生成增加。

4. 化妆品可引起黄褐斑

化妆品可引起黄褐斑，这可能与化妆品中某些成分，如氧化亚油酸、枸橼酸、水杨酸盐、重金属、防腐剂、香料等有关。尤以劣质化妆品更为有害。

5. 电磁辐射

空气污染、烟雾、汽车尾气、灰尘、计算机、手机、电视机的电磁辐射可导致皮肤抵抗力下降。另外，臭氧层破坏使皮肤接受过强的紫外线，也使黑色素分泌增加。

6. 药物或某些疾病

口服避孕药、氯丙嗪、苯妥英钠等药物和慢性肾上腺皮质功能不全、糖尿病等也可诱发黄褐斑。

二、黄褐斑的营养疗法

1. 饮食营养治疗

(1) 饮食规律，营养均衡。

(2) 多食富含维生素C的食物。维生素C为强效抗氧化剂，可将深色的氧化型色素转化为浅色的还原型色素，并抑制多巴醌的氧化，减少黑素的生成。应多食新鲜蔬菜和水果，如猕猴桃、青椒、山楂、大枣、番茄等。

(3) 多食用富含谷胱甘肽的食物。谷胱甘肽是由谷氨酸、半胱氨酸和甘氨酸通过肽键缩合而成的三肽化合物，可抑制酪氨酸酶的活性，减少皮肤黑素的合成。谷胱甘肽含量较高的食物有新鲜水果和蔬菜，如菠萝、西瓜、草莓、番茄、黄瓜、胡萝卜、大蒜，十字花科蔬菜如圆白菜、花椰菜等。煮或其他热处理过程会损失部分谷胱甘肽。玉米、酵母、动物肝脏、蚌壳类水产品中的谷胱甘肽含量也极为丰富。

(4) 多食用富含硒的食物。富含硒的食物有大蒜、稻米、葵花子、肉类和海产品等，硒可以刺激体内谷胱甘肽的合成。

(5) 多食蛋白质和铁质含量高的食物。如蛋、奶、豆制品、瘦肉等蛋白质含量丰富，含铁较多的食物有动物肝肾、葡萄干、核桃、豆类等。

(6) 常食富含维生素 A 和烟酸的食物。如胡萝卜、菠菜、禽蛋、奶制品、花生、豆类等。

(7) 其他。忌食辛辣油煎食物，如酒、浓茶、咖啡等，也可选择合适的药膳来调理。

2. 黄褐斑的生活疗法

(1) 防日晒，慎用各种化妆品。禁忌使用含有激素、铅、汞等有害物质的“速效祛斑霜”，这些化妆品副作用太多，可以造成上百种的副作用，严重的可导致毁容。

(2) 注意内分泌调节，保持愉快的心情，保持充足的睡眠。应注重内分泌的调节，美容专家指出，神经系统、内分泌系统、消化排泄系统是人体的主要三大系统，维系着人体各项功能的正常运作，这三大系统相互联系、相互依存，一旦失调，将会株连整体，既然黄褐斑与人体内分泌系统有直接的关系，那么，防治黄褐斑，就应该去斑与调节内分泌两手一起抓。

(3) 远离各种辐射。包括各种玻壳显示屏、各种荧光灯、X 光机、紫外线照射仪等。这些不良刺激均可产生类似强日光照射的后果，甚至比日光照射的损伤还要大，其结果是导致色斑加重。

相关知识

黄褐斑食疗三例

核桃牛奶饮：核桃仁 30 g，牛奶 300 g，豆浆 200 g，黑芝麻 20 g，白糖适量。先将核桃仁、黑芝麻放小磨中磨碎，然后与牛奶、豆浆调匀，放入锅中煮沸，再加白糖调味即可；也可在煮沸时，打入生鸡蛋，边搅边煮。

猪肾薏苡仁粥：猪肾 1 对，山药 100 g，粳米 200 g，薏苡仁 50 g 加水适量。猪肾去筋膜、臊腺，切碎，洗净，与去皮切碎的山药、粳米、薏苡仁、水一起，用小火煮成粥，加调料调味即可。分顿吃。

绿豆百合美白汤：黄豆、绿豆、赤豆各 100 g，白糖适量。将黄豆、绿豆、赤豆洗净浸泡至胀后混合捣汁，加入适量清水煮沸，用白糖调味饮服。1 日饮 3 次。滋五腑润六脏。适用于面部灰暗、黄褐斑、雀斑。

三、雀斑

雀斑是一种发生在皮肤日晒部位的针尖至芝麻大小的黑褐色点状色素沉着。大多数是后天发生的，也有部分患者是先天发生的。但是不论先天或后天，均与遗传因素有密切的关系。也就是说，患雀斑的患者具有一定的体质，具有这种体质的人在外界的一些因素的作用下（如日晒、皮肤干燥等），便会发生雀斑。

1. 雀斑的特点

(1) 针尖至米粒大的褐色小斑点，因其形状、颜色如雀卵，故名雀斑。
(2) 雀斑好发于颜面，颈部、手臂等日晒部位，面部多散布在两颊及鼻梁。
(3) 雀斑数量多少不定，各个之间互不融合。
(4) 一般幼年时就有，女性多于男性，常伴有家族史，无其他症状。

2. 饮食原则（食物营养疗法与生活疗法同黄褐斑）

(1) 经常食用富含维生素 A、维生素 B_2、维生素 C 及维生素 E 的食物，如牛奶、酸奶、黄豆、豌豆、芒果、刺梨、鲜枣、柑橘、油菜、香菜、青椒、芹菜、芥菜、白萝卜等。
(2) 少食不易消化、辛辣刺激性食物，以及含色素的饮料，如浓茶、浓咖啡等。

第六节　不同皮肤类型的营养膳食

根据皮肤分泌皮脂的多少，保健美容领域一般将皮肤分为油性、干性、中性、混合型、敏感性皮肤五种，了解各种皮肤类型的特点及营养膳食，对皮肤美容保健至关重要。

一、皮肤的分类

1. 油性皮肤

油性皮肤即皮脂溢出型皮肤。此类皮肤皮脂腺分泌旺盛，皮脂分泌过多，致使皮肤特别是面部皮肤外观油腻、光亮、毛孔粗大，弹性好，对日光和外界刺激有较强的抵抗力，不容易产生皱纹，但较容易发生痤疮。油性皮肤常见于过多食用油脂性食物、B 族维生素缺乏、肥胖者及青年人。青春期皮脂腺功能旺盛，出现油性皮肤是正常的。但随着年龄增长，油性皮肤将能保护皮肤的弹性，减少皱纹，故油性皮肤比同龄干性皮肤的人显得年轻美丽。

2. 干性皮肤

皮肤干燥主要是角质形成细胞中的天然保湿因子及皮脂腺分泌的皮脂减少，使角质层含水量低于 10%，皮肤干燥、粗糙，缺乏弹性，毛孔细小，脸部皮肤较薄，易敏感。面部肌肤暗沉、没有光泽，易破裂、起皮屑、长斑，不易上妆。但外观比较干净，皮丘平坦，皮沟呈直线走向，浅、乱而广。皮肤松弛、容易产生皱纹和老化现象。

干性皮肤的发生有内因和外因两方面。内因主要是先天性皮脂腺活动弱，后天性皮脂腺活动和汗腺活动衰退，维生素 A 缺乏、脂类食物摄入过少等；外因方面与烈日暴晒、寒风吹袭、使用碱性肥皂等有关，年龄增长使皮脂腺功能减退也有关。

3. 中性皮肤

水分、油分适中，皮肤酸碱度适中，皮肤光滑细嫩柔软，富于弹性，红润而有光泽，毛孔细小，无任何瑕疵，纹路排列整齐，皮沟纵横走向，不容易出现皱纹，对外界刺激不敏感，是最理想漂亮的皮肤。中性皮肤多数出现在小孩当中，通常以 10 岁以下发育前的少女为多。年纪轻的人尤其青春期过后仍保持中性皮肤的很少。这种皮肤一般炎夏易偏油，冬季易偏干。拥有理想类型皮肤的人群饮食要均衡，注意水分的补充。

4. 混合性皮肤

混合型皮肤是指一个人同时存在着干性皮肤与油性皮肤的特点，通常是面中央部即前额、鼻及下颌部表现为油性皮肤，而双面颊、双颞部表现为干性皮肤，也就是为面孔 T 区部位易出油，其余部分则干燥，并时有粉刺发生，70%～80%的女性为混合型皮肤，美容保健上认为这是最为理想的皮肤，其皮肤细腻、平滑，颜色均匀，富有弹性，很少长疙瘩，毛孔不太明显，且能较长时间保持青春期皮肤的特点，但 30 岁以后可逐渐转为干性皮肤。混合型皮肤易受季节变化的影响，冬天稍感干燥，夏天稍觉油腻。

5. 敏感性皮肤

敏感性皮肤多见于过敏体质者，皮肤较薄，对外界刺激如日光、冷、热及化妆品很敏感，会出现局部微红、红肿、出现高于皮肤的疱、块及刺痒症状。用敏感物质进行斑贴试验反应为阳性。据统计，大约只有 7%的人是真正属于保护力较差的天生敏感性皮肤，其余则是一些后天常见的皮肤病引起的，如化妆品皮炎、脂溢性皮炎及红斑痤疮等，或外在人为的生理压力及环境变化等因素导致的皮肤敏感。

二、不同皮肤类型的营养膳食

按照中医理论，从人的体质分类上看，体内水分异常多者为“湿”重，属“油性性质”，这类人的皮肤一般呈油性；相反，体内水分异常少者为“燥”，属于干性体质，这类人的皮肤一般呈现粗糙和干燥状态。从现代医学观点看，油性皮肤者，皮脂腺分泌较旺盛，体内雄性激素分泌较多，皮肤毛细血管扩张；干性皮肤者，皮肤内水分不足，新陈代谢缓慢，皮脂腺功能减退，皮肤表面干燥，表皮角质屑易脱落，皮肤缺乏弹性，易生皱纹。因此，根据不同类型皮肤进行饮食调养，对皮肤的健美大有益处。

1. 油性皮肤的营养膳食

（1）少食肉类食品和动物性脂肪。如奶油、肥肉、油炸食品、重油菜肴等。因为肉类食品和动物性脂肪含脂肪较多，使皮脂腺功能旺盛，导致“油上加油”。另外，肉类食品和动物性脂肪在体内分解过程中可产生诸多酸性物质，影响皮肤的正常代谢，使皮肤粗糙。青少年时期可适当多吃些新鲜的肉类，成年后应以素食为主。

（2）多吃植物性食物。植物性食物中富含防止皮肤粗糙的胱氨酸、色氨酸，可延缓皮肤衰老，改变皮肤粗糙现象。这类食物主要有：黑芝麻、小麦麸、油面筋、豆类及其制品，紫菜、西瓜子、葵花子、南瓜子和花生仁。

（3）注意蛋白质摄取均衡。蛋白质是人类必不可少的营养物质，一旦长期缺乏蛋白质，皮肤将失去弹性，粗糙干燥，使面容苍老。有少数人对鱼、虾、蟹等海产品有过敏，对于这部分人可食用其他食物代替。为此，应根据生长发育的不同阶段，调整食物中肉食与素食的比例。年龄越大，食物中的肉食应越少。

（4）多吃新鲜蔬菜和水果。一是摄取足够的碱性矿物质，如钙、钾、钠、镁、磷、铁、铜、锌、钼等，既可使血液维持较理想的弱碱性状态，又可防病健身。肤色较深者，宜经常摄取萝卜、大白菜、竹笋、冬瓜及大豆制品等富含植物蛋白、叶酸和维生素C的食品；皮肤粗糙者，应多摄取富含维生素A、维生素D的食品如鸡蛋、牛奶、动物肝脏及豆类、胡萝卜等。二是摄取各类足量的维生素，缺乏维生素A、维生素D易患皮肤干枯粗糙；缺乏维生素A、维生素B_1、维生素B_2会加速皮肤衰老；缺乏维生素C易使皮肤色素沉着，易受紫外线的伤害。三是摄取足够的植物纤维素，以防止因便秘引起的体内有毒物质的堆积而带来的皮肤和脏器病变。

（5）少吃辛辣、温热性及热量大的食物。少吃如蜜饯、桂圆肉、核桃仁、巧克力、可可、咖喱等食物，可选用具有祛温清热类中药，如白茯苓、泽泻、珍珠、白菊花、薏苡仁、麦饭石、灵芝等。

（6）少饮烈性酒，多喝水。长期过量饮用烈性酒，能使皮肤干燥、粗糙、老化，少量饮用含酒精的饮料，可促进血液循环，促进皮肤的新陈代谢，使皮肤产生弹性而更加滋润。每天保证饮水1200 mL，可满足皮肤的供水，延缓皮肤老化。

（7）多做运动，注意减肥。肥胖可导致皮肤的老化。身体各部分长出多余的脂肪时，使人体失去体态美的同时，还会使皮肤失去活力。

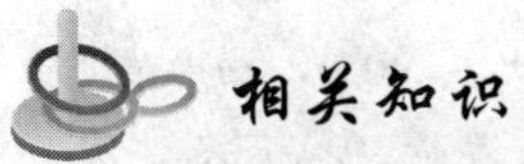

相关知识

油性皮肤食疗两例

番茄沙拉：番茄1个，黄瓜1根，生菜5片，柠檬1/2个，橄榄油10 mL，沙拉酱100 g。生菜洗净，撕成大块状置于大碗中；黄瓜洗净，削皮后切片，放于生菜上；番茄洗净切片，摆放在黄瓜片上；将柠檬挤出汁与橄榄油和沙拉酱搅拌均匀，拌于菜中。富含维生素，预防皮炎、清理肠道，具有极佳的美肤效果，延缓衰老。适用于油性皮肤。

增颜菜汁：香菜40 g，芹菜50 g，苹果1个，柠檬1/2个。将香菜、芹菜、苹果共置压榨机内，取汁，再加柠檬汁，取汁饮用。具有去除油脂，悦泽容颜之效，可使容颜红润。

油性皮肤护理：使用油分较少、清爽性、抑制皮脂分泌、收敛作用较强的护肤品。白天用温水洗面，选用适合油性皮肤的洗面奶，保持毛孔的畅通和皮肤清洁。暗疮处不可以化妆，不可使用油性护肤品，化妆用具应该经常地清洗或更换，更要注意适度的保湿。

2. 干性皮肤的营养膳食

（1）适当增加脂肪的摄入量。增加脂肪的摄入量，尤其是含亚油酸较丰富的植物油如葵花子油、大豆油、玉米油、芝麻油、花生油、茶油、菜籽油、核桃仁、松子仁、杏仁、桃仁等，适当食用一些动物脂肪。

（2）多食豆类。如黑豆、黄豆、赤小豆等。

（3）多吃碱性食物，少吃酸性食物。多摄入蔬菜、水果、海藻等碱性食品，少吃鸟兽类、鱼贝类等酸性食品，如狗肉、鱼、虾、蟹等。

（4）适量选用中药。选用具有活血化瘀及补阴类中药，如桃花、桃仁、当归、莲花、玫瑰花、红花及枸杞子、玉竹、女贞子、旱莲草、百合、桑寄生、桑葚子等。

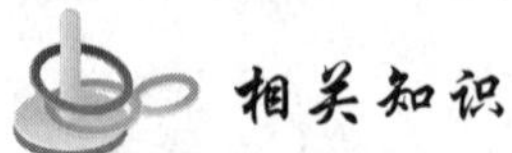

干性皮肤食疗两例

川七乌骨鸡汤：乌骨鸡腿1只，川七叶10片，老姜2片，麻油10 mL，米酒500 mL。乌骨鸡腿洗净，切小段；往炒锅中倒入麻油烧热，放入姜片以中火炒至金黄色略焦后，加入无骨鸡腿爆炒至表皮金黄；倒入米酒以小火熬煮至酒精挥发，待鸡肉熟后，加入川七继续煮1 min即可。川七枝叶中的乳汁成分属黏多糖，具有保护人体皮肤细胞的功效；麻油含有多元不饱和脂肪酸，也是富含ω-3系列脂肪酸的植物油，可改善皮肤干燥的情况，适合干性皮肤，具有养颜作用。

天冬包子：天冬12 g，猪肉250 g，冬笋1个，鸡蛋2个，大葱60 g，白菜或萝卜250 g，植物油30 mL，盐、酱油、香油适量，面粉500 g，碱适量。把天冬洗净，泡软，切成碎末。猪肉剁碎成馅。冬笋、白菜或萝卜切成碎末。把鸡蛋炒熟切碎。锅内放清油，烧至七成热停火，凉后入肉馅内，加水搅拌，然后倒入酱油、香油、盐及其他馅末拌匀。用拌好的馅包成包子即可。具有强壮身体、润泽肌肤之效。

干性皮肤护理：多做按摩护理，促进血液循环，注意使用滋润、美白、活性的修护霜和营养霜。注意补充肌肤的水分与营养成分、调节水油平衡的护理。不要过于频繁的沐浴及过度使用洁面乳，选择非泡沫型、碱性度较低的清洁产品、带保湿的化妆水。

3. 中性皮肤

因为中性皮肤是最理想的皮肤类型，所以在饮食上注意平衡饮食即可。多食新鲜蔬菜和水果，多饮水，使皮肤保持柔软细嫩。

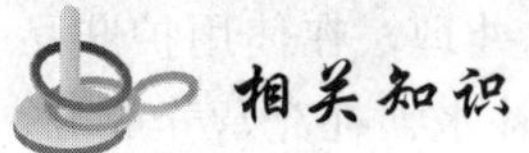

相关知识

中性皮肤食疗两例

润肌泽肤汤：鸡肉、玉米、鸡蛋清各适量。用刀背将鸡肉拍烂，撕成丝，加几个鸡蛋清，与适量玉米一起放入锅内，加水小火慢慢煮至熟，食肉饮汤。具有润肌泽肤之效。

红颜酒：胡桃仁、小红枣各 60 g，杏仁、酥油各 30 g，白酒 1500 g。将胡桃仁、小红枣、杏仁研碎待用。白蜜、酥油溶化，倒入酒中和匀，然后将上述三味药放入酒内密封，浸泡 21 d 后即可饮用。每次 15 mL，每日 2 次。此方可增加营养，防止皮肤粗糙。

中性皮肤护理：注意清洁、爽肤、润肤以及按摩护理。注意补水、调节水油平衡的护理。依皮肤年龄、季节选择护肤品，夏天选择亲水性的护肤品，冬天选滋润性的护肤品，选择范围较广。

4. 混合性皮肤

混合性皮肤的人应适量吃些奶类食品，多吃新鲜果蔬，多饮水，以延缓皮肤衰老。另外，平时饮食中宜常摄取平和的食物：小麦、小米、玉米、糯米、甘薯、花生、大豆、赤小豆、黑豆、蚕豆、豌豆、腐乳、白菜、莴苣、茼蒿、山药、芋艿、卷心菜、马铃薯、胡萝卜、香菇、木耳、银耳、苹果、李子、无花果、葡萄、橄榄、核桃、葵花子、芝麻、薏苡仁、百合、莲子、荷叶、藕粉、芡实、带鱼、鳗鱼、鲤鱼、鲫鱼、青鱼、鳜鱼、银鱼、鲢鱼、鲈鱼、甲鱼、猪内脏、猪血、火腿、牛肉、牛筋、牛奶、兔肉、鸭肉、鸡蛋、鹌鹑肉、鹌鹑蛋、鸽肉、白糖、冰糖、蜂蜜、蜂乳等。

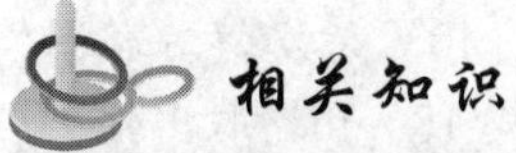

相关知识

混合性皮肤食疗两例

杏仁牛奶芝麻糊：杏仁 150 g，核桃 75 g，白芝麻、糯米各 100 g，黑芝麻 200 g，淡奶 250 g，冰糖 60 g，水适量，枸杞子、果料各适量。先将芝麻炒至微香，与上述原料一起捣烂成糊状，用纱布滤汁，将冰糖与水煮沸，再倒入糊中拌匀，撒上枸杞子、果料文火煮沸，冷却后食用，每日早晚各 100 g，具有润肤养颜、延缓皮肤衰老及抗皱祛皱功效。

牛奶粥：鲜牛奶 500 g，粳米 50 g，白糖 100 g。将粳米加水微火煮粥，煮至米汁黏稠为度。将鲜牛奶放入煮熟的稀粥中，再烧沸，放糖调匀即可服用。经常食用有补虚损、益脾胃、润肌肤之效。

混合性皮肤护理：按偏油性、偏干性、偏中性皮肤分别侧重处理，在使用护肤品时，先滋润较干的部位，再在其他部位用剩余量擦拭。注意适时补水、补充营养成分、调节皮肤的平衡。夏天参考油性皮肤的护肤品选择，冬天参考干性皮肤的护肤品选择。

5. 敏感性皮肤

（1）多食富含钙的食物。钙能降低血管的渗透性和神经的敏感性，能增强皮肤的各种刺激的耐受力。富含钙又不易致敏的食物有：牛奶、豆浆、芝麻酱、猪棒子骨等。

（2）多食富含维生素C的食物。维生素C参与体内的氧化还原过程，有抗过敏作用。富含维生素C的食物有猕猴桃、沙棘、大枣、柚子、柠檬、豌豆苗、藕、小白菜、莲花白、甜椒、花菜等。

（3）少食用水产品。对大多数敏感性皮肤的人而言，鱼、虾、蟹等易患过敏，宜少食用。

（4）部分敏感者少食用动物性食物和刺激性食物。部分人对牛肉、羊肉、禽蛋类等动物蛋白丰富的食物，以及姜、葱、蒜、胡椒、辣椒等辛辣刺激性食物，也会引起皮肤过敏，发生湿疹、荨麻疹、食物红斑类过敏皮肤病。

（5）光敏感者少食用光敏质多的食物。光敏感者食用灰菜、紫菜、苋菜、萝卜及莴苣等光敏质多的食物，易引起光敏反应，如色素沉着、皮肤潮红、丘疹、水肿、红斑等。

（6）少烟酒。少数人对饮酒吸烟也会引起过敏反应。

敏感性皮肤食疗一例

山楂马蹄糕：马蹄粉300 g，面粉200 g，山楂酱、冰糖各150 g，鸡蛋2个，发酵粉15 g，马蹄粉与面粉混合后加发酵粉、蛋液、冰糖，在35～40℃待发酵。容器四周涂上熟猪油，倒入发酵粉糊，约为容器的1/3，上笼用旺火蒸15 min，取出铺上山楂酱，再倒1/3糊，蒸15 min。本品能增强皮肤及毛细血管的抵抗力，防止或减轻过敏反应，适用于湿疹、寻常疣、痤疮等。

敏感性皮肤护理：保持皮肤清洁，可用温和的洗面奶及柔肤水，帮助杀菌、清洁、柔软肌肤。不要随意更改往日用惯的化妆品品牌。随时注意皮肤的保湿，增强皮肤的抵抗力，可选用清爽型、亲水性护肤品。注意风沙对皮肤的影响，平时皮肤较敏感的人外出时尤其要注意用纱巾、口罩等遮挡，避免风吹。

第七节　不同年龄人群皮肤的营养膳食

人从出生开始，经历生长、成熟和衰退，不同的生理阶段，皮肤的组织结构发生着变化，要保持皮肤的健美，就需要注意皮肤的保养。健美的肌肤需要营养的供给，在不同的年龄阶段，针对各时期皮肤的特点，通过调节饮食来改善肌肤赖以生存的内环境，可美化肌肤、延缓衰老、焕发青春的活力。

一、不同年龄的女性皮肤特点与营养

15～25岁，这一时期机体各系统、器官、组织及生理功能均处于发育阶段，表皮细胞层数增多，角质层变厚，真皮纤维增多，由细弱变致密。这一时期也正是女性月经来潮、生殖器官发育成熟时期，随着卵巢的发育和激素的产生，皮脂腺分泌物也会增加，皮肤一般偏油性，易生痤疮，引发炎症。因此要使皮肤光洁红润而富有弹性，就必须摄取足够的蛋白质、脂肪酸及多种维生素A、维生素B_2、维生素B_6，如白菜、韭菜、豆芽、瘦肉、豆类等，多吃蔬菜和水果，注意少吃盐，多喝水，或饮用绿茶，这样既可防止皮肤干燥，又可使尿液增多，有助于脂质代谢，减少面部渗出的油脂。避免高糖、高脂和刺激性食物，包括肥肉、奶油、辣椒、大蒜、大葱、胡椒、巧克力、糖、咖啡、油炸食物等，清淡为主，以防止促进痤疮等的发生以及使其恶化而长期不消退。这一时期，皮肤坚固、柔韧、光滑、润泽。

25～30岁，此时为女性发育成熟的鼎盛期，且感情丰富，易于多愁善感，导致女性额及眼下会逐渐出现皱纹，皮脂腺分泌减少，皮肤光泽感减弱，粗糙感增强。所以在饮食方面，除了坚持吃淡食、多饮水的良好饮食习惯外，要特别多吃富含维生素C和维生素B族的食品，如芥菜、胡萝卜、西红柿、黄瓜、豌豆、木耳、牛奶等。不吃易于消耗体内水分的煎炸食物。此外，不要饮酒、抽烟，否则会使嘴角与眼四周过早出现皱纹。

30～40岁，此时女性的内分泌和卵巢功能逐渐减弱，皮肤易干燥，眼尾开始出现鱼尾纹，下巴肌肉开始松弛，笑纹更明显，这主要是体内缺乏水分和维生素的缘故。因此，这一时期要坚持多喝水，最好在早上起床后饮一杯凉开水。食用富含抗氧化剂的食物，保护皮肤，防止自由基对皮肤的伤害，避免食用加工的或简单的糖类食物，以免导致血液中胰岛素上升过快，促进发炎和老化的现象。饮食中除坚持多吃富含维生素的新鲜蔬菜水果以外，还要注意补充富含胶原蛋白的动物蛋白质，可吃些猪蹄、肉皮、鱼、瘦肉等。

40～50岁，表皮变薄，表皮萎缩伴真皮乳头扁平，基底层细胞分裂能力降低，表皮更新减慢。皮肤感觉功能减退，痛阈增高。表皮和真皮结合部位变平，营养供应和能量交换减少。真皮弹性蛋白和胶原蛋白降解增多；基质的蛋白多糖合成减少，加上皮下组织脂肪减少，使皮肤弹性下降，出现松弛和皱纹；黑素细胞分布不均，使得肤色不一，色素斑出现。女性进入更年期，卵巢功能减退，脑垂体前叶功能一时性亢进，致使自主神经功能紊乱而易于激动或忧郁，眼睑容易出现黑晕，皮肤干燥而少光泽。在饮食上的补救方法是，多吃一些可促进胆固醇排泄、补气养血、延缓面部皮肤衰老的食品，如玉米、红薯、蘑菇、柠檬、核桃和富含维生素E的卷心菜、花菜、花生油等。还可多食用富含维生素C的蔬菜、水果以及中药材枸杞子都可达到淡斑的效果。

二、男性皮肤的营养膳食

1. 男性皮肤特点

(1) 男性皮肤天生较女性厚，更富有弹性，这是因为他们的皮肤纤维彼此连接很紧密之故。但是，由于男性皮肤厚度与密度大于女性，所以男性皮肤的变化看起来较女性更明显更清晰。

(2) 男性的皮脂腺和汗腺较发达，对皮肤有很好的保护和营养作用，故男性出现皱纹、皮肤松弛等衰老迹象比女人晚些。

(3) 男性皮肤还有一个特点就是敏感，容易发红、脱皮、发痒等，这些与需要刮胡子、不正确保养方式、不良饮食习惯、吸烟、心理压力等有关。

2. 男性皮肤营养膳食

男性皮肤保养除参照女性的营养膳食外，还需注意以下几点：

(1) 适当摄取肉制品。男性由于能量支出明显高于同龄女性，因而应当多吃些肉食品以补充体内之需。通常应多食瘦肉，动物内脏中胆固醇含量偏高，不宜过量食用。

(2) 多喝水。平时多喝水，保持皮肤细胞的正常含水量，可使皮肤光洁且富于弹性。

(3) 保证睡眠充足。现代医学研究证明，睡好觉是保证健康乃至美容的重要条件，经常熬夜或者失眠的人容易衰老，包括皮肤衰老在内。男性熬夜的概率大于女性，而夜间 24:00 到翌日凌晨 3:00 这段时间，皮肤细胞代谢快，“以旧换新”的速度是清醒状态下的 8 倍多，故享有“美容睡眠期”的雅号。

(4) 禁止吸烟、不可酗酒。吸烟无异于吸毒。香烟中对人体危害极大的致癌物及其他有害物质不下数十种。长期吸烟可导致皮肤晦暗、松弛。少量饮酒能“通血脉、散温气、杀百邪、驱毒气”。但过量饮酒能使皮肤干燥、粗糙、老化。

第八节　不同季节与女性生理期皮肤的营养膳食

一年四季，气温、湿度有着明显的差异，皮肤将随着季节的变化呈现不同的状态。此时，只有通过人体内部的调节使皮肤与外界的自然环境的变化相适应，才能保持皮肤正常的生理功能。如果人体不能适应外界自然环境发生反常的变化，其内外环境的相对平衡将遭到破坏而产生疾病；同时，也使人体的美受到影响。这就是“四季美容”。四季美容是在祖国医学“天人相应”思想指引下，所提出的重要美容原则和途径。

一、春季美肤营养膳食

春季气候转暖，大地复苏，这时人体皮肤的新陈代谢变得十分活跃，人的皮脂腺与汗腺的分泌会突然剧增，易出现痤疮。春天自然界的各种花粉、柳絮满天飞扬，皮肤组织比较脆弱、敏感，易引起皮肤过敏反应，如出现红色皮疹、局部有灼热感、瘙痒、皮屑脱落等。此时先找出过敏原，如风吹干空气的刺激、食用海鲜和牛羊肉等刺激、化妆品使用不当的刺激等。

春季饮食上应注意避免食用高脂肪类食物以及辣椒等刺激性食品，宜清淡饮食。多摄取维生素B族、维生素C、维生素E族的食物，例如绿色蔬菜以及花生油、葵花子油、菜籽油、芝麻油等植物油。这些食物中的维生素可促进皮肤血管的血液循环，调节激素正常分泌，润滑皮肤。春季宜食用既有护肤美容作用又有“养脾”功能的食品和药品，如牛奶、鸡蛋、猪瘦肉、豆制品、黑豆、鸡肉、羊肉、海带、韭菜、胡萝卜、葱、桃、樱桃、竹笋、薏苡仁、大枣、白茯苓、炒白术、淮山药、莲子、莲藕、扁豆等。春季肌肤对紫外线适应力弱，耐受性差，故易诱发皮肤过敏的光感性食物，如田螺、马齿苋等，应尽量避免食用。

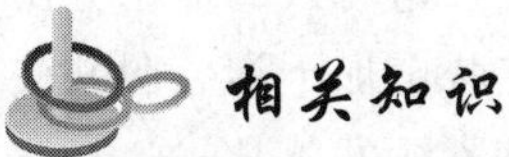

相关知识

春季皮肤食疗两例

菊花粥：粳米适量，菊花10 g，将粳米煮成粥，菊花磨成粉末，待粥成时加入菊花搅拌即可食。常食养肝血，清热毒，悦颜色。

大枣粥：粳米60 g，加大枣10枚，煮至米烂枣熟即可。常食可使人面色红润，容光焕发。

二、夏季美肤营养膳食

夏季气候炎热，汗腺和皮脂腺的分泌功能旺盛，汗液和皮脂分泌量多，皮肤多呈油性，皮肤抵抗力下降，易产生各种皮肤病变，常见的有湿疹、痱子、痤疮等。同时因出汗，需要使用毛巾等擦汗，结果对面部皮肤产生过多摩擦，刺激面部的机会增多，久而久之会感到皮肤灼痛。夏季阳光中强烈的紫外线使皮肤被灼伤，导致皮肤色素增加，变黑，引起雀斑，同时还会加速皮肤的老化，使皮肤增厚、粗糙、失去弹性，严重的会发生日光性皮炎。

夏季宜多吃新鲜蔬菜和水果，荤素搭配适宜，注意适当吃些粗粮，而干咸、辛辣等刺激的食物宜少食用。水果、蔬菜等含维生素及膳食纤维素丰富的食品能调节皮脂分泌量及通畅大便，使体内废物得以顺利排出，毒素不致存留。夏季宜选用既能益肤美容又有“养肺气”及“清补”作用的食品和药品，如冬瓜、西瓜、丝瓜、赤小豆、百合、桑葚子、旱莲草、玉竹、杏仁、枸杞、薏苡仁、白菊花、女贞子等。

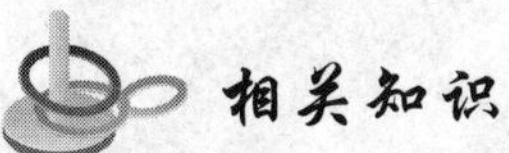

相关知识

夏季皮肤食疗两例

冬瓜粥：新鲜连皮冬瓜80～100 g，粳米100 g，二者同煮粥，分2次食用。健脾除湿，护肤美容。

赤豆鲤鱼：鲤鱼1尾，赤小豆100 g，陈皮、花椒、草果各7.5 g。将赤小豆、陈皮、花椒、草果洗净，塞入鱼腹，再将鱼放入砂锅中，另加葱、姜、胡椒、食盐、灌入鸡汤，上笼蒸1.5h左右，鱼熟后即可出笼，再洒上葱花，即可食用。具有行气健胃、醒脾化湿、利水消肿、减肥、美容等作用。

三、秋季美肤营养膳食

秋季是夏季向冬季的过渡，这个时期气温、湿度变化比较大，皮肤经过夏季的阳光照晒，皮肤颜色发黄、发黑，暗淡无光。天气开始逐渐变冷、变干，这时人的皮脂分泌下降，皮肤会很干、粗糙，皱纹明显变深，再加上秋风的作用，皮肤更加干涩、肌肤失去弹性，失去光泽。到了晚秋时，皮肤下的脂肪层会增厚，皮肤有紧绷的感觉。

因秋季天气转凉，出汗少，消化功能恢复常态，食欲增加，热量摄入也大大增加，所以秋季易发生肥胖。首先，饮食上应注意合理控制饮食，不使饭量增加。可多吃一些低热量的减肥食品，如赤小豆、萝卜、竹笋、薏米、海带、蘑菇、木耳、豆芽菜、山楂、辣椒等。秋季宜选用既可益肤美容，又有“养肝气”的“平补”、“不寒不热”的食物和药品，如猪瘦肉、兔子肉、猪皮、猪蹄、黑芝麻、白扁豆、海带、核桃、鸡肉、鸡蛋、胡萝卜、白萝卜、白蜜、花生、大枣、松子仁、紫菜、黄精、火麻仁、杏仁、白菊花、淮山药、白茯苓、薏苡仁、何首乌、芡实、桃仁等。

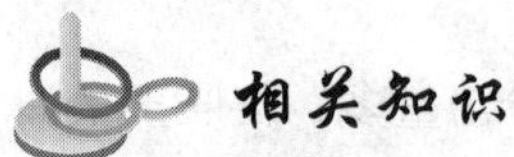

相关知识

秋季皮肤食疗两例

葡汁杞玉银羹：奶葡萄500 g，枸杞子15 g，水发银耳250 g，嫩玉米粒100 g，冰糖25 g。葡萄洗净将汁挤入碗中备用。冰糖捣碎，锅上火，注入清水500 mL，加入冰糖、玉米粒、银耳煮3～4 min，然后放入枸杞子、葡萄汁，搅匀，熬1 min立即出锅，倒入大汤碗中，放凉后食用。具有滋阴、补肾、壮阳、健美、增白、润肤功能。

胡萝卜红枣桑葚汁：胡萝卜30 g，红枣5枚，桑葚子15 g，水煮20 min后食用，每日1剂，连服2个月。适用于面色白而无泽，皮肤粗糙不润者。

四、冬季美肤营养膳食

冬季是一年四季中最容易损害皮肤的季节。因为气候寒冷，皮脂腺、汗腺分泌功能较差，皮肤缺乏滋润，加上寒风刺激，皮肤毛孔收缩，血流量减少，皮肤失去滋养而干枯皲裂，皮肤的抗病能力下降。冬季美容须补水。像秋天一样，由于冬季易使皮肤发干皲裂，所以补充水分同样成为冬季护肤的重要方面，补充水分最好的方法是多喝水。实践证明，大量饮水，可以解毒，治疗便秘、缓解皮肤干燥，还可以解除肝、肾、脾的失调，减少心脏病发生的危险和降低高血压等。冬季宜选用既可益肤美容又有“养心气”及“滋补”作用的食品与药品，如羊肉、鸽子肉、鹌鹑肉、麻雀肉、鸽蛋、麻雀蛋、鹌鹑蛋、牛奶、牛肉、鸡肉、龙眼肉、荔枝肉、海参、红枣、胡桃仁、紫河车、人参、炒白术、黄芪、扁豆、黄精、熟地黄、肉苁蓉、菟丝子、蛇床子、骨碎补、沙苑子等。

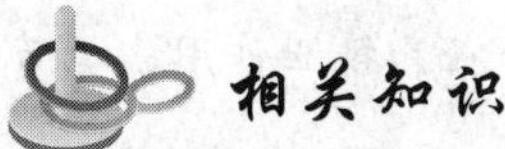
相关知识

冬季皮肤食疗两例

豆浆炖羊肉：淮山药 200 g，羊肉 500 g，豆浆 500 mL。以上药食加入油、盐、姜少许，一起炖 2h。每周食 2 次，既可益肤美容，又有“养心气”的作用。

枸杞煨鸡：老母鸡 1 只，枸杞 15 g，生姜 5 g，料酒 5 mL，胡椒 2.5 g，食盐适量，味精少许，葱 1 根。锅内加水适量，将鸡及姜、葱、料酒、胡椒同下锅，将枸杞洗净，装入纱布袋放入鸡锅内。先用大火煮沸，改用文火炖 2h，以鸡烂骨酥为度，放盐和味精出锅即可。分顿吃肉喝汤，枸杞亦可食用。本品具有滋肾润肺、益颜泽肤之效。

五、女性生理期皮肤营养膳食

女性在益肤美容饮食调养时，一定要结合其自身的生理特点来安排食谱。特别是在月经期间，月经的来潮与停止，有点像月亮的盈与亏、潮汐的涨与落等自然节律。它是女性性功能的一项生理性规律。每次月经为期 3～7 d。一般情况下，女性来一次月经，约排出经血 30～50 mL。因此，女性的美容健体不得不考虑这个特殊时期。

女性的美容健体饮食调养的原则之一，就是与月经周期变化相吻合的“周期饮食”。不少女性，在月经前期会有一些不舒服的症状，如抑郁、忧虑、情绪紧张、失眠、易怒、烦躁不安、疲劳等，这些症状与体内雌激素、孕激素的比例失调有关。此时，女性应选择既有益肤美容作用，又能补气、疏肝、调节不良情绪的食品和药品，如卷心菜、柚子、瘦猪肉、芹菜、粳米、鸭蛋、炒白术、淮山药、薏苡仁、百合、金丝瓜、冬瓜、海带、海参、胡萝卜、白萝卜、胡桃仁、黑木耳、蘑菇等。

在月经来潮时，会出现食欲差、腰酸、小腹疼痛、疲劳等症状。此时，宜选用既有益肤美容作用，又对“经水三行”有益的食品和药品，如羊肉、鸡肉、红枣、豆腐皮、苹果、薏苡仁、牛肉、牛奶、鸡蛋、红糖、益母草、当归、熟地、桃花等。此时，宜食用温性而不宜食用寒性的食物，所以平时很好的益肤美容食品也应禁食，如梨子、香蕉、荸荠、石耳、石花、菱角、冬瓜、芥蓝、黑木耳、兔子肉、大麻仁等。

除此之外，女性经期中要丢失一部分血液。血液的主要成分有血浆蛋白、钾、铁、钙、镁等无机盐。所以，在经期后 1～5 d 内，应补充蛋白质、矿物质等营养物质及用一些补血药。在此期间可选用既可益肤美容又有补血活血作用的食品与药品，如牛奶、鸡蛋、鸽蛋、鹌鹑蛋、牛肉、羊肉、猪胰、芡实、菠菜、樱桃、龙眼肉、荔枝肉、胡萝卜、苹果、当归、红花、桃花、熟地、黄精等。

本章小结

人的全身表面都覆盖着皮肤，皮肤由外向内可分三层，表皮、真皮、皮下组织层。另外，皮肤还有一些附属器官。皮肤具有保护作用、感觉作用、分泌和排泄作用、调节体温作用、吸收功能等生理功能。

随着年龄的增长，皮肤会出现衰老，面部出现皱纹、眼睑下垂直至全身皮肤松弛。造成皮肤衰老既有内因，又有外因。为了预防和治疗皮肤衰老，在饮食上可多食用富含蛋白质、抗氧化作用的、胶原蛋白、维生素、矿物质、异黄酮、硫胺软骨素、核酸、水分等食物，再加上合理的保养方法，可达到消除细小皱纹、恢复皮肤弹性、延缓衰老的效果。

皮肤的颜色有白色、黄色、黑色等，而人们都希望自己的皮肤白皙细嫩，在饮食上要多食用富含维生素C、乳清蛋白和乳酸、矿物质、偏碱性的食物，同时少摄入富含酪氨酸的食物。

痤疮是发生于毛囊皮脂腺的一种慢性炎症性症状，俗称粉刺、青春痘，影响美观，其形成既有内因又有外因。在饮食上要保持适量的能量摄入，减少脂肪摄入，保证充足的蛋白质摄入，增加膳食纤维、锌的摄入，减少碘的摄入，适当补充维生素，黄褐斑是常发生于面部的色素增加性皮肤病，形如蝴蝶状斑块。其形成多于妊娠、妇科病有关。在饮食上要注意饮食规律、营养均衡，多食用富含维生素C、谷胱甘肽、硒、蛋白质和铁质含量高、维生素A、烟酸的食物。

根据皮肤分泌皮脂的多少，美容领域一般将皮肤分为油性、干性、中性、混合型、敏感性皮肤五种，每种皮肤类型的营养膳食各不相同。

人在不同的生理阶段，皮肤的组织结构发生着变化，要保持皮肤的美容与健康，就需要注意饮食上的合理膳食和皮肤上的保养。男性的皮肤特点与饮食保养与女性也不相同。

皮肤将随着季节的变化呈现不同的状态，针对四个季节的特点，对皮肤的营养膳食提出不同的建议。女性生理期是个特殊的时期，要结合自身特点安排好营养膳食。

自测题

1. 单选题

(1) 美容健体饮食中，(　　) 是不正确的。

A. 摄取平衡饮食，食物多样化

B. 多摄入呈酸性食物，如动物肉类食物

C. 油性皮肤者应少摄入脂类食物

D. 养成定时定量的饮食习惯

(2) 角质层与美容的关系最为密切，它属于皮肤中的（　　）。

A. 表皮　　B. 真皮　　C. 皮下组织　　D. 附属器官

(3) 皮肤的新陈代谢周期为（　　）。

A. 7 d　　B. 28 d　　C. 0.5 d　　D. 1 年

(4) 食用富含胶原蛋白的食物是皮肤抗衰老的营养疗法之一，下列富含胶原蛋白的食物有（　　）。

A. 谷类　　B. 新鲜水果　　C. 大豆　　D. 鱼皮

(5) 皮肤白皙细嫩的营养疗法中，不正确的是（　　）。

A. 食用富含维生素 C 的食物

B. 食用富含矿物质的食物

C. 食用富含乳清蛋白和乳酸的食物

D. 食用富含酪氨酸的食物

(6) 下列方法中能够治疗痤疮的营养食疗有（　　）。

A. 增加脂肪的摄入　　B. 减少膳食纤维的摄入

C. 减少锌的摄入　　D. 保证充足的蛋白质摄入

(7) 下列方法中能够治疗黄褐斑的营养食疗中，不正确的有（　　）。

A. 多食用富含谷胱甘肽的食物

B. 多食用富含硒、铁的食物

C. 增加维生素 B_{12} 的摄入

D. 增加维生素 A、维生素 C 的摄入

(8) 夏季美容营养饮食原则中，（　　）是不正确的。

A. 应及时、足量补充水分

B. 炎热的夏季摄入足量的冷饮，可降温防中暑

C. 宜多吃新鲜蔬菜和水果

D. 可多吃苦瓜、竹笋等美容食品

2. 简答题

(1) 简述黄褐斑的营养膳食治疗方法。

(2) 简述不同皮肤类型的营养膳食方法。

3. 案例分析

(1) 患者，女，25 岁，面部皮肤多发炎性丘疹和脓疱，吃了辛辣、高脂肪食物后加重，严重影响容颜，备受困扰，请问：

① 她得的是什么病?

② 除常规药物治疗外，请为她制定一个营养膳食治疗方案。

(2) 患者，女，22 岁，面部皮肤外观油腻、光亮、毛孔粗大、弹性好，对日光和外界刺激抵抗力较好，月经期痤疮加重。请问：

① 患者属于什么皮肤类型?

② 请为她制定一个营养膳食方案。

第四章　美发与营养膳食

☞ 知识目标

(1) 掌握不同类型的头发特点与饮食原则。

(2) 掌握养发的饮食要求并能说出几种养发食品。

(3) 掌握黄发的原因及营养养护。

(4) 掌握白发的原因及营养养护。

(5) 掌握脱发的原因及营养养护。

☞ 能力目标

(1) 能判断不同的头发类型并采取不同的饮食原则。

(2) 能对黄发、白发、脱发等不同头发问题进行不同的营养配餐。

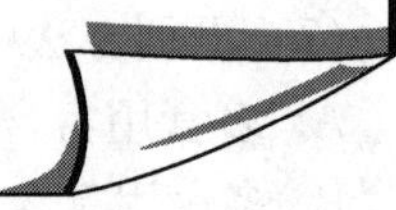

第一节　头发的分类及特点

头发是人体的一部分，它可以起到保护头部的作用，夏天头发可防烈日，冬天可抵御寒冷。细软蓬松的头发具有弹性，可以抵挡较轻的碰撞，还可以帮助头部汗液的蒸发。除此之外，它还是身体中最具美容效果的部位之一，一头浓密、光亮、顺滑的头发，可给人以健美感，还可增添潇洒、飘逸的风采，若打理成不同的发型还可衬托人的气质和容貌。

一、头发的构造与生长

1. 头发的构造与颜色

头发可分为发干、发根和毛囊三部分。头发的生长完全靠毛囊与其底端连着的毛细血管，毛细血管源源不断地给毛发输送所需的营养。所以保持毛细血管血液充足、循环畅通并不断供给头发生长所需的各种养分，这是保证头发健美的关键所在。

头发主要的组成成分有蛋白质、纤维及铁、铅、锌、镉、硼、钙、钴、铜、钼等微量元素。

在世界上，由于种族和地区的不同，头发有乌黑、金黄、红褐、红棕、淡黄、灰白，甚至还有绿色和红色的。通过染发也可将头发染成多种多样的颜色。科学研究证明：头发的颜色同头发里所含的金属元素的不同有关。黑发含有等量的铜、铁和黑色素；当镍的含量增多时，就会变成灰白色；金黄色头发含有钛；赤褐色的头发含铅多；

红褐色头发含有钼；红棕色的除含铜、铁之外，还有钴；绿色头发则是含有过多的铜；在非洲一些国家，有些孩子的头发呈红色，是严重缺乏蛋白质造成的。所以，通过头发中所含有的微量元素分析，可以了解人体的健康状况和智力情况。

2. 头发的生长

在所有毛发中，头发的长度最长，尤其是女子留长发者，有的可长到 90～100 cm，甚至 200 cm。每天的生长速度为 0.32～0.35 mm。一般人的头发约有 10 万根左右。出生时头发比较柔软、纤细，20 岁左右头发变得浓密、粗壮、毛孔变大，生长情况最为良好，到了老年头发又开始变得纤细、柔软。

头发的生长大致分为 3 个时期：生长期、退行期、休止期。生长期也称成长型活动期，生长期可持续 4～6 年，甚至更长时间。毛发呈活跃增生状态，毛球下部细胞分裂加快，毛球上部细胞分化出皮质，毛乳头增大，细胞分裂加快，数目增多。黑色素细胞长出树枝状突，开始形成色素。

退行期也称萎缩期或退化期，为期 2～3 周。毛发积极增生停止，毛球变平，毛乳头逐渐缩小，细胞数目减少。黑色素细胞失去树枝状突，又呈圆形而无活性。

休止期又称静止期或休息期，为期约 3 个月。在此阶段，毛囊渐渐萎缩，在已经衰老的毛囊附近重新形成一个生长期毛球，最后旧发脱落，但同时又有新发长出，再进入生长期及重复周期。

所以头发有生长也有脱落。正常人每日可脱落 70～100 根头发，同时也有等量的头发再生。头发的生长与脱落不仅与生理机能、年龄、季节存在一定关系，还与饮食、保养等存在一定联系。

二、头发的种类特点与饮食原则

由于人体健康状态、分泌状态和保养状态不同，又可将头发分为干性发、油性发、中性发、混合性发和受损发。

1. 干性头发

此型头发皮脂分泌少，没有油腻感，头发表现为粗糙、僵硬、无弹性、暗淡无光，发杆往往卷曲，发梢分裂或缠结成团，头发表面干燥蓬松，易断裂、分叉和折断。洗发后有光泽，也有润滑的感觉，但质地软，不易梳理，不容易保持发型。日光暴晒、狂风久吹、空气干燥、使用强碱性肥皂等均可吸收破坏头发生的油脂并使水分丧失。含氯过多的游泳池水以及海水均可漂白头发，导致头发干燥受损。

【饮食原则】 多食富含油脂的食物，如肉类、鱼类、各种植物油、奶制品等，也可适量服用鱼肝油和维生素 E；限制食盐的摄入。

2. 中性头发

此型头发柔滑光亮，不油腻，也不干枯，容易吹梳整理。这是健康正常的头发。

【饮食原则】 饮食上无特殊要求，保证食物多样化，均衡营养。

3. 油性头发

油性头发的人头部皮脂腺较丰富且分泌较旺盛。此型头发皮脂供过于求，头发好像搽了油，油腻发光，易吸尘和产生头皮屑，发杆细小而显得脆弱。需要经常清洗以保持头发的健康。

【饮食原则】 尽量少吃油腻食物：如黄油、干酪、奶油食品、牛奶、肥肉、含防腐剂食品、多脂鱼（鲑鱼、沙丁鱼、鲱鱼）、鱼子酱、冰激凌等，每周食用鸡蛋不超过 5 只；忌食油炸食品和腌制食品。多吃低脂肪食物，如河鱼、鸡肉等；多食谷类及天然食物。多吃新鲜绿色蔬菜、水果及其他：每天至少吃 2 个新鲜水果，至少饮 6 杯白开水。饭后可以喝些温热的薄荷茶，并可服用少量维生素 E 和酵母片。

4. 混合型头发

此型头发干燥而头皮多油，或为同一根发杆上兼有干燥和油腻的头发，常伴有较多的头皮屑。此型头发多见于行经年龄的女性。

【饮食原则】 少吃油腻的食品，增加黑色食品的摄入量，保证头发生长所需的各种营养。

5. 受损发质

此种头发主要由于烫、染不当造成，这种头发蓬乱、纤细、没有光泽，摸起来有粗糙感，发尾分叉、干焦、松散不易梳理，梳发时易脱落和断裂，这样的发质需要特别地进行保养和护理，才能逐渐转好。据调查，受损发质由于洗发精选择不当造成者约占 25%。

【饮食原则】 受到染、烫等过高温度和化学药剂伤害的头发，多吃含碘食物如海带等可以增强发质色泽，适当食用黑芝麻能改善头发粗糙，常食核桃仁可使头发乌黑亮泽。受紫外线照射、吹风整烫等破坏的头发，应多补充蛋白质、奶类及豆制品，同时，多食含铜、铁丰富的番茄、菠菜、芹菜等有助于增强头发的保湿功能。

无论是哪种性质的头发，了解自己的头发的性质是健美秀发的第一步，只有明白了自己发质的特点，才能有所针对地进行营养调理和护理。

三、头发的形状

与头发的颜色一样，人类头发的天然形状因地域、种族、遗传、饮食等的不同，差别也较明显。白种人多数是波状发，黑种人多数是卷曲发，黄种人多数为直发。

一般说来，发杆形状与发杆断面形状有一定联系，波状发断面为椭圆形，卷曲发断面为扁圆形，直发断面为圆形。当然这种分类仅是一般而言，黑种人也有波状发，白种人也有直发，黄种人也有波状发、卷曲发。毛发细胞的排列方式受遗传基因的控制，它决定了毛发的曲直、形态。头发各种形状的形成，主要也是头发构成的成分组合的内因作用。烫化使头发变得卷曲，则是人为地迫使头发细胞发生排列重组之故。

四、健康发质的标准

头发的颜色、粗细、性质会因人而异，健康发质的大致标准是：有自然的光泽，不粗不硬，不分叉，不打结，不干燥；发根匀称、疏密适中；色泽统一；油分适中，没有头屑、头垢；触摸起来润滑、松散，富有弹性和韧性，易于梳理，梳发时没有静电，不易断裂；洗发后柔顺、自然、整齐。

第二节　养发与营养膳食

美发就是使头发粗壮、乌黑、油亮，给人以健美感。美丽的头发会给人增添潇洒、飘逸的风采，女性比男性更留意美发。女性留长发比男性长，留有漂亮长发的女性会格外引人注目，美丽的长发也是女性美的重要特点之一。

一、养发的饮食要求

头发和人的机体各部位一样，也会发生疾病，如脱发、秃顶、白发早生都会影响人的美，这正是人们很注意头发保养原因所在。除头发的外在保养外，内在的饮食调养十分重要，养发的饮食要求是：

(1) 适当摄入高蛋白质食物。如猪瘦肉、鱼、蛋等，以保证头发的健康生长。

(2) 要多吃含钙、铁、碘丰富的食物。含钙、铁的食物能使头发滋润。含钙丰富的食物有牛奶及奶制品、蛋类、海产等。含铁丰富的食物有动物内脏、土豆、牛肉、干果、蛋黄、木耳等。含碘的食物能促进甲状腺分泌，使头发光亮，富有光泽，海带、海产品等含碘丰富。

(3) 多吃含铜、酪氨酸、钴丰富的食物。如各种动物肝肾、各种海产品、鱼、坚果、绿叶蔬菜等，经常食用这些食物可防止头发发黄、早白、使头发乌黑发亮。

(4) 多吃维生素丰富的食物。维生素A、B族维生素、维生素C、维生素D等都有营养头发的功效。维生素A和B族维生素它们是促使头发生长的要素，对治疗脱发较有效用。维生素C能使头发柔顺，强化血管。维生素D可使头发发育正常，不会过于纤细柔软。

二、养发食品

滋润头发的第一步，就是要保证供给头发充足的营养。头发由蛋白质构成，含有氢、氧、磷、碘等多种物质和钙、铁、锌、铜、钴等微量元素以及各种维生素。因此，在日常食物中要注意多吃含蛋白质的食物，同时注意食物的多样化，做到营养均衡。只有不偏食，才能保证头发获得所需的营养物质。人们在长期的劳动生活中积累了不少利用食物来养发、护发的经验。下面介绍几种常见的养发食物。

1. 黑芝麻

黑芝麻具有养血、润燥、补肝肾、乌须发之功效。将洗净晒干的黑芝麻文火炒熟，碾成粉，配等量白糖，每日早晚各食一次，用温开水冲服，也可与牛奶、豆浆、稀饭、馒头等同食。春夏两季，每天一小匙；秋冬两季，每天两大匙。在日常生活中适量地食用一些黑芝麻，对人的毛发很有好处，但过量会致脱发。

2. 核桃

核桃能补气血、温肺肾、止咳喘、黑须发、润肌肤。每日空腹生吃核桃仁数枚，也可烹制成“琥珀核桃”、“糖酥桃仁”等佳品食用，不仅香甜酥脆、口味好，还有益健康。

3. 黑豆

黑豆性味甘平、无毒，有活血、利水、祛风、清热解毒、滋养健血、补虚乌发的功能。黑豆营养丰富，是植物中营养最丰富的保健佳品。将黑豆洗净，用微火炒熟、每日食用数次可以起到美发、固发、护发的功效。

4. 海参

海参营养极为丰富，历来被认为是一种名贵的滋补品。其味甘咸、性温，归心、脾、肾、肺四经，具有益精血、补肾气、润肠燥、调经、养胎、利产、抗衰老之功效。现代营养学研究证实，海参含有 50 多种天然营养成分，干海参的蛋白含量可高达 61.6%以上，并含有钙、铁、碘、锰、硒等多种微量元素，可以使头发乌黑、润泽。

5. 猴头菇

猴头菇的营养价值很高，是一种高蛋白、低脂肪、富含矿物质和维生素的优良食品，经常食用对身体健康大有益处。具有提高机体免疫能力、抗疲劳、抗氧化、抗突变、降血脂、抗衰老、补益脾胃、充养气血等功效，是出色的养发食品，对头发的生长有很好的促进作用。

6. 鸡油

鸡油有生发、乌发的功能。将肥鸡油脂在蒸锅里用急火蒸，使油液析出，去渣，然后即可像香油一样，拌在菜里或淋入汤中食用。

7. 荠菜

口味清香鲜美的蔬菜，营养也非常丰富。它含有蛋白质、粗纤维、胡萝卜素、钙、磷、铁，以及多种维生素，而这些营养素都是人体必需的重要物质。荠菜还有清热解毒、凉血止血的作用，对防止头发早白十分有益。

8. 桑麻丸

用桑葚或桑叶加黑芝麻配制而成。制法：将漂洗干净的桑葚或桑叶晒干研成粉，另将黑芝麻碾成粉，分别盛在陶瓷罐中。食用时按 1∶4，将桑葚（叶）粉与芝麻粉混合，加入适量蜂蜜，揉成“面团”，再等分成约 10 g 重的小丸剂，早晚各取一枚嚼食。

9. 乌梅

乌梅是碱性食品，含有大量有机酸，经肠壁吸收后可很快转变为人体有益的碱性物质。根据“血液碱性者长寿”的说法，乌梅是当之无愧的抗衰老食品。此外，乌梅还含有果酸等纤维物质，具有通便之功效。乌梅酸甜可口、口味独特，具有开胃、提神、养颜、防癌之功效，符合人们对果品低糖、高酸的需求，是一种难得的护发养发果品。

10. 鲤鱼

鲤鱼肉质十分新鲜细嫩，不仅吃着可口，而且容易被消化和吸收，是难得的美味又营养的优质食材。食用鲤鱼有开胃健脾、利水消肿、安胎通乳等功效。鲤鱼还具有相当的滋补功能，对保持头发黑亮有一定作用。

三、非营养干预

除了以上讲述的养发的饮食营养疗法以外，还可以在生活中进行非营养干预。

1. 调理情志养发

毛发生长缓慢、脱发、白发等与精神因素有直接关系，因用脑过度、情志紧张、心情抑郁能使神经功能失调，引起脱发、白发。故欲使头发健美，必须保持精神愉快、心情舒畅，方能促进头发的生长和毛发光泽。

2. 梳头按摩养发

在《诸病源候论》中就有“千过梳发发不白”之说，早、中、晚均可用两手十指张开或用梳子从前额经头顶到枕部梳理头发，每次 10 min 左右，可改善头皮血液循环，增加头发养分，使头发乌黑光泽。

3. 洗发护发

在洗发时选择质量好的碱性低的洗发水洗发，然后用护发素加以养护，以保护头发质地柔软、美观。

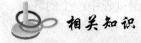

相关知识

养发食疗两例

黑芝麻核桃粥：黑芝麻 15 g，核桃仁 15 g，大米 50 g。将黑芝麻去杂质洗净，研细。核桃仁用热水泡后，剥去内衣，研细。大米淘洗干净。锅置火上，放入适量清水，下入大米，用旺火煮沸，调入黑芝麻屑、核桃仁屑，搅拌均匀，改用小火煮成稠粥即成。黑芝麻味甘性平，有滋补肝肾，补血生津，滋肠通便功效，是一味滋肤护发的妙品。核桃仁能润肤、乌发。此粥有很好的乌须黑发作用，经常食用可使头发粗壮、乌亮、柔顺。

何首乌鸡蛋汤：鸡蛋2只，何首乌25g。将何首乌洗净，同鸡蛋一起加清水两碗煲1h。取蛋去壳再煲片刻即成。食蛋饮汤，每日1次。何首乌性温、味苦涩，入肝、肾经，含大黄酚等。可补肝肾，益精血，滋阴壮阳。此汤适用于血虚体弱、头晕眼花、须发早白、脱发过多、未老先衰、遗精等，对白带过多、血虚而便秘、虚不受补者也有益。此汤简单实用，疗效确切，但需长期服用。

第三节　黄发与营养膳食

一、毛发枯黄的病因

西医学认为，头发枯黄的主要病因有：甲状腺功能低下；高度营养不良；重度缺铁性贫血和大病初愈等。以上病因均可导致机体内黑色素减少，使乌黑头发的基本物质缺乏，黑发逐渐变为黄褐色或淡黄色。另外，经常烫发、用碱水或洗衣粉洗发也会使头发受损发黄。

二、黄发的类型及营养养护

1. 营养不良性黄发

营养不良性黄发主要是高度营养不良引起的。这种类型的人应注意调配饮食，改善机体的营养状态。宜多食鸡蛋、瘦肉、大豆、花生、核桃、黑芝麻等食品，这些食品除含有大量的动物蛋白和植物蛋白外，还含有构成头发主要成分的胱氨酸及半胱氨酸，是养发护发的最佳食品。

2. 酸性体质黄发

酸性体质黄发主要是由于血液中酸性毒素增多而引起的，除与体力消耗过大和精神过度紧张有关外，还由于常年过食甜食和脂肪类食物，使体内代谢过程中产生的乳酸、丙酮酸、碳酸等酸性物质滞留，从而产生酸毒素。这种类型的人宜控制动物蛋白、甜食和脂肪的摄入量，多食海带、鱼、鲜奶等食物。

3. 缺铜性黄发

在头发生产黑色素过程中缺乏酪氨酸可使头发变黄，它是一种含铜需氧酶，体内铜缺乏会影响这种酶的活性。这种类型的人宜多选用含铜丰富的食品，如口蘑、海米、红茶、花茶、砖茶、榛子、葵花子、芝麻酱、西瓜子、绿茶、核桃、黑胡椒、可可、动物肝脏等。

4. 辐射性黄发

长期受射线辐射，如从事电脑、雷达以及X光等工作者可出现头发发黄。这种类型的人应注意补充富含维生素A的食物，如猪肝、蛋黄、奶类、胡萝卜等；宜多吃能抗辐射的食品，如紫菜、高蛋白食品以及绿茶等。

5. 功能性黄发

功能性黄发主要原因是精神创伤、劳累、季节性内分泌失调、药物和化学物品刺激等导致机体内黑色素原和黑色素细胞生成障碍。这种类型的人宜多食海带、黑芝麻、苜蓿菜等。

6. 病原性黄发

因患有某些疾病，如甲状腺功能低下、缺铁性贫血和大病初愈，都能使头发由黑变黄。除积极治疗原发病外，宜多吃黑豆、核桃仁、小茴香等食物。

另外，可选用补肾健脑、益精养血类中药，如熟地、枸杞、淮山药、何首乌、桑葚、黄精、肉苁蓉、女贞子、芡实、动物内脏等。

第四节　白发与营养膳食

白发是指头发部分或全部变白，可分为先天性和后天性两种。原因有生理性的，也有病理性的。毛发颜色的深浅与毛干中黑素含量、性质及分布有关。人类毛发黑素主要分为真黑素和褐黑素。真黑素呈黑棕色，化学性质稳定，不溶于任何溶剂。褐黑素呈黄红色，是真黑素合成过程中的一种衍生物。黑棕色头发含真黑素，而黄色和红色毛发中含褐黑素。当黑素细胞减少或酪氨酸酶活性丧失时，不能制造黑素颗粒，从而使毛发色素消失，形成白发。祖国医学认为，本病多因先天不足，气血两亏，肾气虚弱所致；或由多愁善感，思虑伤脾失去生化之源，气血亏虚而生。本病与家族遗传有关。

一、白发的类型

1. 早老性白发病

头发直接影响一个人的美观，中国人以头发乌黑、亮泽为美。如少年时出现了白头发，即为早老性白发病，又称“少白头”，是一种常见的病理现象，它虽然没有明显的症状，但常常影响人的美观，使患者非常苦恼。“少白头”常伴有家族史，属常染色体显性遗传，除受遗传因素的影响外，还与营养缺乏、精神紧张等因素有关。儿童白发与肠道功能紊乱、缺乏氨基苯甲酸和泛酸有关。严重的情绪影响可使头发迅速变白。一些疾病可伴少年白发，如恶性贫血、甲状腺功能亢进、心血管疾病（冠心病、高血压、心肌梗死）等。目前虽对白发的治疗效果还不太满意，但对白发形成的原因和机制已经有所了解，这就为该病的防治措施提供了一定的依据。

在青少年或青年时发病。最初头发中有稀疏散在的少数白发，大多数首先出现在头皮的后部或顶部，夹杂在黑发中呈花白状。随后，白发可逐渐或突然增多，但不会全部变白。有部分人长时间内白发维持而不增加。一般无自觉症状。

骤然发生者，可能与营养障碍有关。部分患者在诱发因素消除后，白发在不知不觉中减少甚至消失。有些患者甚至连胡须都变白，中医称须发早白。

2. 老年性白发

老年性白发又称正常老化灰发。一般在25～30岁时已出现少量白发，45～50岁以后白发较明显。开始时白发出现在两鬓，而后发展到顶部及整个头部。胡须及体毛稍迟会变白，但腋毛及阴毛仍保持其色素。老年性白发是一种生理现象，毛球中色素细胞数目正常，但黑素细胞中酪氨酸酶活性逐渐丧失，合成黑素能力锐减，从而使毛发中色素消失。老年性白发一般不可逆转，极少有返回黑发的现象。

3. 局限性白发

局限性白发是指一组相邻的毛发受累所致，与光滑皮肤缺乏色素发病机制相同。可有遗传性与获得性两种。

（1）遗传性疾患：Waardenbrug综合征可出现额部白发，白发可在1岁后或青春期消失。

（2）白癜风：可见于儿童或成人，白斑处的毛发常变白。

（3）Alezzandrini综合征：本病罕见，偶见于青少年。眉毛、睫毛灰白，有视网膜变性引起的单侧视力障碍，数月至数年后发生同侧面部白癜风和白发。

（4）Vogt-小柳综合征：又称Harada综合征，本病少见。表现为急性双侧眼色素层炎，伴白癜风、脱发、白发和听觉障碍。

（5）获得性疾患：由于炎症及X线的破坏可使局部毛发永久性色素脱失。额部带状疱疹可使局部头发变白。

以上白发应首先找出病因对症治疗，同时通过营养干预及其他养护手段，使白发好转或恢复。

二、营养防治与其他治疗

（1）营养防治。在饮食上注意补充足够的铜。人在青春期对铜的需要量最大，应特别注意从饮食中摄取含铜丰富的营养物质，以促进头发的正常生长。铁元素和铜元素一样，也是合成黑素颗粒必不可少的原料。含铜、铁两种元素丰富的食物，主要有动物内脏、瘦肉、豆类、柿子、苹果、番茄、土豆、菠菜等食品。

此外，维生素A与毛发、皮肤的代谢和营养有直接关系，可保持皮肤滋润、头发光泽。维生素E是强抗氧化剂，在肠内能保护维生素A不被氧化，从而延长维生素A在体内的作用时间。因此，应多吃核桃、芝麻、圆白菜、胡萝卜、植物油等，上述物质的充足供应就可以保证机体不断得到铜、铁、维生素A、维生素E的补充。平时还应多吃些花生、杏仁、西瓜子、葵花子、栗子、松子、莲子等食物，这些食物不仅富含铜，还富含泛酸。泛酸也可增加黑素颗粒的形成，是乌发的重要营养物质。注意饮食多样化，不偏食，不挑食，多吃一些粗粮、蔬菜、水果和豆类。

(2) 注意生活规律：按时休息，保持愉快的心情。积极参加体育锻炼，增强体质。

(3) 按摩头发：用手指在头皮上挠抓、按摩，直到头皮发热为止。

(4) 积极治疗原发病：如白发与慢性疾病有关，应先治疗有关慢性疾病。

(5) 中药：可选用首乌片、六味地黄丸、桑麻丸、七宝美髯丹等。

(6) 西药：可口服复合维生素、硫酸亚铁等。

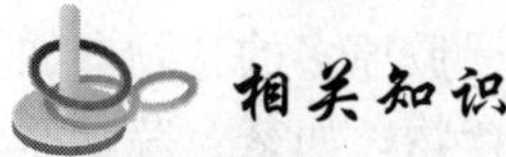

白发食疗两例

生地首乌茶：生地黄 30 g，何首乌 15 g，用沸水冲泡代茶饮，3～6 d 1 剂，连服 3 个月。

黑茶饮：何首乌 10 g，生地、熟地各 30 g，茶叶 5 g，黑木耳 10 g，开水冲后当茶饮用。

第五节　脱发与营养膳食

脱发是指各种原因引起毛发营养不良，造成头发脱落。是一种常见病症。引起脱发的原因很多，比较复杂。既有先天性，又有后天性。先天性脱发属常染色体隐形遗传或其他缺陷，而后天性脱发因精神因素，遗传、药物、内分泌障碍性疾病、机械性或化学刺激等多种因素而引起的。下面介绍三种常见的脱发。

一、斑秃

斑秃，俗称“鬼剃头”，是突然发生于头部的局限性斑片状脱发。本病一般与精神紧张、忧郁及生活不规律有关。此外，内分泌调节障碍、消化功能紊乱、微生物感染、药物等因素、严重疾病后、身体虚弱等都可能引起不同程度的脱发，近年来研究认为斑秃是一种自身免疫性疾病。

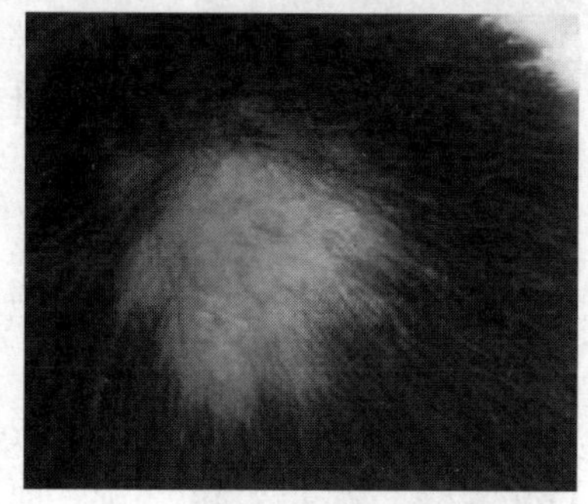

图 4-1　斑秃

1. 临床表现

本病可发生于任何年龄，大多数患者无自觉症状，常常在无意中发现或被他人发现，头部出现圆形或椭圆形脱发区，局部毛发全部脱落，患部头皮正常，无炎症，皮损边界清楚，大小、数目不定（图 4-1）。多能自愈，但可复发。根据此病发展情况可分为进展期、静止期、恢复期三期。一般经3～4个月，斑秃可停止发展，逐渐长出新发，新发开始为白色，又细又软，以后可转变为黑色，且变粗变硬。

2. 营养防治与其他治疗

（1）饮食注意选择有益于生发的食物。宜补充植物蛋白，多食大豆、黑芝麻、玉米等食品；宜补充铁质，多食黑豆、蛋类、禽类、鱼虾、熟花生、菠菜、香蕉、胡萝卜、马铃薯等；宜食含碘高的食物；宜多食碱性物质，如新鲜蔬菜、水果；宜多食含维生素E丰富的食物，如芹菜、苋菜、菠菜、盖菜、金针菜等；宜多吃含骨胶原多的食物，如牛骨汤、排骨汤等。避免和忌食下列食物：烟、酒及辛辣刺激性食物，如葱、蒜、韭菜、姜、花椒、辣椒、桂皮等；忌油腻、燥热食物，如肥肉、油炸食品等；忌过食含糖和脂肪丰富的食物，如肝、肉类、洋葱等酸性食物。

（2）调整好神经系统，避免过度的精神紧张、忧愁、焦虑、恐怖，保持心情舒畅，保证睡眠充足，避免劳累。

（3）中医中药治疗。本病多因肝肾虚衰，阴虚不足，腠理不固，风邪则乘虚而入，风盛血躁发失所养。治疗多采用养血、祛风、活血、补益肾肝等药物，药用首乌、熟地、白芍、丹参、桑叶、威灵等煎服。还可服中成药神应养真丹（羌活、木瓜、天麻、白芍、当归、川芎、菟丝子、熟地）、首乌片、虫草胶囊、养血生发胶囊及复方丹参胶囊等。

（4）西药可口服胱氨酸、维生素B_1或溴剂。

（5）局部可外用生发酒、鲜姜块。

（6）有条件的可用消毒牛奶或醋酸曲安西龙混悬液在脱发区做皮内注射，每区注射1～3点，每点注射0.1～0.2 mL。每周1次，4次1个疗程。

（7）用梅花针打刺脱发区，或按摩头皮，或坚持梳头运动，以改善局部血液循环，促进头发生长。

二、早秃

早秃，又称为男性型秃发，俗称“博士头”（图4-2），多见于20～30岁的男性，特别是在脑力劳动者中，如教授、学者等早早脱发者不少，这给患者带来了一定的烦恼。早秃是一种遗传性疾病，另外，与雄激素过多、用脑过度、内分泌障碍也有一定关系。

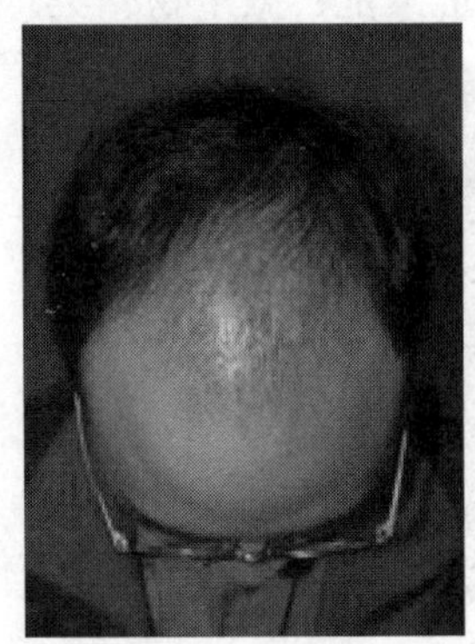

图4-2　男性型秃发

1. 临床表现

绝大多数发生于男性中青年（女性亦可罹患），常有家族史。

脱发是从前额及颈部两侧开始，逐渐向后发展，头发变细，前发线向后退缩，前额变高。病情缓慢发展，数年至十多年后额上部和顶部的头发可完全脱光，形成“秃顶”。局部皮肤光滑，毛孔缩小或遗留少量毳毛，而枕部及两侧颞部仍保留正常的头发。一般无自觉症状，本病仅头部毛发受累，不影响胡须及其他部位毛发。

2. 营养防治与其他疗法

(1) 全身营养不良或消化不良、代谢功能不全等，都会造成营养障碍，使头发变得细而干燥，毛根发生萎缩，脆而易断，出现早秃。预防早秃要经常补充头发生长必需的铁、硫、维生素A和优质蛋白质。因此，饮食方面应注意：

① 多食植物蛋白，植物蛋白可保证毛囊血液供应，防止头发早秃。大豆蛋白是防止秃头的最佳食品，此外，可选食黑豆、玉米等。

② 常食富含维生素E的食物，如卷心菜、鲜莴苣、黑芝麻等。维生素E不仅可抗衰老，还可改善头发毛囊的微循环，促进毛发生长。

③ 防止骨胶原缺乏，可取牛骨（砸碎）100 g，加水500 mL，文火煮1～2 h，待骨胶原溶解在浓汁中后服用。

④ 减少纯糖（如蔗糖、甜菜糖）和脂肪的摄入，多吃素食如豆制品、新鲜蔬菜等，并注意摄取含碘、钙、铁多的食物，如海带、鲜奶、甲鱼等。

(2) 加强体育锻炼，提高身体素质，避免情绪紧张，做到劳逸结合，保证睡眠充足。

(3) 口服维生素类药物，如维生素E，每次20 mg，每日3次；泛酸钙，每次20 mg，每日3次。

(4) 中药可选用复方丹参片、六味地黄丸等以补肾活血。

(5) 坚持梳头运动或头皮按摩。

三、女性弥漫性脱发

女性弥漫性脱发又称妇女雄激素原形秃发，是指女性头顶头发从长毛变成毳毛发及脱落的渐进过程。病因同男性型秃发。女性卵巢及肾上腺分泌少量雄激素，当分泌雄激素功能增强时，作用于毛囊引起脱发，女性突然发生弥漫性脱发，应考虑内分泌紊乱。

1. 临床表现

女性弥漫性脱发主要发生于20～30岁女性，症状较轻。表现为头顶部毛发稀疏，很少完全脱落。本病进程缓慢。可将女性弥漫性脱发分为三型：Ⅰ型为头顶部毛发稀疏；Ⅱ型为头顶明显稀疏；Ⅲ型头顶部无头发。脱发边缘头发轻拉试验阳性。50%以上女性头发可稀疏，但不会完全脱落。眉毛、腋毛等短毛及毳毛不受影响。

2. 营养防治与其他疗法

营养防治方法同男性型秃发。另外，使用2%～3%米诺地尔溶液，或2%～4%黄体酮或0.05%己二烯雄酚酊外涂，对轻、中度脱发有效。口服避孕药常用来治疗女性因雄激素增多引起的脱发、多毛症及痤疮，但避孕药应选择雄激素和孕酮为主要成分的药物。如有皮脂溢出，则做相应处理。

四、其他的脱发类型

除了以上三种较为严重的脱发类型以外，还有很多女性头发稀少，或者脱发较多，从而影响了美观。

1. 脱发的原因

（1）种族。不同种族的人，不仅头发的颜色不同，头发的多少和生长情况也有差别。秃头在白种人中十分常见，在黄种人中较少见，而在印第安人中则更为罕见。

（2）遗传。在同一家族中，头发的生长状况往往大体一致，男性型秃头与遗传有密切关系。

（3）精神状况。紧张、恐惧、忧虑等可使头发脱落明显增多。

（4）缺乏维生素。长期缺乏维生素A可致头发稀少；缺乏维生素 B_2 可出现皮脂溢出增多，头发易脱落；维生素 B_6 缺乏可引起皮脂分泌异常，口服避孕药可加快新陈代谢，消耗更多的维生素 B_6，有些女性弥漫性脱发可能与此有关。此外，维生素 B_6 能影响色素代谢过程，缺乏时毛发可变灰、生长不良；缺乏维生素 B_3 可使头发变白、生长不良；肌醇属于维生素B族，能防止头发脱落；生物素保护头发色泽，维持头发的正常生长。

（5）缺乏微量元素。有学者观察了头发中微量元素锌、铁、钼、铅、镁、锰及硒值的变化，发现脱发患者铜、铁、锰值显著降低，钙、镁、硒值显著增高，不典型脱发者各元素值无显著差异。缺铜会影响铁的吸收和利用，铁代谢不良会出现贫血、精神激动等症状，后者可成为斑秃的促发因素。缺铜还会影响毛发的角化过程，从而影响头发生长。钙通过与调钙蛋白结合而发挥作用，钙浓度高可能改变中枢神经免疫调节控制功能，从而导致脱发。硒的过量可因自身免疫性反应以及头皮脂溢增加而导致脱发。

（6）性别和年龄。女性头发生长比男性快，但这种差别不是很大。年轻人头发生长比老年人快，随着年龄的增长，头发毛囊数量的减少比较显著。据统计，按每平方厘米的毛囊数计算，20～30岁为615个，30～50岁为485个，80～90岁为435个。

（7）其他因素。头发在夏天生长得比冬天略快。X射线可引起暂时性脱发。紫外线、药物、创伤、慢性炎症、皮肤病、局部按摩刺激等对头发的生长与脱落也有一定的影响。

2. 脱发的营养疗法

对于非疾病引起的脱发，建议采取以下的饮食原则：

（1）补充充足的蛋白质。宜多食牛奶、鸡蛋、瘦肉、鱼类、豆类及豆制品、芝麻等食物。

（2）注意补充钙、铁、锌、硫等微量元素以及维生素A和B族维生素。宜食食物有黄豆、黑大豆、黑芝麻、松仁、菠菜、鸭肉、鸡蛋、奶、带鱼、青虾、熟花生、鲤鱼、香蕉、胡萝卜、马铃薯等。

（3）对于头皮屑多、头皮奇痒者，应忌食油腻性大的食品及发酵食品、奶类制品，淀粉食品也不宜过食。宜食苹果、李子、韭菜、大葱、红萝卜等新鲜蔬菜和水果，以及海带、紫菜、海鱼等含碘丰富的食物。

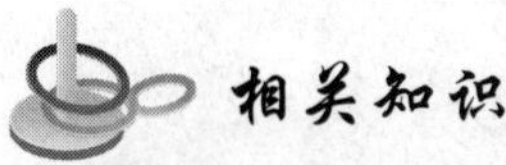

相关知识

脱发食疗一例

生发汤：生地、熟地、枸杞子、制首乌各 15 g，旱莲草、女贞子、天麻、白蒺藜、侧柏叶、菟丝子各 10 g，川芎、菊花各 6 g，每天一剂，水煎分早晚服。

本章小结

头发可分为发干、发根和毛囊三部分。头发的颜色有乌黑、金黄、红褐、红棕、淡黄、灰白，甚至还有绿色和红色的。由于人体健康状态、分泌状态和保养状态不同，又可将头发分为干性发、油性发、中性发、混合性发和受损发。根据不同类型头发的特点，其饮食原则各有不同。

除头发的外在保养外，内在的饮食调养十分重要。滋润头发的第一步，就是要保证供给头发充足的营养。可多食用黑芝麻、核桃、黑豆等养发食品。

引起黄发的病因有多种，使黑色素减少。根据病因将黄发分为营养不良性黄发、酸性体质黄发、缺铜性黄发、辐射性黄发、功能性黄发、病原性黄发六种黄发类型，每种类型有其饮食要求。

白发有早老性白发病、老年性白发、局限性白发三种类型，白发应首先找出病因对症治疗，同时通过营养干预及其他养护手段，使白发好转或恢复。

脱发有斑秃、早秃、女性弥漫性脱发、其他原因导致的脱发四种类型，根据不同的原因对症治疗，通过饮食、药物、锻炼等方法预防和治疗脱发。

自测题

1. 单选题

(1) 下列说法正确的是（　　）。

A. 干性发质的人应多食用含油脂较丰富的食物

B. 油性发质的人应多食用低脂肪食物，蔬菜、水果等

C. 经常烫发、染发的人应多吃含碘食物如海带等可以增强发质色泽

D. 混合型发质的人应遵循多油型发质的饮食

E. 以上说法都正确

(2) 下列不是白发的类型的是（　　）。

A. 早老性白发病　　B. 老年性白发　　C. 局限性白发　　D. 早秃

2. 填空题

(1) 头发按其性质可分为________、________、________、________、________。

(2) 早秃，又称为________，俗称“________”，多见于________岁的男性。

3. 简答题

养发的饮食要求是什么?

4. 案例分析

某男，20 岁，头发有 1/3 白发，为此很苦恼，并要求妈妈为他染发，请问：

(1) 他患的是什么病?

(2) 请为他制定一个营养膳食治疗方案。

第五章　肥胖与营养膳食

☞ **知识目标**

（1）了解肥胖症的能量代谢特点。

（2）了解肥胖症的病因、诊断方法、类型及临床表现。

（3）掌握肥胖症的治疗及营养膳食方法。

（4）熟知常见减肥食物。

☞ **能力目标**

（1）能诊断肥胖的类型。

（2）能掌握不同人群减肥的饮食原则。

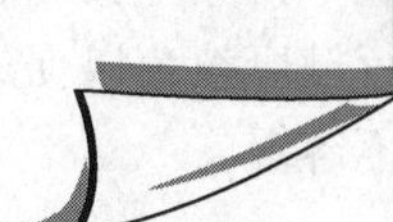

第一节　概　　述

肥胖是指由于能量摄入超过消耗，导致体内脂肪积聚过多而造成的疾病。其中无明显内分泌代谢病病因可寻的，称之为单纯性肥胖，占肥胖总数的95%以上，一般所说的肥胖均指此类肥胖。

据估计，目前，世界上肥胖与超重的患者高达12亿，欧美发达国家中其患病率20%。这是一个严重的公共卫生问题。美国1988～1994年的统计数据显示，每3个美国人中就有1个人超重。61%的美国成人为超重或肥胖，10%～15%的青少年超重，每年因肥胖相关疾病而死亡的人数高达30万。在美国可预防的死亡病因中，肥胖仅次于吸烟而位居第二。近几十年来，全世界的肥胖率更是呈持续上升趋势。我国人群体重指数低于西方人群，但近15年来成人体重指数均值和超重率呈现显著上升趋势。2004年中国人群中成人超重率为22.8%，肥胖率为7.1%，估计人数分别为2.0亿和6000多万；而超重和肥胖在儿童中所占比例则达到了8.1%。我国20岁以上的肥胖患者已达2000万以上，超重者不低于1.5亿；同时患病年龄趋于年轻化；即30岁以后超重与肥胖发生的危险性明显增加，由于超重基数大，预计今后肥胖患病率将会有较大幅度增长。

单纯性肥胖是现代经济高度发达国家的一个社会问题。经济富裕、生活水平提高、营养热量过剩、运动量不足——城市化的生活模式带来的所谓“城市病”、“现代文明病”是人们发福致胖的社会因素。

人体的形体构造是人体美的重要体现形式。形体美难有一个统一的标准，“环肥燕瘦”，各有其美，但总以胖、瘦不过度，身体曲线优美为宜。过胖或过瘦，在多数人眼里都是无美感而言的。人的各部分比例关系和谐统一、均衡匀称，则可淋漓尽致地展示人体美的特殊魅力。肥胖则严重破坏了人体各部分和谐匀称的比例关系，曼妙的人体曲线因而扭曲变形，代之以臃肿的躯体和不灵活的动作、姿态，这样就难以给人以美观，体态的健美也无从谈起，给人形体带来缺陷。而长期形体变形，昔日的健美躯体变得如此令人难堪，往往会因此感到心情压抑、羞涩而又忧心忡忡、情绪焦躁等，这种心理上的压力会对和谐、愉快的心境产生不利的影响，从而阻碍了内在美的表达。

肥胖不仅影响体形、美观，而更重要的是肥胖增加了心脑血管病、糖尿病、高脂血症的发病率，还与骨性疾病、睡眠-呼吸暂停综合征、胆囊疾病、不孕症以及肿瘤的发生有关，从而严重危害人们的美容心理和身心健康。肥胖的发生虽然有较强的遗传易感性，但世界范围内肥胖的流行说明环境因素促进了这个问题的恶化，久坐少动的生活方式和高脂肪、高能量的饮食习惯，更易于导致体重的增长。目前，肥胖已经取代了营养不良和感染所引起的疾病，成为危害人类健康的主要杀手。因此，对全民进行健康教育以促进建立健康的生活方式，改变不良的饮食习惯，非常有必要，而且刻不容缓。

第二节　肥　胖　症

肥胖——这一现代文明社会的流行性疾病，正成为世界性医学和公共卫生学研究热点之一。肥胖症是指体内脂肪堆积过多和（或）分布异常，体重增加，是一种多因素引起的慢性代谢性疾病。

一、病因

肥胖症的病因和发病机制尚不完全清楚。目前认为，肥胖症是遗传和环境因素共同作用的结果。一般来说，遗传变异的发生是一个漫长的过程，因此在较长时期内相对稳定。然而数十年来肥胖症在全球呈迅速流行趋势，从另一个角度说明肥胖症的快速增长主要不是遗传基因发生显著变化的结果，而是环境因素转变所致，这已经在学术界达成共识。

1. 遗传因素

流行病学调查已表明肥胖症具有家族遗传倾向。1994 年 Zhang 等克隆出小鼠和人的肥胖基因（ob 基因），基因表达产物称为瘦素。以往研究发现肥胖动物有单基因和多基因缺陷。人类的流行病学也表明单纯性肥胖可呈一定的家族性，但其遗传基础未明。单纯性肥胖呈一定的家族倾向，如肥胖的父母常有肥胖的子女；父母中 1 人或 2 人均肥胖者，其子女肥胖概率分别增至 50%和 80%，而父母体重正常者，其子女肥胖的概率约 10%，遗传因素是肥胖的易发因素，肥胖是多基因遗传、多后天因素的疾病。

2. 饮食因素

1）能量摄入过多

现代社会人群的能量摄入普遍呈上升趋势。NHANES（national health and nutrition examination surveys：全国健康和营养检查调查）数据显示：1971～2000 年，成年男性平均能量摄入从 2450 kcal/d 增长至 2618 kcal/d；女性则从 1542 kcal/d 增长至 1877 kcal/d。能量增加主要来源于脂肪和碳水化合物摄入增多。能量摄入增加同样存在于大多数发展中国家，以南美洲国家营养与肥胖调查为例，除个别经济极不发达国家外，绝大多数南美国家肥胖人群迅速增加，与此相关的是人群的平均能量摄入明显增高。当营养素及能量摄入过多，超过机体的需要，剩余部分便转化成脂肪储存于体内，导致肥胖。

2）膳食结构失衡

膳食结构中各营养素间失去平衡与肥胖发生有着密切关系。

(1) 脂肪比例。膳食中脂肪（尤其是动物性脂肪）摄入增加是大部分国家肥胖人群增长的重要原因。以数据为例：1989～1997 年成人能量摄入状况变化不明显，但高脂肪膳食的比例增加了 2.5 倍，动物性脂肪的摄入显著增多；1997 年我国 60%城市居民膳食中脂肪提供的能量占总能量比例（供能比）超过 30%，近 70%城市居民动物脂肪供能比超过 10%。而根据 WHO 的建议，膳食中脂肪供能比不超过 30%，动物脂肪供能比应在 10%以内。

研究表明脂肪（特别是动物性脂肪）能提高食物的能量密度。能量密度是食物的能量密度，是近年来推出的、用于评价食物供能多少的一个新概念，是指平均每克食物摄入后可供能的热卡数。食物的能量密度与食物中各种产能营养素的关系十分密切，脂肪是重要的产能营养素之一，因此脂肪含量较高的食物往往具有较高的能量密度。摄入过多的能量密度高的食物，导致过度的能量摄入，超过能量消耗的脂肪并不被机体氧化，而是在体内储存，使能量正平衡，引起体脂增加。陆生动物脂肪（主要为饱和脂肪酸）摄入过多，除了可能导致肥胖外，还可增加高脂血症和动脉粥样硬化发生的风险。

另外，在饥饿时进食高脂肪膳食会导致进食量尤其是脂肪量的增加。高脂肪膳食还有良好的色、香、味以及热能密度高的特点，这些因素往往导致进食过多的高脂肪膳食。

(2) 碳水化合物含量。传统理论认为，饮食结构中碳水化合物的含量对肥胖的发生只起次要作用，但 NHANES 的数据显示，伴随着脂肪供能比下降、碳水化合物摄入量的上升，肥胖的检出率加速增长：1971～2000 年碳水化合物供能比上升了约 6%，脂肪供能比则下降约 4%（由于总能量摄入的增加，脂肪摄入的绝对值仍稍有增长），而同期肥胖的检出率却增长了 1 倍多。美国人群数十年来脂肪的摄入量相对降低，可能与政府较早提倡低脂饮食有关。但如何分析膳食中的碳水化合物含量的增长对肥胖的影响，目前学术界还存在较大的争议。世界粮食及农业组织（FAO）与 WHO 于 1998 年出版的“碳水化合物与人类营养”的报告中，推荐应用血糖指数（GI）作为糖类食物的选择指标之一。GI 主要是根据进食后血糖的升高程度将食物进行分类。有学者认为高 GI

食物易使机体遭受糖的冲击性负荷，导致反馈性的胰岛素过度分泌，增加机体的饥饿感并可能引起额外的能量摄入。经常摄入高 GI 食物明显增加肥胖、Ⅱ型糖尿病、心血管疾病等的发生风险。但也有学者认为：目前并无确切证据表明碳水化合物的种类对机体能量平衡的长期影响有明显差异。尽管碳水化合物与肥胖发生的确切机制还需进一步研究，但美国等国家存在的伴随糖类食物摄入增加，肥胖的发生率迅速上升仍应引起我们足够的重视。

(3) 其他营养素。由于谷类、新鲜蔬菜和水果等食用偏少而致膳食纤维摄入不足与肥胖发生也有一定关系。在谷类、蔬菜和水果中，含有大量不被人体消化吸收的膳食纤维，膳食纤维被摄入体内后，极易吸收水分并迅速膨胀，不仅使人的饱腹感来得快、保持时间长，而且释放出来的能量少，起着防止能量摄入过多，预防肥胖保持体重的作用。最近研究发现微量营养素中钙的缺乏也与肥胖发生相关。当膳食中缺钙时，机体在钙营养性激素（如甲状旁腺素和活性维生素 D）作用下，提升细胞（尤其是脂肪细胞）内的钙浓度，而脂肪细胞内的钙积聚能抑制脂肪分解和促进脂肪合成，因而导致肥胖发生。

3）围产期营养缺乏

母体围产期的营养不良可能导致后代肥胖（特别是中心型肥胖）发生的风险增加。动物实验发现，怀孕早期营养素和能量的缺乏可引起胎儿的脂肪沉积和瘦素水平的增高，并可能与成年后肥胖发生的风险增加有关。

4）不良饮食行为

饮食行为也是影响肥胖症发生的重要因素。不吃早餐并没有减肥作用，相反，还会导致肥胖，因为不吃早餐常常导致其午餐和晚餐时摄入的食物增多，使一日的能量摄入总量增加。现在快餐消费已成为人们较普遍的饮食行为，但快餐食品多含高脂肪高能量，而营养构成却比较单调，经常食用会导致肥胖和某些营养素缺乏。胖人的进食速度一般较快，有研究表明肥胖者的进食特点为进食时所选择的食物块大、咀嚼少、整个进食速度较快、单位时间内吃的块数明显较多等，在这种方式下不仅进食快而且进食量也大大超过了非肥胖者。而慢慢进食时，传入大脑摄食中枢的信号可使大脑做出相应调节，较早出现饱足感而减少进食。此外，经常性的一次摄食过多、餐间消费也是肥胖发生的重要原因。

还有一些不良习惯也会导致肥胖，如吃甜食频率过多，非饥饿状况下看见食物或看见别人进食也易诱发进食动机，以进食缓解心情压抑或情绪紧张，边看电视边进食，睡前进食等，这些进食行为的异常均可大大加速肥胖的发生发展。

“夜食综合征”，在夜间，人的生理节律是副交感神经兴奋性增强，摄入的食物比较容易以脂肪的形式而储存起来。因此，夜间进食易导致肥胖。

3. 自身身体因素

1）中枢神经系统

中枢神经系统可调节食欲、调控营养物质的消耗和吸收。目前，普遍认为食欲调节中枢位于下丘脑。对下丘脑内测区和外侧区运用脑区损伤或清除脑区神经通路的方法研究证实，内测区可影响摄食行为，推断这些脑区存在饮食调节通路。

2）内分泌系统

肥胖患者或肥胖啮齿动物（不论遗传性或损伤下丘脑）均可见血中胰岛素升高，提示高胰岛素血症可引起多食，食欲旺盛，进食量大，促进脂肪的合成和积蓄，形成肥胖。一些神经肽和激素参与了对进食的调控。肥胖症以女性为多，尤其是经产孕妇、绝经期后或长期口服避孕药者，提示可能与雌激素有关。

3）代谢因素

推测肥胖患者和非肥胖者之间存在着代谢差异。例如肥胖患者摄入的营养物质较易进入脂肪生成途径，脂肪组织从营养物质中摄取能量的效应加强，可使甘油三酯的合成和储存增加，且储存的甘油三酯动员受阻。

4. 活动量不足

活动量不足会使能量消耗减少，是肥胖发生的重要因素之一。科技越来越发达的今天，人们的生活运动量越来越少，交通工具由汽车代替自行车和步行，电梯代替楼梯，工作由电脑代替手写，家用电器的普及减少了很多体力家务活，电视收看增加而休闲活动减少，高楼林立的城市也使得运动场地受限。

5. 其他

文化和社会、心理因素等也可能影响肥胖的发生。

二、诊断

肥胖症的确定主要根据体内脂肪积聚过多和（或）分布异常。肥胖症的分类有多种：按脂肪的分布可分为全身性（均匀性）肥胖、中心型（向心性）肥胖等。中心型肥胖是指脂肪主要在腹壁和腹腔内蓄积过多，中心型肥胖者发生代谢综合征的危险性较均匀性肥胖者明显增高。按肥胖的程度可分为肥胖前期、Ⅰ、Ⅱ、Ⅲ等级。肥胖症的诊断方法主要有以下几种。

1. 体重指数（BMI）

计算公式：体重指数（BMI）＝体重（kg）/身高^2（m^2）。

表5-1和表5-2分别列出了WHO及我国的成人BMI分级标准（建议）。

表5-1　WHO对成人BMI分级标准

分　类	BMI/(kg/m^2)	相关疾病的危险性
体重过低	＜18.5	低（有其他临床问题）
正常范围	18.5～24.9	在平均范围内
超重	≥25	
肥胖前期	25～29.9	增加
Ⅰ度肥胖	30～34.9	中度严重
Ⅱ度肥胖	35～39.9	严重
Ⅲ度肥胖	≥40	极严重

表 5-2　中国成人 BMI 和腰围界限值与相关疾病的关系

分　类	BMI/(kg/m²)	相关疾病的发病危险（按腰围计/cm）		
		男：<85	男：85～95	男：≥95
		女：<80	女：80～90	女：≥90
体重过低	<18.5	…	…	…
体重正常	18.5～23.9	…	增加	高
超重	24.0～27.9	增加	高	极高
肥胖	≥28	高	极高	极高

注：…表示无超重和肥胖相关疾病的发病危险（按腰围计）。

2. 腰围（WC）、腰臀比（WHR）

临床研究已经证实中心性（内脏型）肥胖对人类健康具有更大的危险性。腹部肥胖常用腰臀比（WHR）测量，WHO 建议，正常成人 WHR 男性<0.90，女性<0.85，超过此值为中心型肥胖。

最近 WHO 认为，与 WHR 相比，WC 更能反映腹部肥胖。WHO 建议欧洲人群男性和女性腹部肥胖标准分别为 94 cm 和 80 cm；亚洲人群以男性腰围 90 cm，女性 80 cm 作为临界值。中国成人若男性腰围≥85 cm、女性腰围≥80 cm，则可以作为腹型肥胖的诊断标准。以腰围评估肥胖非常重要，即使体重没变，腰围的降低也可以显著降低相关疾病的危险性。

WHO 推荐的测量腰围和臀围的方法为：

（1）腰围。受试者取站立位，双足分开 25～30 cm 以使体重均匀分布，在肋骨最下缘和髂骨上缘之间的中心水平，于平稳呼吸时测量。

（2）臀围。在臀部（骨盆）最突出部测量周径。

3. 标准体重与肥胖度

标准体重（kg）＝身高（cm）－105

或标准体重（kg）＝［身高（cm）－100］×0.9（男性）或 0.85（女性）

肥胖度＝［（实测体重-标准体重）/标准体重］×100％

体重超标的分度：±10％为正常范围，超过 10％为超重或过重，超过标准体重 20％为肥胖，20％～30％为轻度肥胖，30％～50％为中度肥胖，>50％为重度肥胖，>100％为病态肥胖。

在使用标准体重时应注意的问题：

（1）有关身高、体重的标准数据表有相关的局限性，不一定人人适用。

（2）体重增加的原因：应明确体重的增加是脂肪成分过多还是其他原因所致，肥胖的定义是机体脂肪成分过多，脂肪组织过多，故精确的诊断应以测量全身脂肪重量及所占比例为准，而不应单纯依据体重的增加。

4. 肥胖症局部脂肪蓄积的测定

（1）皮肤皱襞测定法。测定方法：用拇指及食指捏起皮肤皱襞，注意不要把肌肉捏起来，然后用卡钳尽可能地靠近拇指、食指二指处（约距离 1.27 cm），卡钳夹住皮肤皱襞 2～3 s 后，读出指针毫米数，每个部位重复测量 2 次，2 次读数误差不得>0.05。

常选用测量部位：左上臂肱三头肌肌腹后缘部位，其次为肩胛下角下方，右腹部脐旁 2 cm。（具体测量方法见第六章第一节）

（2）心包膜脂肪厚度 B 超测量法，测定位点有 6 个。A 点：主动脉根部水平；B 点：二尖瓣口水平；C 点：心尖四腔切面，测量右室心尖部；D 点：右室心尖右侧 1.5 cm 处；E 点：左室心尖部；F 点：左室心尖部左侧 1.5 cm 处。

（3）脂肪肝测定。B 超法。

5. 脂肪百分率（*F*）测定

判断是否肥胖，单测体重不够确切，主要看脂肪在全身的比例，*F* 即脂肪含量占体重的比例。男性 *F* 超过 25%即为肥胖，女性 *F* 超过 30%即为肥胖（表 5-3）。脂肪百分率测定方法有以下几种：

（1）应用脂溶性气体放射性核素^{85}氪（^{85}Kr）密闭吸入稀释法直接测得人体脂肪量。

（2）应用人体密度或相对密度测验计算。

（3）利用生物电阻的方法测定。

表 5-3　不同性别脂肪的分级标准（*F*）

分　级	男　性	女　性
正常	$15\% \leqslant F \leqslant 25\%$	$22\% \leqslant F < 30\%$
超重	$25\% < F < 30\%$	$30\% \leqslant F < 35\%$
轻度肥胖	$30\% \leqslant F < 35\%$	$35\% \leqslant F < 40\%$
中度肥胖	$35\% \leqslant F < 45\%$	$40\% \leqslant F < 50\%$
重度肥胖	$F \geqslant 45\%$	$F \geqslant 50\%$

脂肪百分率（*F*）＝（4.570/*D*－4.142）×100%，*D* 为体密度，体密度的测算如表 5-4 所示。

表 5-4　体密度测算表

年龄/岁	男　性	女　性
9～11	$1.0879-0.0051X$	$1.0794-0.00142X$
12～14	$1.0868-0.0013X$	$1.0888-0.00153X$
15～18	$1.0977-0.00146X$	$1.0961-0.00160X$
≥19	$1.0913-0.00160X$	$1.0970-0.00130X$

注：*X*＝右肩胛角下皮皱厚度（mm）＋右上臂肱三头肌皮皱厚度（mm）。

皮下脂肪厚度测定和脂肪百分率（*F*）测定均可判断是否肥胖，脂肪百分率是以体脂在体重中占的百分数表示的，体现了体内积聚脂肪的真实含量，用这个指标诊断具有准确性、客观性和科学性。脂肪百分率是诊断肥胖症的“金指标”。

三、肥胖症分型

根据病因一般分为单纯性肥胖和继发性肥胖两类。

1. 单纯性肥胖

肥胖是临床上的主要表现，无明显神经、内分泌代谢疾病病因可寻，但伴有脂肪、糖代谢调节过程障碍。此类肥胖最为常见。

（1）体质性肥胖（幼年起病型肥胖）此类肥胖有下列特点：①有肥胖家族史；②自幼肥胖，一般从出生后半岁左右起由于营养过度而肥胖，直至成年；③呈全身性分布，脂肪细胞呈增生肥大。据报道，0～13 岁时超重者，到 31 岁时有 42%的女性及 18%的男性成为肥胖患者。在胎儿期第 30 周至出生后 1.5 岁，脂肪细胞有一个极为活跃的增殖期，称“敏感期”。在此期如营养过度，就可导致脂肪细胞增多。故儿童特别是 10 岁以内者，保持正常体重甚为重要。

（2）营养性肥胖（成年起病型肥胖）亦称获得性（外源性）肥胖，特点为：①起病于 20～25 岁，由于营养过度而引起肥胖；或由于体力活动过少而引起肥胖；或因某种原因需较长期卧床休息、热量消耗少而引起肥胖；②脂肪细胞单纯肥大而无明显增生。③饮食控制和运动疗效较好，胰岛素的敏感性经治疗可恢复正常。体质性肥胖，也可再发生获得性肥胖，而成为混合型。

以上两种肥胖，统称为单纯性肥胖，特别是城市中 20～30 岁妇女中多见，中年以后男、女也有自发性肥胖倾向，绝经期妇女更易发生。

2. 继发性肥胖

继发性肥胖是以某种疾病为原发病的症状性肥胖。临床上少见或罕见，仅占肥胖患者中的 5%以下。

1）内分泌障碍性肥胖

（1）间脑性肥胖：主要包括下丘脑综合征及肥胖生殖无能症。

（2）垂体性肥胖：称为库欣病。

（3）甲状腺性肥胖：见于甲状腺功能减退症患者。

（4）肾上腺性肥胖：常见于肾上腺皮质腺瘤或腺癌，称为库欣综合征。

（5）胰岛性肥胖：常见于轻型Ⅱ型糖尿病早期。

（6）性腺功能减退性肥胖：多见于女子绝经后及男子睾丸发育不良等情况。

2）先天异常性肥胖

多由于遗传基因及染色体异常所致。常见于以下疾病：

（1）先天性卵巢发育不全症。

（2）先天性睾丸发育不全症。

（3）糖原累积病Ⅰ型。

（4）颅骨内板增生症。

继发性肥胖以某种疾病作为原发病，它们的肥胖只是原发病的表现之一，常非该病的主要表现，更不是该病的唯一表现。通过对原发病的治疗，肥胖多可治愈。

四、临床表现

肥胖可见于任何年龄，以 40～50 岁为多，60～70 岁以上亦不多见。男性脂肪的分布及颈部、躯干、腹部为主，四肢较少；女性则以腹部、腹以下臀部、胸部及四肢为主。

新生儿体重超过 3.5 kg，特别是母亲患有糖尿病的超重新生儿可认为是肥胖病的先兆。儿童生长发育期营养过度，可出现儿童肥胖症。生育期中年妇女经 2～3 次妊娠及哺乳后，可有不同程度的肥胖。男性 40 岁以后、妇女绝经期后，往往体重增加，出现不同程度肥胖。

1. 一般表现

体重超过标准 10%～20%，一般没有自觉症状。而由于浮肿致体重增加者，增加 10%即有睑部肿胀、两手握拳困难、下肢沉重感等自觉症状。体重超过标准 30%以上时可表现出一系列临床症状。中、重度肥胖者上楼时感觉气促，体力劳动时易疲劳，怕热多汗，呼吸短促，出现下肢轻重不等的水肿。有些患者的日常生活如弯腰、提鞋、穿袜等均感困难，特别是饱餐后，腹部膨胀，不能弯腰前屈。负重关节易出现退行性变，可有酸痛。脊柱长期负荷过重，可发生增生性脊椎骨关节炎，表现为腰痛及腿痛。皮肤可有紫纹，分布于臀部外侧、大腿内侧及下腹部，较库欣综合征的紫纹细小，呈淡红色。由于多汗，皮肤出现褶皱糜烂、皮炎及皮癣。随着肥胖加重，行动困难，动则气促、乏力。因而长时期取坐卧位不动，甚至嗜睡酣眠，更促使肥胖发展。

2. 内分泌代谢紊乱

空腹及餐后高胰岛素血症，比正常人约高出 1 倍。由于肥大的细胞对胰岛素不敏感，患者糖耐量常减低。血浆氨基酸及葡萄糖均有增高倾向，形成刺激胰岛 β 细胞的恶性循环，使肥胖加重。基础代谢率偏低，血中皮质醇及 24 h 尿 17-羟类固醇可增高，但昼夜节律正常及地塞米松抑制试验正常。饥饿时或低血糖症中生长激素分泌减少，促进脂肪分解作用减弱。肥胖对生殖激素分泌也有影响，体脂过多尤其是腹部肥胖与排卵功能障碍、雄性激素过多有关。女性患者可有闭经、不育及男性化，男性可有阳痿。

肥胖症患者发生Ⅱ型糖尿病的发病率 4 倍于非肥胖成人。肥胖常为糖尿病早期表现，中年以上发生Ⅱ型糖尿病者有 40%～60%起病时和早期有多食和肥胖有关。

糖尿病的发病率与肥胖成正比。肥胖的糖尿病者起病前摄食过多，刺激 β 细胞过度而失代偿时发生糖尿病。肥胖者脂肪组织对胰岛素较不敏感，糖进入肥大的脂肪细胞膜时需较多胰岛素，于是脂肪越多者，对胰岛素要求越多，使 β 细胞负担过重终至衰竭，出现糖尿病。一般肥胖症初期空腹血糖正常，糖耐量试验在服糖后 3 h 或 4 h 有时出现低血糖反应，因迟发性高胰岛素血症所致。随病情进展糖耐量逐渐下降，餐后 2 h 血糖高于正常，然后空腹血糖升高，最后出现糖尿病。当体重恢复正常时，糖耐量可恢复正常。

3. 消化系统表现

食欲持续旺盛，善饥多食，多便秘、腹胀，好吃零食、糖果、糕点及甜食。反流性食管炎、脂肪肝、胆囊炎、胆结石是肥胖人群中的高发病。部分患者不及时进食可有心悸、出汗及手颤。肝脂肪变性时肝肿大。有 68%～94%的肥胖症病人，其肝脏有脂肪变性，过半数肝细胞有脂肪浸润者占 25%～35%。肥胖者的肝脏脂肪酸和甘油三酯浓度均比正常者高。由于肥胖、消化功能及肝功能紊乱，高热量饮食、油腻食物及脂类代谢紊乱，使胆固醇过多达饱和状态，而发生胆结石，主要为胆固醇结石。其发生率较正常体重者高 1 倍。胆石症可发生胆绞痛，继发感染时出现急性或慢性胆囊炎。

4. 呼吸-睡眠暂停综合征

这是严重肥胖症的一个临床综合征。由于腹腔和胸壁脂肪组织太多，影响呼吸运动，肺部通气不良，换气受限，导致二氧化碳潴留，血二氧化碳结合率超过正常范围，呈呼吸性酸中毒；血二氧化碳分压升高，动脉血氧饱和度下降，氧分压下降，出现发绀，红细胞增多；同时静脉回流淤滞，静脉压升高，颈静脉怒张，肝肿大，肺动脉高压，右心负荷加重；由于脂肪组织大量增加，血总循环量随之增加，心排血量和心搏出量加大，加重左心负荷，出现高搏出量心力衰竭，构成呼吸-睡眠暂停综合征。病人表现为呼吸困难，不能平卧，间歇或潮式呼吸，脉搏快速，可有发绀、浮肿、神志不清、嗜睡、昏睡等。

5. 高血压

肥胖者患高血压的概率要比非肥胖者高。肥胖者常伴有心排血量和血容量增加，但在血压正常的肥胖者，周围血管阻力降低，而有高血压的肥胖者周围血管阻力正常或升高。高血压为肥胖症高死亡率的重要因素。

6. 冠心病

肥胖者易患高血压、胆固醇升高和糖耐量降低等，而这些都是心血管病的危险因素。长期的前瞻性研究结果提示，肥胖是心血管疾病发病和死亡的一个重要的独立危险因素，BMI 与心血管疾病发生呈正相关。肥胖者发生冠心病远高于非肥胖者。其原因有：

（1）体重超过标准，引起心脏负担加重和高血压。

（2）肥胖者多喜欢吃油腻食物，进食过多的饱和脂肪酸，促进动脉粥样硬化形成。

（3）高甘油三酯血症、高胆固醇血症及高脂蛋白血症，可使血液黏度增加，血凝固性增加，易发生动脉粥样硬化、微循环障碍及冠状动脉栓塞。

（4）体力活动减少，冠状动脉侧支循环削弱或不足。同时，肥胖时体重负担增加，也是促进冠心病产生心力衰竭的原因之一。

7. 感染

肥胖者对感染的抵抗力降低，易发生呼吸系感染。肺炎发生率较高。皮肤褶皱处易磨损引起皮炎，皮肤疖肿、泌尿系及消化系感染发生率也高。有报告阑尾炎发生率为正常人 2 倍。在急性感染、严重创伤、外科手术以及麻醉情况下，肥胖者应激反应差，往往病情险恶，耐受手术及麻醉能力低，术后恢复慢，并发症及死亡率增加。

肥胖者身体反应变得缓慢，易于遭受各种外伤、车祸等意外，易发生骨折及严重的肢体受伤。部分患者可引起心理障碍。妊娠前及妊娠期间体重增加可影响产程及其他后果。据报道，体重较重的产妇并发妊娠高血压综合征和糖尿病均较体重较轻的产妇多，需施行剖宫产者亦较多，产程较长，新生儿的平均出生体重也较重。

图 5-1 列出了肥胖症的常见并发症。此外，高血脂症、脂肪肝、呼吸功能障碍、肿瘤（女性乳腺癌、卵巢癌、男性大肠癌、前列腺癌）等疾病肥胖人中也易患，尤其当肥胖程度超过 30％时，更容易罹患这些疾病，应特别注意预防。研究表明，肥胖者的死亡率比正常体重者有明显的提高，随着体重的增加，死亡率也有所增加。

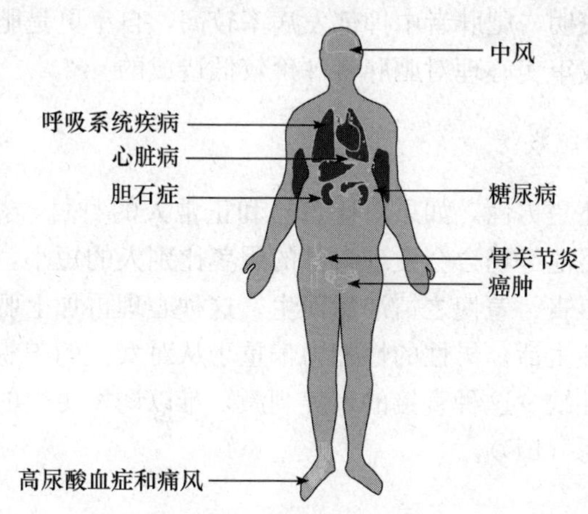

图 5-1 肥胖症的并发症

除了以上肥胖症带来的身体上的危害以外，也有研究表明，肥胖症会给心理和智商等造成一定的影响。

8. 肥胖症可降低智商

多项研究提示，肥胖的严重后果之一是降低人的智商。美国退伍军人事务部旧金山医疗中心的研究人员用磁共振成像技术对 50 名中年男女进行大脑扫描，以检测他们大脑白质和灰质中多种化学物质的含量。结果发现，肥胖者，或体重指数（BMI）较高的人，大脑中的两种物质偏低，一是 N-乙酰天冬氨酸盐（NAA），二是胆碱能代谢物。

研究显示，人越是肥胖，大脑额叶区域灰质内的 NAA 含量越低，大脑额叶区域白质内的胆碱能代谢物含量也越低。NAA 是反映大脑整体健康的物质，而胆碱能代谢物是与细胞膜形成有关的关键物质。这两种物质含量越高，意味着大脑的健康和功能状况越佳；反之则提示大脑功能状况差，还可能加速大脑老化，增加罹患老年痴呆的风险。当然，研究者表示，根据现有数据，还无法确定所观察到的超重者或肥胖者大脑异常情况是仅与体内脂肪有关，还是与营养或生活方式等其他因素有关。

其实，两年前法国研究人员就已得出了肥胖降低智力的结论。研究人员对 2200 多名 32 岁到 62 岁的成年人进行了为期 5 年的智力测验。在词汇测试中，BMI 在 20 及以下的人能回忆起 56％的词汇，而 BMI 在 30 及以上的肥胖者只能回忆起 44％的词汇。该研究的负责人、法国图卢兹大学医院的马克西姆·库尔诺认为肥胖影响智力的原因在于，脂肪分泌的激素对脑细胞有破坏性作用，导致脑功能衰退。

9. 肥胖造成心理抑郁

肥胖影响心理健康的一个重要因素是，如果肥胖者在与人交往或在社会生活中成为他人的嘲笑对象，长此以往就会产生严重的自卑心理。由于肥胖，有很多工作受到限制或不能做，在生活中有很多漂亮的服装无法穿，还有很多地方不愿意去，例如舞厅、体育场所等（怕人嘲笑），因而严重打击了肥胖者的自信。

心理门诊的统计表明，肥胖者中抑郁发病率较高，自卑更是肥胖者的普遍心病。这是由于社会审美和自我审美心理对肥胖者评价较低造成的。

10. 肥胖引起性功能减退

无论是肥胖女性还是男性，如果对比自己和正常人的身材，都会产生压抑的心理。例如，肥胖的男士在浴池等场合会发现自己的阴茎比别人的短小，几乎深藏在两腿间的脂肪里，由此自卑、沮丧、羞愧之情油然而生。这种心理再加上肥胖的行动不便，则会直接或间接地影响到性生活。男性的性能力偏重于从对女性的美貌和性感的胴体的欣赏而产生。而肥胖的女性缺少这种直接的审美刺激，难以诱发丈夫的激情和性能力，往往造成男人勃起功能障碍（ED）。

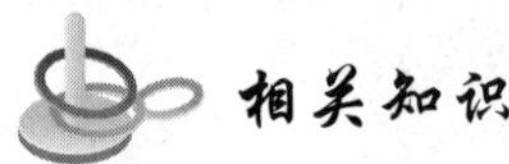

肥胖会传染

美国的弗雷明汉心脏研究课题组在1971～2003年对波士顿郊区居民的健康状况进行了跟踪调查，从这些居民中挑选有密切社会联系的12067人分成三组进行比较分析。结果显示，肥胖具有“社会传染”性，能从一个人“传染”给另一个人。如果一个人的家人或朋友肥胖，那么他变胖的概率也会大大增加。

在固定时间内，如果调查对象的朋友变胖，那么他本人变胖的概率就会增加57%；如果调查对象的兄弟姐妹或配偶变胖，他变胖的概率将会增加40%或37%。据此，研究人员得出结论说，除了体重自然增加及其他原因外，影响一个人体重的最大因素在于他的朋友、亲人或同居一室的人是否肥胖。

当然，肥胖的这种“传染性”在于社会心理。因为，如果某人身边的人都是肥胖者，那么他从饮食和行为方式上都会受肥胖者的影响。更重要的是，在心理上会认为这样的身体是正常的，也就处之泰然，“见胖不惊”。久而久之，自己也变胖了。

第三节　肥胖症的治疗与营养膳食

治疗肥胖症以控制饮食及增加体力活动为主，结合一些药物治疗可使效果显著，但不能仅靠药物，长期服药不免发生副作用，且未必能持久见效。

一、肥胖症的营养膳食

肥胖是一种疾病，不是一种状态或健康的标志，将影响人的健康与长寿。单纯性肥胖病主要是由于营养不均衡，造成的营养过剩导致营养代谢紊乱。

1. 营养膳食治疗总原则

以低热能饮食治疗，最好在平衡膳食基础上进行控制热能摄入，并同时以多活动，消耗体脂，达到减轻体重的目的。

单纯性肥胖患者由于长期热能的超量摄入，摄入量大于消耗量，造成脂肪在体内皮下和各脏器的堆积，特别是腹腔脂肪积聚于肠系膜、大网膜和肾周围形成大脂肪库，在治疗上必须持之以恒地改变原有的生活方式和饮食习惯，使摄入的能量与消耗的能量达到均衡。控制能量摄入和增加能量消耗两个步骤一定要同时并长期地进行，在治疗过程中必须耐心而不可急于求成。特别是从婴儿、青少年时期开始，肥胖者要彻底改变原有生活方式与饮食习惯，以坚强的毅力控制饮食，采取少吃高热能食物和增加体力活动的多种综合措施，不然易半途而废或不见疗效。

对伴有精神情绪问题的肥胖者，更需要注意治疗的实质所在，有针对性地做好思想疏导工作，切实改变原有的心理状态，使进行的有关治疗措施能取得疗效。

2. 营养膳食治疗的要求

1）合理控制膳食供热能

（1）供应低能膳食以造成热能的负平衡，促进长期入超的热能被代谢利用、消耗，直至体重逐渐恢复正常水平。

（2）供热能的具体合理数值，调查询问患者治疗前长期日常膳食的能量水平，其肥胖是处于稳定或上升状态，儿童要根据其处于生长发育的需要，老年人是否有合并症等。

（3）热能上的控制，一定要循序渐进，逐步降低，不宜过急，适度为止。

（4）成年轻度肥胖者，按每月减肥 0.5～1.0 kg，即每日负热能 525～1050 kJ 的一日三餐膳食供能量；中度以上肥胖者常食欲亢进又有贪高热能食物的习惯，必须加大负热能值，以每周减肥 0.5～1.0 kg，每日负热能 2310～4620 kJ，但不要过低。

（5）限制膳食供热能，必须在营养平衡下进行，绝不能扩大对一切营养素的限制，以免低能膳食变为不利于健康的营养不平衡膳或低营养膳而采取不可取的措施。

（6）配合适当的体力活动，增加能量的消耗。对处于生长发育阶段而又追求形体美的青少年，应以强化日常体育锻炼为主，不需苛求大量节食，以免导致神经性厌食的发生；对孕妇而言，为保持胎位正常，应以合理控制能量为主，不宜提倡体力活动。

2）对低分子糖、饱和脂肪酸和乙醇严加限制

（1）低分子糖消化吸收快，过多食入低分子糖类食品，易造成机体丧失重要微量元素。

（2）过分贪食含有大量饱和脂肪酸的脂肪，是导致肥胖、高脂血症、动脉粥样硬化

和心肌梗死等的重要危险因素，若又贪食低分子糖类物品，其危险程度则更大。

（3）乙醇（包括各种酒），亦是供热能物质，可诱发机体糖原异生障碍而导致体内生成的酮体增多。长期饮用酒精饮料，血浆甘油三酯就会持续升高，酒会影响脂代谢，酒还有诱发肝脂肪变性的明显作用，由此又可影响对胰岛素的摄取与利用，导致C肽/胰岛素比值下降，即高分泌低消耗，导致糖耐量减低。

（4）低分子糖类食品，如蔗糖、麦芽糖、糖果、蜜饯等；饱和脂肪酸类食品如猪、牛、羊等动物肥油与油脂、椰子油、可可油等以及酒精饮料，均是能量密度高而营养成分少的食品，只提供机体空白或单纯的热能，应尽量少食或不食。

3）中度以上肥胖者膳食的热能分配

适当降低碳水化合物比值，提高蛋白质比值，脂肪比值控制在正常要求的上限。

（1）膳食热能主要来自碳水化合物、脂肪和蛋白质等三大能源物质及产热能的三大营养素。人们日常由碳水化合物提供的热能占人体需要总热能的55%～70%较为理想，过多则在体内易转化为脂肪。

（2）为维护机体的正常氮平衡，必须保证膳食中有正常量的优质食物蛋白的供给，在低能膳食的中度以上肥胖者，其食物蛋白质的供给量以控制在占机体所需总热能的20%～30%，一般蛋白质供给量应充足，约占总热能比值的15%～20%的优质蛋白质如肉、蛋、鱼、乳及豆制品，过多的蛋白质必然会增加脂肪的摄入，从而易使热能摄入增加。

（3）在限制碳水化合物供给的情况下，过多脂肪的摄入会引起酮体的产生，脂肪摄入量必须降低，膳食脂肪所供热能应占总热能的20%～30%，不宜超30%为妥，除限制肉、蛋、鱼、奶及豆制品等所含脂肪，还要限制烹调油的用量，控制用量每日10～20 g为宜。至于胆固醇的供给量，通常每人每天以≤300 mg较理想。

4）保证膳食中有足够而平衡的维生素和无机盐的供应

含维生素、无机盐、食物纤维及水分最丰富的是蔬菜（尤其是绿叶菜）和水果，要求饮食中必须有足够的新鲜蔬菜和水果，主要这些食物均属低能食物，又有充饥作用。食物必须大众化、多样化，切忌偏食。

5）烹调方法

在日常饮食减肥中，虽然选择的品种相同，但由于烹调方法不同，做出食品所含的热能也不相同。采用煮、蒸、炖、氽、拌、卤、清炒、凉拌等少油烹调方法来制作菜肴，目的以减少用油量。而煎、烹、炸、油焖、干烧等烹调方法，使用烹调油多，热能油脂含量高。有些菜肴加明油或糖多，如鱼香味型、糖醋味型等热量也高。所以，为了降低油脂，减少热量摄入，应选择含热量低的烹调方法，并尽量选用植物油，不用动物油。例如：同样是鸡蛋，煮蛋比煎蛋要少377 kJ热能。另外，为防更多水潴留于体内，应限制食盐用量。

6）养成良好的饮食习惯

（1）一日三餐，定时定量，定期测量体重，按体重调整饮食，不宜一日两餐饮食，常易产生饥饿感，导致进食量更大而超量。一日营养摄取量的分配应为早餐占30%～35%，午餐占35%～40%，晚餐占25%左右。晚餐应以清淡为主，不宜过多、过饱，以免促进体内脂肪的合成，不利于减肥，同时血脂易沉积于血管上。

(2) 少食或不食零食、甜食和甜饮料，因多数零食含热能较高。

(3) 进食要细嚼慢咽，能使食物变细小，与富含淀粉酶的唾液充分混合，有助于食物的消化吸收，特别可延长用餐时间，易于有饱腹感的作用。日本科学家的调查和实验表明：进食速度过快是导致工薪阶层肥胖的根本原因，而且减慢进食速度，增加咀嚼次数可以减肥。调查显示，同一顿饭，肥胖者 8～10 min 吃完，消瘦者 13～16 min 吃完。因为慢食细嚼过程中，人体血糖会逐渐升高，抑制大脑食欲中枢可使食欲下降。而进食过快，待血糖升至一定水平时，也完成了进食。因此，胖人食欲好、进食速度快者，勿用盘、大碗盛菜饭，改用小号的，每次盛的量要少。

(4) 对食欲亢进易饥饿者及对预防过食主食的办法，先吃些低热能的菜肴，如熬菜汤、拌菠菜、炒豆芽、炒芹菜等，以充饥而少食主食。

(5) 购物要有计划，依事先拟好的购物清单购物，拟定购物单最好在饭后进行，不要受诱惑或一时冲动购物。

(6) 避免购买速食品，包括方便面、速冻饺子、元宵、半成品，而应选择烹调费时费力的食品。因为，费时容易养成珍惜烹调好的食品，易于养成细嚼慢咽的良好习惯。

(7) 食品要存放在不易看到的地方，要有固定位置而不易取拿的地方。防止糖果、点心放在显眼、随手可得的地方，水果也不应放在桌上，要使其感觉到想吃时要想一想，有一个从取到吃的缓冲时间，就有可能打消了吃的念头。

(8) 喜食零食对减肥者来说是一种不良的习惯，若边看电视边吃花生，50 g 花生的热能就有 3370 kJ。偏食和暴饮暴食、饮食无节都不利于减肥，“饥不暴食，渴不狂饮”。不偏食，饥饱得度是预防肥胖和减肥的有效方法之一。

二、肥胖症的非营养治疗方法

1. 运动疗法

肥胖者，储能过剩，因此设法增加能量消耗，也就是“增加支出”，是减肥的重要途径之一。众所周知，运动、特别是长时间有氧运动会消耗大量能量，是使减肥奏效的关键所在。运动减肥效果可靠，且又能增强体质，一举两得。

运动减肥，必须强调遵循以下原则方可奏效：

(1) 运动时间必须持续 30 min 以上，一般能达到 1 h 更好。

(2) 有氧运动（小、中量强度运动）对减肥最为适宜。因为此时肌肉主要利用氧化脂肪酸获得能量，脂肪就消耗得多。若运动强度增大时，脂肪消耗的比例反而减少。中强度运动时，糖与脂肪功能的比例基本相同。而激烈运动时，脂肪功能比例只占 15%～20%。因此，长时间、小强度运动，是运动减肥的最佳选择。

适合于减肥的体育运动项目如步行、跑步、骑自行车、游泳、划船等耐力性运动能提高有氧代谢，促进多余脂肪的氧化分解及代谢。另外，力量性运动如仰卧起坐、俯卧撑、哑铃操、腹肌、腰肌训练、背肌训练、臀部肌训练、健美操、体操类训练等，主要是加强肌肉力量的锻炼，是消耗脂肪的有效运动。各种球类运动如乒乓球、羽毛球、排球、网球、篮球等是耐力性与力量性运动的结合性运动。

减肥运动时的注意事项：

(1) 要重视准备性运动的采用，在初期制定初期预备性的运动项目与计划，一般是2～4周的适应过程，逐渐过渡到规定的运动项目。

(2) 每次减肥运动前必须做准备运动，即平时说的"热身"。

(3) 注意运动时的身体感受，观察运动量是否合适，必要时及时调整运动量。①运动后测定脉搏数：年轻人一般每分钟140～150次，老人每分钟100～120次为宜。运动后饮食、睡眠均正常为合适。②身体感觉的症状：运动后虽然略显疲劳，少量出汗，轻度肌肉酸痛感，但不影响正常饮食和睡眠则表明运动量合适；若运动时出汗多，运动后周身无力酸懒、精神不振，而且影响到正常的饮食与睡眠时，则需减少运动量。

(4) 定期检查运动减肥的效果，定期测定体重、腹围，初期可隔日检测一次，以后可每周2次或2～4周测一次。

(5) 最好做减肥日记，将运动项目、时间、运动量、自我感觉、脉率、体重、腹围、血压等记录下来，以便比较，总结经验，增强信心，提高效果。

2. 行为矫正疗法

行为矫正疗法又称为行为治疗、学习治疗、行为修正方法，是现代心理治疗的一种重要方法。它是在行为主义理论、条件反射原理基础上发展起来的处理病人和改变不良行为的一整套行为矫正治疗方法。对肥胖病人来说，由于家庭生活习惯环境影响，在长期生活过程中，在不自觉状态下形成的不良生活习惯，这种生活习惯是指易导致肥胖的生活方式。对其本人而言，这些行为和习惯常常是在个人无意识状态下发生的。行为矫正治疗法就是先要正确地了解自己、认识自己、做自我分析，找出错误的生活习惯。然后通过有计划地设计某些特殊行为矫正治疗程序，通过条件反射的各种客观方法，来消除和纠正错误与不良生活习惯，慢慢地导入正确的生活习惯。

1) 行为矫正疗法的基本治疗原则

(1) 寻找不良行为产生的原因。

(2) 确定治疗目标。

(3) 确立治疗信心。

(4) 及时调整治疗方案。

(5) 多方法治疗。

(6) 总结与鼓励。

2) 行为矫正治疗的种类

(1) 行为再建法：即对旧的不良行为习惯破除的基础上再建新的健康行为，即"破旧立新"、"不破不立"。新的健康行为是在逐渐克服不良行为的同时逐渐建立和巩固，因此，要有步骤地实施这一过程。

(2) 正强化疗法：利用具有奖赏效应的正强化物，对一个行为给予奖励，以增强该行为发生的可能性，使低频率行为的发生次数增加，以矫正不良行为。

(3) 积分疗法：用于儿童减肥，尤其适合于夏令营、冬令营、减肥疗养院、医院等集体减肥环境。

（4）放松疗法：又称为松弛反应训练疗法或自我调整疗法。可用于肥胖病由于精神过度紧张、不能自我控制的多食或无节制的吃零食等，这种疗法是通过机体的主动放松来增强自我控制能力的方法。

（5）厌恶现象疗法：也称为内隐敏感法。由治疗者讲述某些厌恶情境或反应，与肥胖者想象中的不良行为环境联系起来。

3. 药物疗法

轻度肥胖者，仅需控制饮食，使总热量低于消耗量，多做体力劳动与体育锻炼。一般可不用药物。而肥胖患者饮食控制与运动未能有效时可采用药物作为辅助治疗。在使用抗肥胖药时也应考虑患者的年龄、肥胖程度、疾病过程及其他危险因素和精神病学上的问题。

符合以下条件者可使用抗肥胖药：

（1）肥胖用饮食控制与运动治疗未能奏效时，用药物作为辅助治疗。

（2）饮食控制有效，但不能持久时加用药物治疗保持疗效。

（3）饮食控制减肥失败者。

（4）需短期内减轻体重者。

作为治疗抗肥胖病的药物，符合理想要求的应该是减肥有效而又不厌食、不腹泻、不影响体力，也不会影响工作。而实际上，至今尚未找到完全符合这些要求的理想的减肥药，相反许多减肥药副作用明显，难以长期服用。治疗肥胖病的药物，可使用西药和中药两种类型，另外也可使用外用药。

1）常用抗肥胖症西药

（1）食欲抑制剂：通过药物作用于下丘脑内食欲中枢而抑制食欲，减少能量摄入而达到减肥作用效果称为食欲抑制剂、消瘦剂或抗肥胖剂，为减肥药中应用比较多的一类。

（2）代谢增强剂：如甲状腺素片、生长激素、脂溶素、麻黄碱。

（3）双胍类口服降糖药：如二甲双胍等具有抑制食欲，减少或延缓肠道吸收作用，增加脂肪排泄，增加葡萄糖在肌肉中的氧化，减轻高胰岛素血症等作用。

（4）脂肪酶抑制剂：如奥利斯，抑制胃肠道脂肪的吸收。

（5）膨胀填充剂：属于不被消化而又能吸水膨胀的多糖类化合物，如甲基维素、羧甲基纤维素等。

（6）轻泻剂：通过促进肠道蠕动，增加肠内水分而达到轻泻的作用。

（7）局部麻醉剂与人工甜味剂。

2）中医药治疗肥胖症

中医治病必求其本，对于肥胖症，抓住本虚标实，本虚以气虚为主，标实以膏脂、痰浊为主；又脾为生痰之源，治疗以健脾化痰，利湿通腑为总则。可采用以下治疗方法：化湿法、祛痰法、利水法、通腑法、疏利法、健脾法、消导法、温阳法、养阴法等。临床治疗要标本兼顾，主从结合，采用复方图治，多主张两种或三种治法结合运用，有助于提高疗效。

3）外用药减肥法

除了以上内服的西药与中药以外，还可以采用外用减肥药。

外用药减肥是诸多减肥方法中的一种，因其应用方便，无痛苦，副作用小，又有确实的疗效，故而颇受人们的青睐。外用药减肥是将外用药物以特定的手法涂布于肥胖症患者的皮肤表面，其有效活性成分经皮吸收后，进入到皮下脂肪组织细胞内，从而活化了其脂肪分解过程，使脂肪细胞内脂肪的消耗大于脂肪的储存，脂肪细胞的体积逐渐缩小，有形的脂肪组织被转化为无形的能量逐渐“消耗”，而达到减肥消胖的目的。目前，市场上各种外用减肥药物品种繁多，但无论是减肥霜、苗条水或减肥精，其基本作用机制和使用方法都是异曲同工的。按照溶剂的类型将外用减肥药分为霜剂型、水剂型（酊剂型）及油剂型。霜剂型药物采用水包油性质的基质作为溶剂，吸收性好且不污染皮肤；水剂型或酊剂型则具有应用方便的优点；油剂型药物溶解性及渗透性强，能有效地帮助皮肤吸收活性有机分子。

目前，绝大多数的外用减肥药中主要含有中草药的提取物，毒副作用很少，但对不同的个体仍会有程度不同的影响。最常见的副作用是轻度腹泻、腹部不适及腹痛。由于外用减肥药有加速肠蠕动的作用，虽然多数使用者无明显自觉症状，但比较敏感的患者会有轻度的腹泻、腹部不适甚至伴有腹痛。一般来说，轻度腹泻、腹部不适对身体健康并没有大的妨碍，此时适当地采用轻柔的按摩手法并减少用药量及用药次数，经过一段时间的适应及机体调整，腹泻及腹部不适会自动消失。也可以适量服用一些解痉镇痛及收敛止泻的药物进行对症治疗。但患者宜向有关医生进行咨询，治疗措施也应该由医生制定。患有慢性肠道疾患、慢性肝肾疾病的患者，以及用药后出现明显腹痛、腹泻者，则应停止使用外用药减肥，以免发生较严重的后果。

4. 外科减肥手术

外科减肥手术是美容外科的重要组成部分，100 多年前人们开始用手术的方法切除身体局部多余的脂肪，来达到快速减肥、改善人体形象的目的。经过近几十年的工作，手术方法上有很大的改进，手术切口由单纯的直切口、横切口，发展为复式（W 形）切口；由单纯的皮肤脂肪切除，发展到同时矫正腹壁肌肉和腱膜的松弛。成为外科减肥术的典型方法，称为开放式减肥手术。但这种手术创伤大、瘢痕长，为克服这些缺点，人们试用脂肪抽吸法。

（1）脂肪抽吸术。脂肪抽吸术是 20 世纪 80 年代以来逐渐推广发展起来的美容外科新技术，它是利用负压抽脂或超声碎脂，以去除皮下过多的脂肪组织，从而改善和美化形体，也称为闭式减肥术。对局部脂肪过多的肥胖者，如腹部、髂腰部、臀部、下颏和颈部堆积的脂肪，可采用该术。

常见的主要并发症为外形不规律呈波浪状、血肿、皮肤褶皱、淤斑、肿胀、感染、血管神经损伤等。罕见并发症为休克、脂肪栓塞、肺栓塞、脑血管意外、心肌梗死等。

（2）开放式减肥术。开放式减肥术是在手术直视下切除松垂皮肤及堆积的皮下脂肪组织，矫正肌肉和腱膜的松垂变形。

（3）其他减肥术。①超声乳化减肥是利用超声波振荡将脂肪乳化分解，并经负压吸引去除脂肪，达到局部减肥的目的；②胃-肠减肥术：小肠部分切除术、空肠回肠短路吻合术是胃-肠减肥手术的方法，尤以后者较多应用，作为饮食控制、运动疗法、药物治疗失败或反复加重的重度肥胖患者。

5. 针灸疗法

针灸治疗肥胖病具有简便、经济、疗效持久、无毒副作用等优点，受到肥胖者的欢迎。针灸治疗肥胖病包括耳针、耳压、体针、耳体针结合、减肥仪等治疗方法。穴位选取的原则：依据中医辨证论治的基本法则，临床多采用辨病和辨证结合选取。而灸法治疗肥胖病多与体针联合应用，单用灸法治疗报道较少。主要有：①耳针或耳压法；②体针法；③耳针和体针结合法；④针仪结合法：这种疗法包括耳针和减肥仪、体针和减肥仪、耳体针和减肥仪的结合疗法。针仪结合法疗效评估：本法是针灸减肥较为理想的疗法；⑤灸法；⑥其他针法。

三、不同人群肥胖症的预防

预防肥胖比治疗更易奏效，更有意义。最根本的预防措施是适当控制进食量，自觉避免高碳水化合物、高脂饮食，经常进行体力活动和锻炼，并持之以恒。

从妊娠中期胎儿至幼儿期5岁以前，是人的一生中机体生长最旺盛的时期，这一时期的热能摄入过多，将会促使全身各种组织细胞，包括脂肪细胞的增生肥大，为终身打下“脂库”增大的解剖学基础。因此，预防工作就应从此时开始。其重点是纠正传统的婴儿越胖越好的错误观念，切实掌握好热能摄入与消耗的平衡，勿使热能过剩。对哺乳期婴儿来说，必须提倡母乳喂养；待孩子稍大一点，就应培养其爱活动、不吃零食、不暴饮暴食等正确良好的生活饮食习惯。中年以后，由于每天的热能需要随着年龄的增长而递减。若与青年时期相比，40～49岁者要减5%，50～59岁者减10%，60～69岁者减20%，70岁以上者则减少30%。因此，必须及时调整其日常的饮食与作息，切实按照祖国医学所提倡的体欲常劳、食欲常少、劳勿过极、少勿至饥的原则去妥善安排。此外，人们在青春发育期、病后恢复期、妇女产后和绝经期等，以及在每年的冬、春季节和每天的夜晚，其体脂往往也较易于引起积聚。所以，在这些时期，都必须根据具体情况，有针对性地对体力活动和饮食摄入量进行相应的调整，以免体内有过剩的热能积聚。

应对孕妇加强营养教育，使其适当进行体育活动，不单纯为控制体重而限制饮食。孕妇每天至少应摄入30 kcal/kg体重的热能，方可合理利用摄入的蛋白质。正常孕妇在妊娠全过程中体重增加在11 kg左右最为理想，产科并发症最低。妊娠初3个月仅增加0.35～0.4 kg；妊娠4～6个月间所增体重，主要为孕妇部分；妊娠7～9个月间所增体重主要为胎儿部分。在11 kg中约10%为脂肪。如孕期体重增加过多，可致胎儿及母亲肥胖。生后6周至6个月小儿体重增长速度，可作为学龄期是否肥胖的预测指标之一。文献报道，出生3个月内体重增加3 kg以上的婴儿，5～15岁间将显著肥胖。生后母乳喂养，适当推迟添加固体辅食时间（通常生后 4 个月内不加）均有助于预防婴儿肥胖。随着我国经济逐渐富裕，独生子女比例的增长，应进一步加强营养卫生知识的宣传教育，使学龄前儿童建立平衡饮食的良好饮食习惯。

第四节　常见减肥食品

具有减肥作用的食物应具备低脂肪、高纤维素、含丰富的矿物质和维生素的特点，这样的食物本身热量低，所以，有利于减肥，保持正常的体重。

一、杂粮中的减肥食品

五谷杂粮的选择在减肥瘦身饮食中占有重要地位，中国人目前的饮食结构仍以主食为主，因此，控制主食的热量显得比较重要。选择性地进食优质蛋白含量高、碳水化合物相对含量低、低脂肪、符合减肥瘦身食品的主食是十分必要的。主要有玉米、荞麦、燕麦、麦麸、大豆、黄豆、绿豆、赤小豆等。

1. 玉米

玉米中所含丰富的钙、镁、硒及卵磷脂、亚麻油、维生素 E、维生素 A 等，均具有降低血脂和胆固醇的作用。玉米提取的玉米油是一种富含不饱和脂肪酸的油脂，具有抑制胆固醇吸收的作用，含维生素 E 很高，降脂、降压、软化血管。而且玉米中膳食纤维含量高达 15 g（每 100 g），是减肥瘦身的一种良好食品。

2. 荞麦

荞麦含有丰富的蛋白质、矿物质、维生素、膳食纤维。所含植物蛋白质营养价值高，平衡性好，在体内不易转化为脂肪。B 族维生素含量高，有利于脂肪的分解代谢。并含有大量的黄酮类化合物，尤其是芦丁类强化血管物质及维生素 E、烟酸，可抑制血中的脂质上升，具有改善脂质代谢，降血脂，降胆固醇之作用。富含膳食纤维是白面、米的 8 倍之多。是减肥瘦身的理想食物。

3. 燕麦

燕麦为低糖指数（GI）食物。蛋白质中各种氨基酸含量合理，含丰富的高分子碳水化合物，是低脂、低饱和脂肪酸、无胆固醇、膳食纤维含量高的食物。亚油酸占全部不饱和脂肪酸的 35%～52%。尤其是含有一种天然物质——生育三烯醇，能够控制与胆固醇合成有关的酶活性，减少其合成，又可降解胆固醇为胆汁酸排出体外。所具有的明显的降糖，降胆固醇、甘油三酯及 β 脂蛋白的作用，不易储存堆积。碳水化合物含量低，主要为植物淀粉。维生素、矿物质含量高，是一类价廉物美的减肥食物。

二、肉类、禽蛋、水产中的减肥食品

1. 肉食类

此类食品，含蛋白质、脂肪较高，而肥胖的人，不仅食欲好，而且喜食肉制品，形成了想吃肉又怕吃肉，且难以控制的矛盾心理，担心食肉会进一步发胖。实质上，胖人也必须适当吃肉，保证蛋白质的供应。但要有选择性地食用既不增肥、又保证营养的肉食禽蛋水产类食品即可。

兔肉，是含蛋白质高（21.5 g/100 g），含脂肪低（0.4 g/100 g），含卵磷脂高，含胆固醇低（83 mg/100 g）的减肥理想食品。

牛肉、鸡肉和瘦猪肉也是减肥可以食用的肉。

虽然减肥瘦身过程中这些肉类可以选择食用，但不能随自己的食欲无限制食用，一定要计算其热卡，保证身体所需的基础上，适量食用。

2. 禽蛋类

此类食品中含有丰富的蛋白质、磷脂、维生素 A、维生素 B_1、维生素 B_2、维生素 D、铁、钙等各种宏量维生素和微量元素。为所有食品中质量、种类、组成方面最优质的蛋白质，营养高于同类肉类蛋白，所含人体必需氨基酸的组成比例非常适合人体需要，而且利用率高。为人体减肥瘦身中平衡营养必需之品。

3. 水产品

水产类食物品种较多，日常食用的有鱼、贝、虾、蟹等。此类食物的共同特点是蛋白质含量较高，达 15%～25%。且易消化吸收利用。脂肪含量低，胆固醇含量低，含糖量极低。维生素、矿物质含量较高，有一些是陆地动植物所没有的。如海鱼的二十碳五烯酸和二十二碳六烯酸含量很高，可有效地降低血脂。

三、蔬菜水果类

蔬菜水果是矿物质、维生素和膳食纤维的天然仓库。具有水分含量高，体积大，热量低的特点。减肥过程中，对食量大者，可增加蔬菜水果的食量，以减轻其饥饿感，所以多吃蔬菜水果是减肥瘦身的良好方法。

1. 蔬菜类

蔬菜类食物的品种非常多。对减肥瘦身来说，是必不可少的食品。因其所含成分的差异，而各具特点。

大蒜含挥发性辣素，可清除脂肪，抑制胆固醇合成。大蒜精油、蒜氨酸和环蒜氨酸均具有良好的降脂作用。

洋葱中所含的洋葱精油、硫氨基酸，二烯丙基硫化物均具降脂作用。

生姜中含的一种树脂，可抑制肠道对胆固醇的吸收，所含类似水杨酸的物质，是血液的稀释剂和抗凝剂。

辣椒可以促进脂肪的代谢，防止其积存。

黄瓜被誉为“瘦身美容绝妙佳品”，所含丙醇二酸可抑制糖类转化为脂肪，所含膳食纤维可促进胆固醇的排泄。

冬瓜为瘦身妙品，是低热、低脂、低糖的高钾食品，含瘦身物质葫芦碱，丙醇二酸，又具利尿作用，故《食疗本草》说：“欲得体瘦轻健者，则可常食之。”

南瓜果胶含量高，并具有甘露醇成分，可使糖类吸收减慢，推迟胃内排空，而起到瘦身作用。

茄子含维生素 E、烟酸较高，可软化血管，含水苏碱、葫芦巴碱、胆碱等，可降胆固醇。

萝卜含胆碱物质，有利于脂肪的代谢，含膳食纤维可保持大便通畅，促进胆汁分泌，减少脂质的吸收。

竹笋是一种应用丰富的食品，具有高蛋白、低脂肪、低淀粉、多纤维的特点，特别是含有较强吸附油脂能力的纤维，可减少胃肠道的吸收，增加脂肪的排泄。

韭菜富含挥发油和硫化合物，具有降脂作用，且膳食纤维具有降胆固醇及促进脂肪肠道排泄的作用。

芹菜含丰富的烟酸和膳食纤维，具有良好的降压降脂减肥作用。所含大量的钾可减轻下半身脂肪的积聚。

卷心菜中所含的丙醇二酸可阻止糖类转为脂肪，阻止脂肪和胆固醇的沉积。

蕹菜、荠菜均含膳食纤维多而起到通便降脂的作用。

茼蒿因含挥发油及胆碱、膳食纤维而具有瘦身作用。

苜蓿含有丰富植物纤维和果胶，尤其所含皂角素有利于胆固醇和脂肪的排除。

番茄是一种营养丰富的减肥蔬菜，热能低，含膳食纤维，具有饱足感和促进肠道排泄的作用。

豆芽含水分多，热能极少，具有排便利尿作用而具降脂瘦身功效。

菇类蔬菜如香菇、平菇、草菇、蘑菇等，所含核酸类物质及大量膳食纤维具有降脂、降胆固醇作用，而用于肥胖及其所引起的诸多病症的保健。

黑木耳、银耳均含纤维及胶质成分，其吸附力可吸附肠道中的脂质及杂质，增强排泄而减肥瘦身。

海带富含牛磺酸、食物纤维藻酸、海带素、昆布多糖、膳食纤维等，具有良好的降脂、降胆固醇、抗凝、增加排泄的作用。

紫菜含二十碳五烯酸，可针对性降低胆固醇。

海藻所含褐藻酸具有明显的降脂作用，增强高脂饮食的代谢。

总之，各种蔬菜食品是营养丰富的减肥瘦身食品。

2. 瓜果类

苹果所含苹果酸，具有分解脂肪、降低胆固醇的作用，所含膳食纤维有吸水、排便作用，有利于脂肪、胆固醇排泄，是一种价廉物美、四季皆宜的减肥水果。

山楂含有山楂酸、柠檬酸、维生素C、枸橼酸、黄酮等多种改善血循环、软化血管、促进胆固醇排泄、降脂降压成分，是一种随时随地可食的减肥水果。

柚子中所含的果胶具有降低低密度脂蛋白、干扰小肠对胆固醇吸收的作用。

木瓜含有的木瓜蛋白酸，可分解蛋白质为氨基酸，所含的脂肪酶，对脂肪具有很强的分解能力。

苦瓜中的“高脂清脂素”即苦瓜素，被誉为“脂肪杀手”。能使摄取的脂肪和多糖减少40%～60%。所含的果胶成分是优良的洗肠剂。

梅子为一种含丰富有机酸和无机酸的碱性食品，它和柠檬均含有大量的柠檬酸，对热能的代谢有良好的作用，为瘦身食物中的佼佼者。

香蕉虽然甜，但是热能却不高，而且脂肪含量很低，且含丰富的钾，饱腹感强，具有润肠通便作用，有助于减肥。

西瓜虽然含糖量高，但含水分亦高，而且是水果中的利尿专家，可减少留在体中的多余水分，多食可抑制食欲，又能解暑止渴，是夏季减肥的理想瓜果。

奇异果（猕猴桃）和凤梨同样，因含有蛋白分解酵素和膳食纤维、丰富的钾，而成为良好的减肥水果。

四、饮品干果类

1. 饮品类

茶，是最具有减肥作用的饮品。有红茶、绿茶、花茶、乌龙茶、紧压茶五类。其中以乌龙茶、绿茶、紧压黑茶的减肥瘦身作用显著。茶含咖啡碱、可可碱、茶多酚及各种维生素、矿物质、氨基酸等，对脂肪及胆固醇的代谢有很大作用。可防止血液及肝脏中胆固醇和中性脂肪的积累。

甾醇和菠菜甾醇可调节脂肪代谢，降低血中的胆固醇，减少胆固醇的吸收。可促进糖分的充分利用，促进脂肪的分解和热能的消耗。另外，由于富含大量的膳食纤维，可增强其减肥的作用。

营养丰富均衡饮品——牛奶，目前已成为人类健与美必不可少的饮品。喝牛奶可降低胆固醇。研究表明，每日喝720 mL的牛奶，1周后血胆固醇显著下降，12周中一直维持在较低水平。牛奶中所含3-羟基-3-甲基戊二酸、丰富的钙及乳清酸，能够促进人体产生更多的降解脂肪的酶，从而降低胆固醇，促进脂肪的分解消耗及胆固醇的肠道排泄，是保证营养基础上的减肥佳品。

2. 干果类

干果类食品大多含热量偏高，但由于其含有丰富的维生素和矿物质及不饱和脂肪酸而具有营养丰富且不增肥的作用。

红枣中含有芦丁等成分而具有降低胆固醇之作用。

花生含不饱和脂肪酸达80%，具有良好的降血脂及胆固醇的作用，食用花生油可使肝内胆固醇分解为胆汁酸，增强其排泄。

核桃仁的脂肪成分主要是亚酸油脂，不仅不会升高血胆固醇，而且可减少肠道对胆固醇的吸收。

葵花子中含丰富的钾和磷脂，可抑制胆固醇的合成。

酸枣及其仁具有显著降低总胆固醇和低密度脂蛋白，升高高密度脂蛋白的作用。

本类食品还具有胃中停留时间长、获得持久能量而抑制食欲及润肠通便而增加排泄的作用。

五、科学减肥在秋冬

每年夏季，许多肥胖者暗暗自喜，没采取任何措施，而体重有所下降。这是因为夏季气温高，出汗多，能量消耗散失增加。夏季由于气候常常会使人食欲不振，尤其对热能高的食物欲望会下降，而喜食清淡食物。这样，夏季就会消瘦。而到了秋冬季节，气温下降，消化功能增强，食欲恢复，摄入能量增加，喜食蛋白、脂肪含量高的食品而消耗能量减少，于是，减轻的体重很快恢复，甚至会更胖。所以，虽然一年四季都要减肥，但把握住秋冬显得尤其重要。

第五节　不同人群减肥营养膳食要求

一、儿童肥胖患者的营养膳食要求

儿童肥胖如果不注意调整饮食结构和治疗，则有很高的比例发展为成年肥胖、高血脂、脂肪肝、耐糖量异常等成年病亦随之而来。儿童由于饮食的不合理及运动量低下、精神不振，造成恶性循环。但因处于生长发育的阶段，故儿童减肥饮食要遵守一定的法则。

儿童肥胖的饮食治疗原则：①不妨碍发育成长；②对学校生活不太妨碍；③根据治疗前肥胖度的轻重给予指导；④不改变每个家庭的嗜好；⑤指导内容通俗易懂。

因此，儿童减肥第一选择是保证营养摄取。对轻度肥胖的儿童，要使家庭了解应吃食物（蛋白质类食品）和不应吃的食物（糖类食品）。对中、高度肥胖的儿童，每天热能摄入量为6694.4～7114.8 kJ（1600～1700 kcal），蛋白质75～78 g，脂肪54～56 g，糖类200～220 g。

对于儿童肥胖的治疗与成人不同，因儿童正处在生长发育期，身体对各种营养素都很敏感，任何过激的治疗方法，对儿童的健康发育和成长都会产生不良影响。并且由于儿童不像成人那样能较好地配合医生，给治疗方案的实施带来一定的困难。因此，节食治疗比较困难。

儿童减肥就饮食疗法来说，首先必须有家长的参与，不要让孩子偏食、过食，不给予高糖、高脂肪等高热量饮食，教育孩子不吃含糖多的零食。其次对小儿进行饮食治疗，要掌握其食物营养特点，以便对各年龄阶段和各病程阶段的患儿制定节食食谱，但总的原则应限制热量摄入，同时要保证其生长发育需要，使食物多样化，蛋白质、维生素、无机盐的供给也应充足。不给予刺激性调味品，此时应多给予一些鱼、鸡、瘦肉、豆制品和大量新鲜蔬菜，这样不但能促进肌肉生长，也可提高身体抵抗疾病的能力；食物宜采用蒸、煮或凉拌的方式烹调。早餐应以蛋羹、牛奶、豆浆、面包、炒饭、鸡蛋为主，一般肥胖的儿童都吃得太多，尤其爱吃的食物，自己控制不住，家长要注意掌握其食量。常规来说 12 岁以下儿童的早餐总食量不宜超过 150 g。午餐一定要吃饱，肥胖儿童应以蔬菜为主，主食少吃，佐以瘦肉、鱼、虾为宜。晚餐主食以各类豆米饭、豆粥为主。

小儿肥胖是出于发育期的肥胖，要避免极端地限制热量，学龄儿童每年能长高 5～6 cm，只要体重维持现状，一年后肥胖程度将得到改善。极端的饮食限制会给儿童造成心理上的压抑，有时也会引起其对治疗的抵触。为了不使他们饥饿，可多用一些低热量、大体积的食物来代替一般食品，如煮玉米、海带丝、果胶冻及爆米花等，这也是孩子们爱吃而热量低的食品。最后，家长还要引导儿童多活动，如打球、跳绳、游泳等。

二、老年减肥的营养膳食要求

对于轻度老年肥胖患者，一般不需要进行饮食治疗。重度肥胖在饮食上要注意营养减肥：

（1）早饭不吃主食，只吃鸡蛋、牛奶、豆浆，如吃主食，不要超过 100 g；中午以蔬菜、瘦肉、豆制品为主，减少主食的量；午餐主食不要超过 150 g，可任选 2～3 个种类，如 50 g 米饭和 100 g 包子，或仅 100 g 米饭，或仅 150 g 包子，多吃蔬菜。晚餐主食应以喝豆粥为好，菜粥亦可，控制在六分饱即可，晚餐不宜吃肉食。在晚餐后，睡前 1～2 h 可以吃 1 个苹果。

（2）每日进食要按时，吃饭时要细嚼慢咽，每餐吃的不要过饱。老人如果在两餐之间有饥饿感，可吃些水果，如苹果、香蕉。

（3）做饭时须以植物油脂为主；最好用粗盐（不吃精白盐）；选择红糖，禁食白糖。每天最好喝温开水或淡开水，少饮淡茶，不喝高糖饮料，禁食零食。

（4）减肥的效果以每月减少 1 kg，不感到饥饿、无全身乏力为尺度。

（5）可在医生指导下采用药膳治疗。

三、孕妇肥胖患者的饮食治疗

妊娠期中孕妇为了使胎儿发育好，多大量进食而造成营养过剩，另外由于行动不方便，活动减少，使身体日渐肥胖。妊娠妇女必须有充分的营养供给，但也不能造成过度肥胖。如果发生肥胖，对婴儿和孕妇都是不利的。

孕妇妊娠期中的饮食减肥原则：

（1）妊娠期中母亲营养不足会导致生育早产儿或低出生体重儿，也会使婴儿死亡率上升或生长发育不良。对肥胖孕妇的最低热量水平建议为 6270 kJ/d（1500 kcal/d），不能低于此水平，否则很难满足营养需要。

（2）妊娠妇女是轻体力劳动者，妊娠后期每日建议增加热量 1254 kJ/d（300 kcal），以满足胎儿、胎盘组织的生长需要。若孕妇从事一般体力劳动，每日需要增加的热量可在 1254 kJ（300 kcal）以上。

(3) 孕妇的饮食也要控制碳水化合物及脂肪的摄入，但蛋白质要充分，因胎儿生长需要更多的营养，特别要保证维生素及矿物质的摄入，每餐应有充足的新鲜蔬菜及水果。当发生水肿时要多休息，饮食要低盐，这对防止妊娠高血压也有好处。妊娠中还要补充铁和叶酸，并多吃含钙、磷及维生素 D 的食物，以满足胎儿骨骼生长的需要。

四、顽固性肥胖患者的饮食治疗

顽固性肥胖，是指通过饮食及药物治疗，体重仍无明显下降。有人认为超过 127 kg 体重的肥胖均为顽固性肥胖。造成顽固性肥胖的因素有很多，如：①精神受刺激，生活不愉快；②某些人为因素促进多食；③某些严重的内分泌疾病，如库欣综合征、垂体瘤等；④肥胖合并其他严重的疾病。

对于顽固性肥胖患者，当在门诊治疗失败后，必须住院采取严格的饮食控制和合理的药物治疗。对顽固性肥胖患者住院后采取的常规治疗措施有：①短期禁食：饥饿 7～10 d；②给予极低能量饮食，饮食热量为 750～1500 kJ（180～360 kcal）；③饮食加运动疗法：每日饮食总热量为 1670 kJ（400 kcal），为期 1 个月。

顽固性肥胖如果是因内分泌引起，则必须以治疗原发疾病为主。如果是因心理因素导致的神经症引起，则可采用催眠疗法。对于一些治疗非常困难的顽固性肥胖患者，可考虑手术治疗。

五、过敏体质肥胖患者的饮食治疗

有些肥胖患者属于过敏体质，容易对某些食物如鱼虾、海味等过敏。对于过敏体质肥胖患者有人建议食用抗过敏减肥饮食。抗过敏减肥饮食由下述 A、B 二类食谱组成。一般先采用食谱 A 饮食 3 d，然后再采用食谱 B 饮食 3 d。

【食谱 A】

早餐：1 个苹果（中等大小），咖啡或茶（不加奶油或牛奶，但可加代用糖）。

午餐：1 个番茄的色拉、1/4 个莴苣、5 个芦笋尖、淡佐料醋、柠檬或咖喱、2 小片冷羊肉或牛肉、1 个梨（中等大小）、咖啡或茶（不加奶油或牛奶，但可加代用糖）。

晚餐：1 碗清汤、1 块瘦羔羊肉、牛肉或鸡（体积约为 4 cm^3）、半小盘菠菜、半碗胡萝卜、1 个中等大小的梨、咖啡或茶（不加奶油或牛奶，但可加代用糖）。

【食谱 B】

早餐：1 个苹果（中等大小），1 个黑麦薄脆饼、3 片腊肉（瘦）、咖啡或茶（不加奶油或牛奶，但可加代用糖）。

午餐：与食谱 A 相同，增加 1 个黑麦薄脆饼。

晚餐：与食谱 A 相同，增加 1 个中等大小的土豆，用一杯不加糖的菠萝汁代替梨。

通过上面的两种食谱减肥的，每天均要加服维生素和矿物质药物制剂如钙片等，饮用大量的水，也可饮用加代用糖的碳酸饮料或苏打水，连续食用 4～6 周，达到标准体重之后可以停用，再采用其他方法控制饮食、维持体重。若体重反弹，需再减肥，可以重新采用该减肥饮食或其他减肥饮食。

本章小结

肥胖不仅影响体形、美观，而更重要的是肥胖增加了心脑血管病、糖尿病、高脂血症的发病率，还与骨性疾病、睡眠-呼吸暂停综合征、胆囊疾病、不孕症以及肿瘤的发生有关，从而严重危害人们的美容心理和身心健康。

肥胖症是遗传和环境因素共同作用的结果。可以通过体质指数、腰围、腰臀比、标准体重与肥胖度、局部脂肪蓄积的测定、脂肪百分率等指标来诊断肥胖症。根据病因又可将肥胖分为单纯性肥胖和继发性肥胖两类。肥胖症除了体重超重引起的一般症状外，还可导致内分泌代谢紊乱、消化系统疾病、呼吸-睡眠暂停综合征和其他高血压、冠心病、糖尿病等并发症。

肥胖症可通过饮食加以控制，营养膳食治疗总原则是以低热能饮食治疗，最好在平衡膳食基础上进行控制热能摄入，并同时以多活动，消耗体脂，达到减轻体重的目的。除了营养膳食治疗肥胖症以外，还可以通过运动、行为矫正、药物、外科手术、针灸等方法。

预防肥胖比治疗更易奏效，更有意义。最根本的预防措施是适当控制进食量，自觉避免高碳水化合物、高脂饮食，经常进行体力活动和锻炼，并持之以恒。针对不同人群的特殊情况，从婴儿、幼儿、成人、孕妇等不同人群逐一介绍预防肥胖症的注意事项。

具有减肥作用的食物应具备低脂肪、高纤维素、含丰富的矿物质和维生素的特点。科学减肥应在秋冬季节，因为这个季节气温下降，消化功能增强，食欲恢复，摄入能量增加，喜食蛋白、脂肪含量高的食品而消耗能量减少，易发胖。

不同人群的肥胖者减肥饮食治疗各有不同。分为儿童肥胖者、老年肥胖者、孕妇肥胖者、顽固性肥胖、过敏体质肥胖者等不同群体进行不同方法的饮食治疗。

自测题

1. 单选题

(1) 亚洲人的BMI大于（　　）视为超重。

A. 18.5　　B. 24　　C. 23　　D. 28

(2) 下列标准体重公式正确的是（　　）。

A. 标准体重（kg）＝身高（cm）－105

B. 标准体重（kg）＝身高（cm）－100

C. 标准体重（kg）＝［身高（cm）－100］×0.9（女性）

D. 标准体重（kg）＝［身高（cm）－100］×0.85（男性）

(3) 下列不属于肥胖症并发症的是（　　）。

A. 胆囊炎　　B. 脂肪肝　　C. 糖尿病　　D. 营养不良

(4) 下列饮食习惯不正确的有（　　）。

A. 一日三餐，定时定量，定期测量体重，按体重调整饮食。

B. 进食要细嚼慢咽，能使食物变细小

C. 购物要有计划，依事先拟好的购物清单购物，拟定购物单最好在饭前进行

D. 胖人食欲好、进食速度快者，勿用盘、大碗盛菜饭，改用小号的

(5) 下列不符合减肥食物条件的是（　　）。

A. 低脂肪食物　　B. 高热量食物　　C. 低热量食物　　D. 低碳水化合物

(6) 下列减肥方法错误的是（　　）。

A. 多食水果蔬菜　　B. 多饮茶　　C. 禁止食肉　　D. 多饮水

(7) 盲目节食减肥的结果是（　　）。

A. 达到了减肥保健的目的　　B. 得到了健美的苗条身材

C. 影响了健康　　D. 不会导致疾病

(8) 下列有利于减肥的饮食方式是（　　）。

A. 常食精细粮　　B. 经常晚餐大吃　　C. 饮食无规律　　D. 慢食细嚼

(9) 下列关于减肥的饮食习惯正确的是（　　）。

A. 吃生东西　　B. 不偏食挑食　　C. 喝咖啡　　D. 吃大量水果

(10) 下列关于儿童肥胖患者减肥的饮食原则不正确的是（　　）。

A. 改变每个家庭的嗜好　　B. 不妨碍发育成长

C. 对学校生活不太妨碍　　D. 根据治疗前肥胖度的轻重给予指导

2. 填空题

(1) 肥胖症根据病因一般分为________和________两类。

(2) 在限制碳水化合物供给的情况下，过多脂肪的摄入会引起酮体的产生，脂肪摄入量必须降低，膳食脂肪所供热能应占总热能的________，不宜超________为妥，除限制肉、蛋、鱼、乳及豆制品等所含脂肪，还要限制烹调油的用量，控制用量每日________左右为宜。至于胆固醇的供给量，通常每人每天以≤________较理想。

(3) WHO 建议，正常成人 WHR 男性＜________，女性＜________，超过此值为中心型肥胖。中国成人若男性腰围≥________、女性腰围≥________，则可以作为腹型肥胖的诊断标准。

(4) 杂粮中的减肥食品有：玉米、________、________等。肉类、禽蛋、水产中的减肥食品有________、牛肉、鸡肉、瘦猪肉、鱼、________、________、蟹等。

(5) 蔬菜中具有减肥作用的食品有：大蒜、________、________、________、黄瓜、________、________、茄子等。瓜果中的减肥食品有：苹果、________、________、木瓜、________、________等。

3. 简答题

肥胖症的营养膳食治疗总原则和营养膳食治疗要求是什么？

第六章　消瘦与营养膳食

☞ **知识目标**

（1）掌握消瘦的诊断。

（2）了解消瘦的病因。

（3）掌握消瘦的营养膳食治疗法。

☞ **能力目标**

能为消瘦者配餐。

第一节　概　述

一、消瘦的概述

消瘦是指人体内的肌肉纤弱、脂肪少，显著低于正常人的平均水平。也就是说，只有体重低于正常标准，才能称为消瘦。消瘦者通常表现为面形瘦削，皮下脂肪少，严重者全身肌肉萎缩，胸部肋骨清晰可见，四肢骨关节显露，常被形容为“骨瘦如柴”。然而，在国内外一片“减肥热”中，“瘦”的身价似乎比“胖”高多了。似乎瘦就是苗条、健美的代名词，有的甚至用“千金难买老来瘦”来炫耀“瘦”。其实，这是一种误解，是人们步入了现代健美的误区。瘦和苗条、健美之间是不能画等号的；“老来瘦”也仅是相对于身体过胖的老年人而言的。瘦并不是人体健美的标志，特别是有的人瘦得双肩缩垂、胸廓扁平、脸面无肉，完全是一副病态。更主要的是体型过瘦会失去健康。瘦弱，“瘦”与“弱”是紧密相连的，所谓“弱不禁风”就是对“瘦”的一种绝妙注释。体型过瘦的人抵抗力差、免疫力弱。日本一家生命保险公司的调查材料表明，在比平均体重少25％的范围内，体重越轻的人，死亡率越高。《美国医学会》杂志上曾刊登出一篇文章，是美国国家心、肺和血液研究所的调查报告，对5209名男、女的身长、体重和死亡的相关情况的分析表明，一般体重的人死亡率最低，死亡率最高的是最瘦的人。

二、消瘦的诊断

1. 标准体重

消瘦症是指体重低于标准体重15％以上者。医学上判断消瘦的程度，是将人的实际体重与标准体重进行比较，实际体重低于标准体重的15％～25％、26％～40％、

40%以上者，分别被称为轻度消瘦症、中度消瘦症和重度消瘦症。所谓标准体重，国际上通常采用Broca法计算，公式如下：

标准体重（kg）＝［身高（cm）－100］×0.9（男性）或0.85（女性）

2. 皮脂厚度

脂肪组织是身体储存能量的主要组织，可测量上臂肱三头肌皮脂厚度、肩胛骨下皮脂厚度、髋骨或腹部皮脂厚度，但临床多采用上臂肱三头肌皮脂厚度测定。

（1）上臂肱三头肌皮脂厚度测量（TSF）：被评估者手臂放松下垂，掌心对着大腿，评估者站在被评估者背面，以拇指与食指在肩峰与鹰嘴的中点捏起皮脂，捏时两指间的距离为3 cm，用皮脂卡测量，重复3次取其平均值。理想值一般男性为12.5 mm，女性为16.5 mm。

（2）肩胛骨下皮脂厚度测量：被评估者取坐位或俯卧位，手臂及肩部放松，评估者以拇指与食指捏起肩胛下角下方皮脂。测量方法及标准厚度同前。

（3）腹部皮脂厚度测量：在右腹部脐旁2 cm部位测量。方法及标准厚度同前。

3. 上臂围和臂肌围

上臂围（AC）可间接反映皮下脂肪含量，测定部位同上臂三头肌皮脂厚度，一般用软尺测量。臂肌围（AMC）可间接反映机体肌肉蛋白质状况，与血清白蛋白含量密切相关。

AMC（cm）＝AC（cm）－3.14×TSF（cm）

计算实测值占理想或正常值的百分比（%）。理想值一般为男性24.8 cm，女性为21.0 cm。

三、消瘦（营养不良）对体形和容貌的影响

由于热量和蛋白质摄入不足或消耗增加或高分解代谢，使得肌肉组织于皮下脂肪逐渐耗损，同时，引起各种维生素和矿物质的缺乏，使皮肤黏膜变得干燥，弹性减低，毛发稀疏，皮下脂肪菲薄，肌肉松弛，全身骨骼嶙峋突出。甚至，由于全身抵抗力下降，多种器官功能受损，而影响身体健康。严重影响了形体与容貌。

第二节 消 瘦 症

造成身体消瘦的原因除少数人患有慢性消耗性疾病、器质性疾病外，多数为后天失调所致，如长期失眠、饮食摄入量不足、多愁善感、劳累过度或不爱运动等。

人体的胖瘦主要取决于摄入食物热量是多于或少于新陈代谢所消耗的热量。多者剩余热量转化为脂肪积累于皮下、腹部等处，造成肥胖；少者则常因“入不敷出”而使人消瘦。故瘦弱者多为体内热量不足，缺乏耐力，肠胃功能较差，消化、吸收不良。

引起消瘦的原因颇多，根据是否有疾病来源可将其分为两大类，即非病理性消瘦和病理性消瘦。非病理性消瘦又分为遗传性、作息不当（活动过多、工作过劳、休息或睡

眠过少）和膳食不当所引起的消瘦。而病理性消瘦，是指体内存在某些明显或隐蔽的疾病所致的消瘦。根据热量摄取与消耗失衡的原因分类，引起消瘦的常见病因有以下几个方面。

一、食物摄入不足

1. 饮食习惯不良

不定时定量进食或偏食引起的消瘦，多见于营养不良、佝偻病等。营养不良可分为营养不足和营养过度。但通常所说的营养不良一般指营养不足，皆因蛋白质和热量摄入不足或消耗增加或高分解代谢所引起。一般临床上将营养不良分为三种类型：

（1）成人干瘦营养不良型。其特点为人体测量值，如体重、肱三头肌皮皱、臂肌围等下降，而血清蛋白可以维持在正常水平。是临床易于诊断的营养不良类型。

（2）蛋白质营养不良型。其特点是血清白蛋白、转铁蛋白降低，免疫功能低下，但人体测量值正常，临床常易忽视，只有通过内脏蛋白质与免疫功能的测定才能诊断。

（3）混合型营养不良型。其特点为人体测量值及骨骼肌和内脏蛋白质均有下降，内源性脂肪和蛋白质储备均空虚。是一种非常严重且易危及生命的营养不良类型。

2. 营养不良的判断

临床上常以体重在3个月下降10％以上，血清白蛋白＜30 g/L，血红蛋白＜80 g/L，总淋巴细胞计数＜1.2×10^9/L为标准，做出营养不良的简单判断。进食或吞咽困难引起的消瘦常见于口腔溃疡、下颌关节炎、牙髓炎及食管肿瘤等。

3. 厌食引起的消瘦

常见于神经性厌食，多发生于发育期的少女，开始时并非厌食，而是由病态心理所支配，为了追求苗条，担心肥胖，主动采取节食或服泻药，或过度运动而导致极度消瘦。

4. 食欲减退引起的消瘦

常见于慢性胃炎、肾上腺皮质功能减退、急慢性感染、尿毒症及恶性肿瘤等。

二、食物消化、吸收、利用障碍

常见于消化功能和吸收功能紊乱者，如唾液淀粉酶、胆汁、胃蛋白酶、胰淀粉酶等消化液及消化酶类缺乏，直接影响食物消化和营养的吸收；如小肠吸收功能障碍，营养物质不能顺利通过肠黏膜进入组织，对营养物质的吸收减少，均可引起消瘦。相关的疾病有：

（1）慢性胃肠病。常见于胃及十二指肠溃疡、慢性胃炎、胃肠道肿瘤、慢性结肠炎、慢性肠炎、肠结核及克罗恩病等。

（2）慢性肝、胆、胰病。如慢性肝炎、肝硬化、肝癌、慢性胆道感染、慢性胰腺炎、胆囊和胰腺肿瘤等。

（3）内分泌与代谢性疾病。常见于糖尿病、甲亢等。

（4）其他。久服泻剂或对胃肠有刺激的药物。

三、对食物需求增加或消耗过多

对食物需求增加或消耗过多，如生长发育、妊娠、哺乳、过度劳累、甲亢、长期发热、恶性肿瘤、创伤及大手术后。

第三节　消瘦症的治疗与增重营养膳食

治疗消瘦症，首先要了解自己消瘦的原因，从而对症下药。消瘦者宜采用药疗、体疗、食疗等方法进行综合调理。药疗因有副作用，一般不提倡使用。

一、饮食原则

体形消瘦的人要想健壮起来，消除皮肤褶皱，改变肌肉纤弱的形象，变得丰满而匀称、结实而健美，关键是在日常的饮食中讲究科学。所谓合理膳食，就是要求膳食中所含的营养素种类齐全、数量充足、比例适当；不含有对人体有害的物质；易于消化，能增进食欲；瘦人摄入的能量应大于消耗的能量。饮食的原则如下所述。

1. 食品种类丰富多样

食物品种多样，才能保证营养素齐全。《黄帝内经》中对此已有非常科学的认识，明确指出“五谷为养，五果为助，五畜为益，五菜为充”，阐明了“谷肉果菜”各自的营养作用。这是我们祖先对饮食经验的总结，是符合现代营养科学的。要知道，人体需要几十种营养素，任何一种食物都不能单独满足这种需要，因此食物单一就会造成营养不良。

2. 食品粗细搭配

有的人认为食品越精越好，于是米要精米，面要精面，菜要嫩心。殊不知许多谷物加工越精营养损失越多。科学分析证明，稻、麦类作物中的维生素、矿物质主要存在于皮壳中。精白面中蛋白质的含量比麦粒中少1/6，维生素和钙、磷、铁等矿物质的含量也少了许多。精白米同稻谷的营养素比较也是如此。在蔬菜中，菜叶和根中含的营养素往往比较丰富，可有的人只挑嫩心吃，而丢掉根叶，这样既浪费，又不利于身体健美。

3. 保证每日有足够的优质蛋白质和热能的供给

使瘦人丰腴、健美理想的饮食结构百分比为：蛋白质占总量的15％～18％，脂肪占总量的20％～30％，糖类占总量的55％～60％。其中，食物中动物性蛋白质和豆类蛋白质应占蛋白质供给量的1/3～1/2。一般来说，高蛋白质膳食不如多蛋白膳食，食物少而精不如多而粗。从中医角度来讲，体型消瘦的人多属阴虚和热性体质，所谓“瘦人多火”，即指虚火。因此，体型消瘦者的膳食调配要合理化、多样化，不要偏食。应补气补血，以滋阴清热为主，平时除食用富含动物性蛋白质的肉、蛋外，还要适当多吃些豆制品、赤豆、百合、蔬菜、水果等。对其他性平偏凉的食物，如黑木耳、蘑菇、花生、芝麻、核桃、绿豆、甲鱼、鲤鱼、泥鳅、鲳鱼、兔肉、鸭肉等，则可按各人口味适量选择食用。另外，在身体无病的条件下，在摄取高蛋白、高脂肪、高糖、高维生素食物的同时，还可选择一些开胃健脾助消化的食物，如水果、蔬菜类的苹果、山楂、葡萄、柚子、梨、萝卜、扁豆和滋补品中的蜂蜜、白木耳、核桃肉、花生米、莲子、桂圆、枣和各种动物内脏等。

4. 适当增加餐次或在两餐间增加些甜食

增加体内能量的储存，可使强身效果更为理想。因为消瘦者的体内热能不足，胃肠功能差，一次进餐量太多，消化吸收不了，反受其害。而餐次时间隔得太长，加上食量又小，食物营养供不应求，同样也不利于强健身体。实验证明，瘦人每日采用4～5餐较为合适。早餐应占全天总热能的25%～30%，午餐应占全天总热能的30%～35%，晚餐应占全天总热能的25%～30%，加餐应占全天总热能的5%～10%。

5. 注重晚餐的营养

夜间是人体内胰岛素分泌最多、血中胰岛素含量最高的时间。因此，体瘦者应注重晚餐，适当多摄入高热量、高蛋白、高脂肪和高糖食物，在胰岛素作用下，合成脂肪储聚于皮下，且糖和蛋白质转化为脂肪的比例最高。

6. 少食燥热、辛辣食品，并注意调整脾胃功能

因瘦人多虚火，故瘦人应少食燥热及辛辣食品，如辣椒、姜、蒜、葱及虾、蟹等助火散气的食物。此外，生冷食物也应少吃，如冷饮、雪糕、生菜等。瘦弱者还要注意调整脾胃功能，以促进食欲和消化吸收功能。对脾胃功能较弱者，除应注意少食多餐、不偏食、不暴饮暴食，不边吃饭边喝水外，还应适量多吃些具有补脾健胃功能的食物，如莲子、山药、扁豆、紫米、薏苡仁、红枣、蜂蜜、鲫鱼、猪肚等。

7. 改进烹调技术

食物的烹调加工也要讲究科学。使食物的色香味俱佳，对于肉类食品以蒸煮为好，仅食肉、不喝汤是不科学的。平时要尽量少吃煎炒食物，对椒、姜、蒜、葱以及虾、蟹等助火散气的食物，应少食。而且在用餐时应极力避免思考不愉快的事情，以免影响消化功能。

二、生活规律化

1. 制定丰富多彩的、有规律的生活制度

最好给自己订1份有规律的作息时间表，做到起居饮食定时，每天坚持运动健身，

养成良好的卫生习惯等。同时应保持充足而良好的睡眠。人的睡眠若比较充足，胃口就比较好，而且也有利于对食物的消化和吸收。

2. 加强锻炼

特别是对于那些长期坐办公室的人来说，每天应抽出一定的时间来锻炼，这不仅有利于改善食欲，也能使肌肉更强壮、体魄更健美，人体的肌肉如果长期得不到锻炼，就会“用进废退”，肌纤维相对萎缩，变得薄弱无力，人也就显得瘦弱。知识分子多为此类体型，应注意加强锻炼。根据对象不同，可采取冬季长跑锻炼和夏季游泳运动，增强胃肠道消化功能，以增强机体对疾病的抵抗力。

三、培养乐观主义精神

胸怀宽阔、乐观豁达、笑口常开，则有利于神经系统和内分泌激素对各器官的调节，能增进食欲，增强胃肠道的消化吸收功能。

笑能消除精神紧张、清醒头脑、消除疲劳、促进睡眠，且能改善急躁、焦虑等不利情绪，达到“乐以忘忧”的健康状态。

要树立高度的事业心，从工作中得到快乐，以乐观情绪为重要精神支柱。增强自己的文明修养，克服心胸狭窄和消除烦恼，培养高尚情操、幽默风趣的性格和进取心，以及战胜各种困难的信心。

总之，丰富的营养物质、科学合理的膳食结构，有助于消瘦者达到丰腴健美的目的。

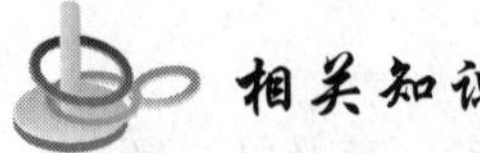

相关知识

增重食疗两例

羊肉索饼：白面 150 g，鸡蛋 2 个，羊肉 150 g，生姜汁适量。将羊肉切碎炒熟，鸡蛋清、生姜汁和面做饼，蒸熟，入羊肉馅调和。此饼适合于脾胃气弱而见食呕逆、瘦劣者常食。

生地蒸乌鸡：雌乌鸡 1 只，干地黄 250 g，饴糖 250 g。乌鸡宰杀去内脏，将切成细条的生地黄与饴糖混合拌匀，纳入鸡腹内，缚紧放入盆中，置蒸笼中蒸熟。食肉饮汁，服时勿啖盐。此方适于因积劳虚损、血虚阴亏、中气不足而引起食减神疲、四肢倦怠、心烦内热、肌肉消瘦的人。

本章小结

消瘦是指人体内的肌肉纤弱、脂肪少，显著低于正常人的平均水平。也就是说，只有体重低于正常标准，才能称为消瘦。消瘦症是指体重低于标准体重 15%以上者。结合皮脂厚度、上臂围和臂肌围等进行诊断。

消瘦根据是否有疾病来源可将其分为两大类，即非病理性消瘦和病理性消瘦。从原因上分析，分为食物摄入不足、食物消化、吸收、利用障碍和对食物需求增加或消耗过多三个方面。食物摄入不足有饮食习惯不良、进食困难、厌食、食欲减退引起的、对食物需求增加或消耗过多等。消化、吸收、利用障碍包括慢性胃肠病、慢性肝、胆、胰病和内分泌与代谢性疾病。对食物需求增加或消耗增加有生长发育、妊娠、哺乳、过度劳累、甲亢、长期发热、恶性肿瘤、创伤及大手术后等情况。

治疗消瘦症的饮食原则有食品种类丰富多样、食品粗细搭配、保证每日有足够的优质蛋白质和热能的供给、适当增加餐次或在两餐间增加些甜食、注重晚餐的营养、少食燥热、辛辣食品，并注意调整脾胃功能、改进烹调技术等方面。另外，还需要生活规律化和培养乐观主义精神。

自测题

1. 单选题

(1) 消瘦症是指体重低于标准体重（　　）以上者。

A. 5%　　B. 10%　　C. 15%　　D. 20%

(2) 关于治疗消瘦症的饮食原则不正确的是（　　）。

A. 食品越精越好，于是米要精米，面要精面，菜要嫩心

B. 消瘦者应多食用富含动物性蛋白质的肉、蛋

C. 适当增加餐次或在两餐间增加些甜食

D. 少食燥热、辛辣食品，并注意调整脾胃功能

(3) 下列疾病可导致消瘦症（　　）。

A. 慢性胃炎　　B. 慢性肝炎　　C. 慢性胰腺炎　　D. 以上都是

2. 案例分析

刘某，女，26 岁，身高 1.67 m，体重 48 kg，虽然别人很羡慕她苗条，但自己知道这样的身材并不好看，请你为刘某设计一个增重的营养膳食方案。

第七章　美胸与营养膳食

☞ 知识目标

（1）了解、健美胸部的标准。

（2）了解影响美胸的影响因素。

（3）掌握女性美胸的营养膳食方法和其他建议。

（4）掌握女性美胸的食疗。

☞ 能力目标

（1）能判断乳房的分型。

（2）能根据女性各个时期特点进行营养膳食指导。

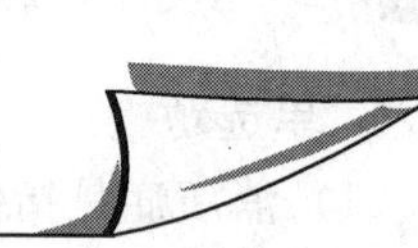

第一节　概　　述

拥有一对丰满凸起的乳房，是女性健美的重要标志，女性的曲线美主要由 2 个“S”形成。即由下颌—颈曲—乳房形成前面的小“S”和由背部—腰曲—臀部形成后面的大“S”。所以，美胸作为其中一个“S”，成为爱美女性的追求。女性胸部健美包括胸肌的发达和乳房的丰满。胸肌发达与否主要与平时的锻炼有关，锻炼可以使胸部更加挺拔；而乳房的丰满与否，除了与遗传因素有关外，更重要的是与日常膳食营养密切相关。饮食丰胸是健康的美胸方法，长期坚持不仅能美容养颜，还能有效促进乳房的丰满，所以保证均衡的营养与丰胸膳食是不同年龄女性维持美丽胸部的关键。

一、乳房的分型

一般来说，乳房的大小和形态胖瘦基本相称。胖人的乳房中脂肪积聚较多，所以乳房大些；体瘦的人乳房中脂肪积聚也相应减少，故乳房小些。我国少女一般从 12～13 岁起，在卵巢分泌雌激素的影响下，乳房开始发育，随着月经的来潮，在 15～17 岁乳房发育基本成熟，22 岁基本停止发育，之后脂肪组织还会相继增多。发育良好的乳房多呈半球形或圆锥形，两侧基本对称。少数未完全发育成熟的乳房呈圆盘型或平坦型。哺乳后乳房都会有一定程度的下垂或略呈扁平，影响胸部曲线美。因此，拥有一对丰满匀称的乳房也是女性胸部健美的重要组成部分。一般按乳房隆起的高度和形态，将女性乳房分为 4 种类型，即半球型、圆锥型、圆盘型和下垂型。

1. 半球型

乳房前突的长度等于乳房基底的半径，侧面看起来像是一个皮球被分成两半，有足够的脂肪组织，是理想的乳房形态。但很容易因为各种原因导致胸部下垂和松弛。持续的胸部锻炼和合理的营养膳食对于此型的女性非常重要。

2. 圆锥型

乳房前突的长度大于乳房基底的半径，侧面看起来像锐角三角形，乳房感觉不自然地尖长隆起，乳腺组织、脂肪组织都很发达。西方女性大多属于这种胸型，长期坚持锻炼胸肌和均衡营养是维持这种胸型的关键。

成年未产女性乳房的外观多呈半球形或圆锥形，腺体质地紧张而有弹性。

3. 圆盘型

乳房前突的长度小于乳房基底的半径，侧面看起来很像钝角三角形所形成的圆盘。属于比较平坦的乳房。丰胸饮食、健康的生活习惯、正确穿着内衣和长期的胸部锻炼是这类胸型女性丰胸的法则。

4. 下垂型

乳晕下缘低于下乳沟线，或呈水平，或是乳头指向地面，皮肤松弛、弹性小，即属于萎缩性。不当的减肥或哺乳后乳腺组织萎缩会造成乳房内脂肪减少，从而引起肌肉松弛，从饮食、运动、生活习惯、日常护理等多方面进行调整才能从根本上改变下垂的现象。

不论是哪种类型的乳房都有可能随着年龄、营养、环境的改变而发生变化，只要通过适当的方法，都可以塑造出完美的乳房，保持健美的胸型。

二、健美胸部的标准

1. 健美胸部的定性标准

（1）皮肤红润有光泽，无皱褶，无凹陷。

（2）乳腺组织应丰满，乳峰高耸，柔韧而富有弹性。

（3）两侧乳房等高、对称，在第 2～6 肋间，乳房基底横径为 10～12 cm；乳房的轴线，即从基底面至乳头的高度大致为 5～7 cm。

（4）健美乳房的乳头润泽、挺拔，位于第 4 肋间或稍下。两乳头间的间隔大于 20 cm，最好在 22～26 cm。

（5）乳晕清晰，颜色红润，直径为 2～4 cm。

（6）乳房的外形挺拔丰满，呈半球形。

（7）身高在 155～165 cm 者，通过乳头的胸围应大于 82～86 cm。

(8) 东方女性的完美胸围也可用公式计算：标准胸围＝身高（cm）×0.53。按此标准计算：胸围/身高（cm）≤0.49，属于胸围太小；胸围/身高（cm）＝0.5～0.53说明胸围属于标准状态；胸围/身高（cm）≥0.53，属于美观胸围；胸围/身高（cm）＞0.6，属于胸围过大。

2. 健美乳房的半定量标准

乳房的健美标准包括乳房的形态、皮肤质地、乳头形态等因素。有人用评分法将乳房健美标准定量化。

(1) 标准胸围。达到标准胸围30分，相差1 cm以内25分，相差2 cm以内20分，相差2 cm以上10分。

(2) 乳房类型。半球型30分，圆锥型25分，圆盘型20分，下垂型10分。

(3) 皮肤质地。紧张有弹性10分，较有弹性8分，尚有弹性5分，松弛2分。

(4) 乳房位置。正常10分，过高8分，两侧不对称5分，过低2分。

(5) 乳头形态。挺出大小正常10分，过小8分，下垂5分，内陷或皲裂2分。

(6) 乳房外观。正常10分，颜色异常8分，皮肤凹陷、皱褶、瘢痕5分，皮肤凹陷、皱褶、瘢痕、颜色异常2分。

一般74分以上者为健美乳房，满分为100分。

通过以上美胸标准可以知道，乳房不是越大越好，而是要和体形相协调，过大的乳房同样会破坏整体美。另外在病理情况下，如乳腺发炎、乳腺癌等，乳房也会变大。患巨乳症时，乳房会大于正常乳房数倍至10倍多。这些都是不正常的，需要去医院治疗。

三、胸部健美的影响因素

胸部的健美受多方面因素的影响，常见影响因素如下。

1. 遗传因素

胸部大小主要与遗传因素有关，女性接受上代遗传的激素水平的高低，决定了其胸部乳房的体积大小。一般来说，如果母亲的胸部较瘦小，那么女儿的胸部也大多不丰满。

2. 营养状况

处于青春期的女孩，如果没有摄入合理的饮食及均衡的营养，即蛋白质、脂肪、能量摄入不足，则生长发育受阻，从而限制胸部及乳房的发育，产生扁平胸或小乳房。过分追求苗条，过度控制饮食，在体重明显下降的状况下，乳房的皮下组织和支持组织显著减少，乳房皮肤松弛、皱缩，这种情况被称为青春期乳房萎缩。另外，体胖的女性因为脂肪积聚较多，胸部就显得丰满突出；消瘦的女性脂肪积聚少，胸部就显得小而平坦。所以体型消瘦的女性，应多吃一些高热量的食物，通过热量在体内的积蓄，使瘦弱的身体丰满，同时乳房也可因脂肪的积聚而变得挺耸而富有弹性。

3. 内分泌激素

胸部乳房的发育受垂体前叶、肾上腺皮质和卵巢等分泌的内分泌激素的共同影响。卵巢分泌的雌激素、孕激素，垂体前叶产生催乳素、促卵泡激素（FSH）、促黄体生成素（LH）等都会促进乳房发育。其中雌激素对乳腺的发育有最重要的生理作用。雌激素能促使乳腺导管增生、延长、形成分支，促使乳腺小叶形成，还能促进乳腺间质增生、脂肪沉积，从而使女性乳房丰满。一般而言，雌激素水平高的女性乳腺发育较好，乳房体积较大，但是，乳腺增生的可能性也较大；孕激素又称黄体酮，可在雌激素作用的基础上，使乳腺导管末端的乳腺腺泡发育生长，并趋向成熟，乳腺腺泡是产生乳汁的场所；脑垂体分泌的催乳素在女性怀孕后期及哺乳期大量分泌，能促进乳腺发育和泌乳；垂体前叶分泌的促卵泡激素能刺激卵巢分泌雌激素，促黄体生成素能刺激产生孕激素，两者对乳腺的发育及生理功能的调节起间接作用；此外，生长激素、甲状腺激素、肾上腺皮质激素等也都能间接对乳腺产生影响。所以，乳房过小与激素分泌不足也有很大的关系。

4. 体育锻炼

适当的健胸锻炼可使女性身心健康，体形健美。以各种方式活动上肢和胸部，充分使上肢上举、后伸、外展及旋转，并经常做扩胸运动，锻炼肌肉和韧带，则可使整个上半身结实而丰腴、胸部肌肉健美。如普拉提式美胸通过有针对性地对胸大肌进行锻炼从而增加胸部脂肪组织的弹性，使胸部结实而坚挺，能有效防止胸部下垂与外扩。

5. 其他

哺乳后乳腺组织萎缩、不当减肥、长期穿不适合的内衣等都会影响胸部健美，造成乳房下垂。

第二节 丰乳美胸营养膳食

丰乳健胸是指通过内外调治，使胸廓饱满、乳房丰腴、匀称、柔润而富有弹性。健美的乳房可以体现女性的风韵和魅力，还关系到哺乳期乳汁的质量和数量，故应当重视对乳房的保健。乳房发育与全身发育一样，都离不开由食物对其提供的营养。

一、女性不同时期的美胸与营养

1. 青春期美胸与营养

女性乳房从青春期开始发育，此期卵巢分泌大量雌激素，促进乳腺的发育，乳腺导管系统增长，脂肪积蓄于乳腺，乳房逐渐发育成匀称的半球型或圆锥型。所以要使乳房发育丰满健美，就要在此期确保机体健康，保证各种激素的正常分泌。可适当增加一些植物雌激素的摄入和有利于雌激素分泌的食物，青春期正处于生长发育的关键时期，蛋白质尤其是优质蛋白质能促进机体生长发育，一些维生素是构成和促进雌激素分泌的重要物质。所以，多吃富含蛋白质、维生素、矿物质的食物，适量吃一些脂肪类食物，可以充分提供此期乳房发育所需要的营养。

2. 经期美胸与营养

女性乳房会随着月经期而发生变化，比如乳房发胀，乳房变大，紧张而坚实，甚至有不同程度的疼痛和触痛，且有块物触及等。很多情况下，月经期的乳房变化是正常现象。乳腺是雌性激素的靶器官，因此，在月经周期过程中，乳腺腺体组织随月经周期不同阶段不同激素的变化而发生相应的变化。在月经周期的前半期，受卵泡雌激素的影响，卵泡逐渐成熟，雌激素的水平逐渐升高，乳腺出现增殖样的变化，表现为乳腺导管伸展，上皮增生，腺泡变大，腺管管腔扩大，管周组织水肿，血管增多，组织充血。排卵以后，孕激素水平升高，同时，催乳素也增加。到月经来潮前 3～4 d，小叶内导管上皮细胞肥大，叶间和末梢导管内分泌物亦增多。月经来潮后，雌激素和孕激素水平迅速降低，雌激素对乳腺的刺激减弱，乳腺出现了复旧的变化，乳腺导管上皮细胞分泌减少，细胞萎缩脱落，水肿消退，乳腺小叶及腺泡的体积缩小。这时，乳房变小变软，疼痛和触痛消失，块物也缩小或消失。数日后，随着下一个月经周期的开始，乳腺又进入了增殖期的变化。月经周期的无数次重复，使乳腺总是处于这种增殖与复旧再增殖再复旧的周期性变化之中。在月经周期的前半期和排卵期，在均衡饮食的基础上摄入适量高能量的营养物质，可以使脂肪较快囤积于胸部，促进胸部的丰满。

3. 妊娠期和哺乳期的美胸与营养

妊娠期受各种激素的作用，乳腺不断发育增生，乳房体积增大、硬度增加。哺乳期乳腺受催乳素的影响，腺管、腺泡及腺叶高度增生肥大、扩张、乳房明显发胀，硬而微痛，哺乳后有所减轻。妊娠期和哺乳期一定要均衡营养，保证能量供给，不用担心胸部不丰满，即使平坦的胸部在这一特殊时期也会因各种激素的旺盛分泌而体积增大，但要注意哺乳期易患乳腺再生，但再生数量远远赶不上哺乳期损失的数量，因此乳房会出现不同程度的松弛、下垂，此时可以多摄入富含胶原蛋白的食物，如猪蹄、鸡翅、蹄筋等，促进结缔组织的再生。多摄入维生素 C 含量丰富的食物，促进胶原蛋白的合成。

4. 绝经期和老年期美胸与营养

女性进入更年期以后，卵巢功能开始减退，月经紊乱直至绝经，乳腺也开始萎缩。到了老年期，乳管逐渐硬化，乳腺组织退化或消失。从外观上看乳房松弛、下垂甚至扁平。绝经前后是乳腺癌高发的时期，这时期补充含雌激素的药物或保健品非常危险，而通过饮食调节体内的雌激素水平是安全的。应注意多食用含丰富维生素 E、维生素 C、B 族维生素的食物，抗氧化、防衰老、调节体内雌激素的分泌，控制能量的摄入。

二、丰乳美胸的营养与保健

1. 加强饮食营养

乳房的大小取决于乳腺组织与脂肪的数量，乳房组织内 2/3 是脂肪，1/3 是腺体。乳房中脂肪多了，自然会显得丰满，所以适当地增加胸部的脂肪量，是促进胸部健美的有效方法。增加胸部的脂肪量最直接的方法就是摄入脂肪含量丰富的食物，并且控制多余的脂肪囤积在身体其他部位，如小腹、臀部或全身。同时想要拥有丰满的胸部，应该从均衡饮食着手，不仅要摄入一定量的脂肪类食物，还要食用蛋白质含量丰富的食物，以促进胸部的发育；摄入富含多种维生素、矿物质的食物，来刺激雌激素的分泌；丰胸中药也可适当补充；多饮水可对滋润、丰满乳房起到直接作用。具体丰乳美胸的饮食原则如下。

1）保证总能量的摄入

总能量摄入应以体重为基础，使体重达到或略高于理想范围。可多吃一些热量高的食物，如蛋类、瘦肉、花生、核桃、芝麻、豆类、鱼类、植物油等，使瘦弱的形体变得丰满，同时乳房也由于脂肪的积蓄而变得丰满而富有弹性。但是，脂肪也不能过量，过多的脂肪堆积可引起乳房松弛、下垂，同样也会影响形体美。

2）保证充足的蛋白质

蛋白质是构成人体的成分，也是构成人体重要生理活性物质尤其是激素的主要成分，是乳房生长发育不可缺少的重要营养物质，尤其是在青春期，应摄入充足的优质蛋白质，以保证乳房能发育的完全而丰满，每日蛋白质供给量为 70～90 g，占总能量的 12%～14%，优质蛋白质应占蛋白质总量的 40%以上。补充优质蛋白多食瘦肉、鱼、蛋、牛奶、大豆等，有助于青春期女性乳房的发育。

3）补充胶原蛋白

胶原蛋白对于防止乳房下垂有很好的营养保健作用，因为乳房依靠结缔组织外挂在胸壁上，而结缔组织的主要成分就是胶原蛋白。多食猪蹄、蹄筋、鸡翅、海参、鸡爪、鸭爪等富含胶原蛋白的食物，可防止胸部变形。

4）补充富含维生素 B、维生素 C、维生素 E 的食物

维生素 B 族是体内合成雌激素不可缺少的成分，它存在于粗粮、豆类、牛奶、瘦肉、猪肝、蘑菇等食物中。

维生素 C 能够促进胶原蛋白的合成，而胶原蛋白构成的结缔组织是乳房的重要组成成分，有防止胸部变形的作用。

维生素 E 能促进卵巢的发育和完善，使成熟的卵细胞增加，黄体细胞增大。卵细胞分泌雌激素，当雌激素分泌量增加时可促使乳腺管增长，黄体细胞分泌孕激素，可使乳腺管不断分支形成乳腺小管，促进乳房发育的作用。富含维生素 E 的食物有卷心菜、花菜、葵花子油、玉米油、菜籽油、花生油、大豆油等，有助于胸部发育。

5）摄入足够的矿物质

矿物质是维持人体正常生理活动的重要物质，有些矿物质还参与激素的合成分泌。

如锌可以刺激性激素的分泌，促进人体生长和第二性征的发育，促进胸部的成熟，使皮肤光滑、不松垮，处于青春期的女性尤其应注重从食物中摄入足够量的锌，富含锌的食物有牡蛎、蛤蜊、动物肝脏、肾脏、肉、鱼、粗粮、干豆、坚果等；铬是体内葡萄糖耐量因子的重要组成成分，能促进葡萄糖的吸收并使其在乳房等部位转化为脂肪，从而促进乳房的丰满。

6）饮食丰胸的最佳时期

一般认为月经来的第 11～13 d 是女性丰胸的最佳时期；第 18～24 d 为丰胸的次佳时期。由于激素的影响，这两个时期乳房的脂肪囤积得最快。

7）丰乳药膳

丰乳药膳常用补益气血、健脾益肾及疏肝解郁中药，如当归、黄芪、党参、山药、白术、大枣、枸杞、熟地、黄精、紫河车、淫羊藿、肉苁蓉、陈皮、通草、玫瑰花等。

8）补充丰胸食物

还有一些食品有丰胸的作用。如青木瓜可以促进乳腺发育，是民间常见的丰胸水果，这类水果还包括水蜜桃、樱桃、苹果等；蜂王浆含有十几种维生素和性激素，对性激素不足造成胸部发育不良者是不错的选择；莴苣类蔬菜是近年来比较流行的丰胸食物。

9）少食丰胸忌食的食物

（1）少食生冷寒凉的食物。女性在丰胸期间应少食生冷寒凉的食物，尤其是生理期间应禁食，以免造成经血淤滞，伤及子宫、卵巢，影响雌激素的分泌，进而影响丰胸。原则是冰凉的东西不吃，属性寒凉的食物浅尝即可，平时尽量多吃些温热的食物。性寒凉的食物有柚子、橘子、柑、菠萝、西瓜、番茄、莲雾、梨、枇杷、橙子、苹果、椰汁、火龙果、奇异果、草莓、山竹、绿豆、苦瓜、冬瓜、丝瓜、黄瓜、竹笋、茭白、荸荠、藕、白萝卜、茼蒿、大白菜、啤酒、兔肉、鸭肉等。

（2）忌食过量甜食。长期进食高糖类，会使血中胰岛素水平升高，而人群中高胰岛素水平者发生乳腺癌的危险性增加，直接影响乳房的健康，更谈不上胸部的健美了。

（3）少食动物性脂肪。动物性脂肪的摄入也与乳腺癌的发病率密切相关。

2. 加强胸部的体育锻炼

各种外展扩胸运动、俯卧撑、单双杠、哑铃操、健美操、游泳、瑜珈、普拉提、跑步、太极拳等能使乳房胸大肌发达，促使乳房隆起。进行体育锻炼特别是较剧烈的运动时，要注意的是必须佩戴胸罩。

3. 经常进行胸部和乳房的按摩

可用按揉穴位，掌摩、托推乳房，揪提乳头等，按摩手法要轻柔，不可过分牵拉。

4. 要养成良好的生活习惯，保持正确的姿势和体态

站、立、走要挺胸、抬头、平视、沉肩、两臂自然下垂，要收腹、紧臀、直腰，不

要佝腰、驼背、塌肩和凹胸。另外，应佩戴松紧、大小合适的胸罩，保持心情的舒畅。

相关知识

美胸食疗三例

海带炖鲤鱼：水发海带 200 g，猪蹄 1 只，花生米 150 g，鲤鱼 500 g，干豆腐 2 块，姜、葱、油、盐、料酒各少许。猪蹄去毛，洗净，剁成块；鲤鱼去鳞、去腮、去内脏；干豆腐切成丝；海带清洗，切成段；生姜切片，葱切段备用。将炒锅烧热，放适量植物油，分别放入海带、猪蹄、豆腐丝爆香，倒入砂锅中。加花生米、料酒及清水适量，炖 1 h，再加姜、葱、鲤鱼炖 0.5 h，加盐调味即可。佐餐食用，可常食。此法有滋阴养血之功效，适用于阴血虚弱，乳房失养而致乳房扁平者。

豆浆炖羊肉：羊肉 500 g，生淮山药片 200 g，豆浆 500 mL，油、盐、姜少许。将淮山药片、羊肉、豆浆倒入锅中，加适量清水及油、盐、姜，炖 2 h 即可。食肉、喝汤，每周 2 次。有补气养血之功效，适用于气血虚弱所致乳房扁小者。

荔枝粥：荔枝干（去壳取肉）15 枚，莲子、淮山药各 90 g，瘦猪肉 250 g，粳米适量。以上诸料一并煮粥，粥熟后调味即可食用。可做主食，每周 2 次。有滋补气血之功效，适用于乳房弱小者。

本章小结

拥有一对丰满匀称的乳房是女性胸部健美的重要组成部分。一般按乳房隆起的高度和形态，将女性乳房分为 4 种类型，即半球型、圆锥型、圆盘型和下垂型。健美的胸部有定性和半定量的标准。造成胸部发育的因素有遗传因素、营养状况、内分泌激素、体育锻炼等因素。

不同的时期美胸的营养要求也不同，分为青春期、经期、妊娠和哺乳期、绝经期和老年期。丰乳美胸的饮食营养原则是加强饮食营养，加强胸部的体育锻炼，经常进行胸部乳房按摩，养成良好的生活习惯，保证正确的姿势和体态。其中对饮食上的要求主要有保证总能量的摄入，保证充足的蛋白质，补充胶原蛋白，补充富含维生素的食物，摄入足够的矿物质，选择好饮食丰胸的最佳时期，选择补益气血、健脾益肾及疏肝解郁的丰胸药膳，适当补充丰胸食物，少食丰胸忌食的食物。

自测题

案例分析

小雯，19 岁，身高 162 cm，胸围 75 cm，与同龄女孩相比，乳房较小，胸部平坦，体形也比较瘦弱，和同学走在一起，她感到自卑，不敢抬头挺胸地走路。小雯非常想让自己的胸部变得丰满，变得自信。请问：

通过饮食调节，小雯的胸部能变得丰满吗？

按小雯的胸围（cm）、身高（cm）计算：

（1）按小雯的身高，她的标准胸围应该为（　　）。

（2）她的胸部属于以下哪种情况？（　　）。

A. 胸围太小　　B. 标准胸围　　C. 美观　　D. 胸围过大

（3）有哪些建议可以帮助小雯？

（4）请为小雯指出饮食注意事项。

第八章　美容外科与营养膳食

☞ **知识目标**

(1) 了解常见的美容手术。

(2) 掌握美容手术前后的营养需要。

(3) 掌握预防瘢痕形成和色素沉着的营养膳食。

☞ **能力目标**

能对预防瘢痕进行营养配餐。

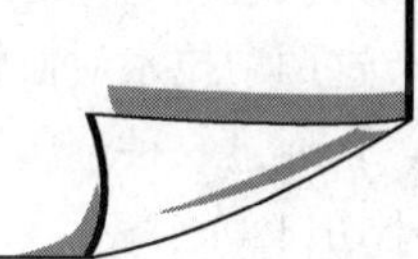

第一节　常见美容手术与膳食营养

美容外科手术是利用外科手术方法，改善和增进人体容貌美与体形美的一门科学，是现代美容医学的重要组成部分，是从整形外科学里分出来的一支新兴学科。像其他外科一样，美容外科术前也应当注意术前筹备及营养问题，而且美容外科手术要求更高。营养支持促进手术创伤的恢复，以利于美容手术取得更好的术后效果。美容外科更应重视求美者手术前后的营养。另外，也需重视心理预备。

一、美容手术的分类

美容手术根据身体部位、目的不同可分为减肥美体手术、头面部整形手术、隆胸手术等。

1. 减肥美体手术

肥胖的女性想成为S形的苗条曲线身材，而仅通过饮食很难实现的时候，可以选择手术减肥美体，方法有胃捆扎或肠切除术、脂肪抽吸术等。

1）胃捆扎或肠切除术

不少女性都认为自己的消化吸收功能特别发达，连“喝水也会胖”。此时，这些女性选择了借外科手术切除小肠或作胃隔间，以减少营养吸收。这样虽可减少食物的吸收而达到减肥目的，但对身体的破坏力却大得惊人。做过手术后，病人必须改变以往的饮食习惯，常常不能适应食量锐减，甚至连喝水都会拉肚子。

而切除小肠的后遗症更多，不仅容易造成肝功能恶化，皮肤弹性疲乏；腹泻次数过于频繁，更会使电解质流失，影响传导系统，严重时还可能使心脏衰竭而死。如果肠蠕动不对，还会形成胀气。而过短的小肠，则会增加和大肠的接触面积，导致细菌感染。

2）脂肪抽吸术

脂肪抽吸术又称为闭式减肥手术，即采用小切口，借助特别的吸头及负压吸引装置，在盲视下操作，以吸取皮下堆积的脂肪组织，故又称脂肪抽吸术。这种方法发展较快，目前已有很多改进的方法，如超声吸脂术、电子吸脂术以及注射器抽吸吸脂术。以局部脂肪堆积为特征的轻、中度肥胖适合于此种吸脂术，见图 8-1。

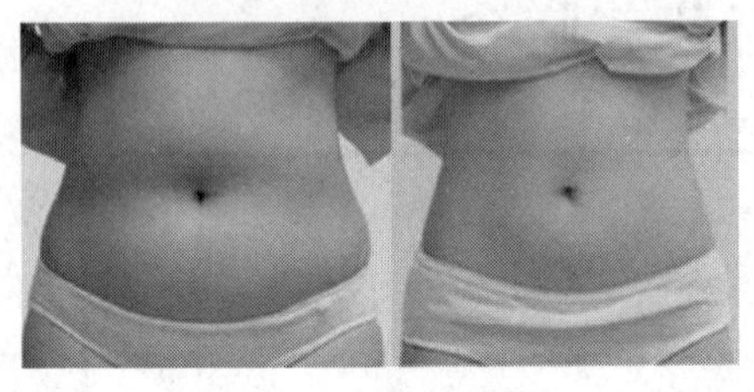

图 8-1　脂肪抽吸术

此项技术的发展过程是从单纯负压吸引，再发展为快速吸引。近年来又发展了超声振荡和产生高频电场破坏脂肪团再将其吸出的技术。这两项技术对血管和神经破坏性较小。不管是负压吸引还是超声或电子脂肪抽吸系统，均通过一种金属进入皮下进行抽吸或经振荡将皮下脂肪抽出，一般都需在隐蔽部位选择小切口（1.0～1.5 cm），将吸管和探头置入皮下来完成。近年发展起来的肿胀麻醉技术，对负压抽吸所造成的损伤大大减轻，出血量明显减少，已成为一项比较安全的流行术式，而且适合于大多数以肥胖不很显著，仅局限与某一部位的脂肪堆积者。皮肤弹性好且无松垂者，治疗效果更好。如局限性脂肪堆积伴皮肤松弛，除吸脂外尚需同时切除松弛皮肤。

脂肪抽吸术虽然好，但还是会出现如下术后并发症：

（1）皮下出血形成皮肤淤斑，部分人有局部皮肤较长时期的色素改变。

（2）抽脂区皮肤感觉减退，通常须经数月后才得以逐步改善。

（3）术后 2～3 月内抽脂区常见有水肿，下肢抽脂踝部消肿时间最慢。

（4）血肿形成。

（5）部分皮肤血循环障碍，甚至坏死。

（6）伤口及抽脂区感染。

（7）抽脂区皮肤凹凸不平，较长时间亦难以消退。

（8）最严重甚至是致命的并发症是脂肪栓塞。

2. 头面部整形手术

随着整形外科事业的发展，一些先天的、外伤性的或烧伤所造成的某些器官的缺损和畸形，通过整形都可得以整复纠正。随着人民生活水平的提高和对美的要求，一些整形手术如双眼皮手术，头面部皱纹缩紧术可使“返老还童”，青春常在。很多明星和爱美女性经过整容后焕然一新。

头面部整形包括面部畸形修复和面部轮廓整形。面部畸形常见修复的部位包括头皮和颅骨、眼睑、眼眶、鼻、耳廓、唇、腭裂、颊、颈、颌骨、除皱等。

1）头皮和颅骨

头皮和颅骨的整形包括头皮撕脱、颅骨缺损、颅缝早闭症、秃发、植皮、肿瘤等。

2）眼睑和眼眶

眼睑和眼眶的整形包括上睑下垂、双眼皮、睑外翻、眶距增宽症、眼窝狭窄、眶外伤等。

人们睁眼，主要是靠上睑提肌收缩来完成。如果该肌或支配该肌的神经发育不全，睁眼时上睑不能上举，眼不能睁开，瞳孔被遮住会影响正常的视野，这是先天性上睑下垂症。患上睑下垂的孩童，由于视力障碍，会逐渐造成头向后仰，皱额，蹙眉等不良姿态，极影响仪容，应及早进行手术整复。年纪过小手术不易成功，一般认为5岁以后进行手术较为适宜。外伤性的上睑下垂应在创伤愈合1年后，待局部组织软化时才考虑手术。

一部分人上睑皱壁不明显是为单眼皮。单眼皮者眼裂常较窄，如伴有内眦赘皮时还会遮盖部分视野，看上去毫无神态。若做双眼皮手术整形，不仅可使眼裂增大，显出眼神，还能同时纠正“水泡眼”，内眦赘皮及倒睫等，这是一种很受欢迎的整容手术，见图8-2。

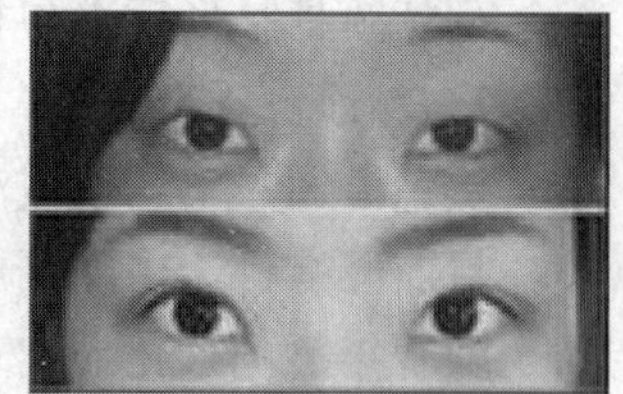

图 8-2　双眼皮手术前后对比

3）鼻

由于鼻部位于面部的正中，任何较小的畸形或缺损都会显得很突出，引人注目。较重的缺损或畸形往往造成心理上和精神上的不良影响。鼻的整形包括鼻翼畸形、鹰鼻、鞍鼻、鼻缺损等。

鞍鼻是指鼻梁平坦或凹陷，一般多为先天性，或因外伤或感染引起。因其形状如鞍状，故极其影响仪容。鞍鼻的治疗通常可用充填材料置入鼻部骨膜下垫高整复，效果较好，见图8-3。常用的充填材料有软骨、骨骼、塑料和硅胶等。可视具体情况酌情应用。

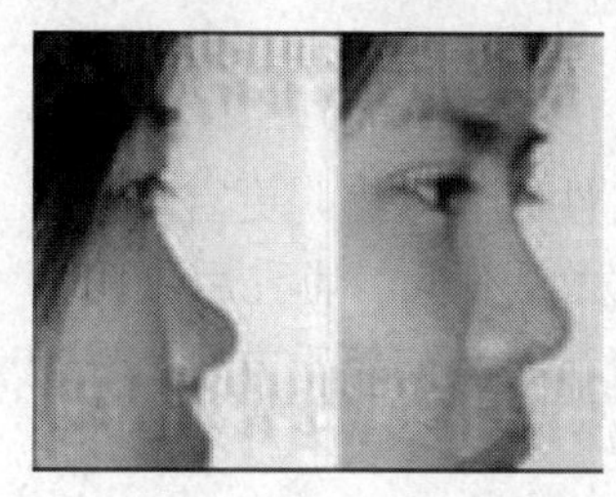

图 8-3　鼻整形的前后对比

4）耳廓

耳廓的整形包括小耳、贝状耳、招风耳。招风耳是一种常见的先天性外耳畸形。多发生在两个耳朵。主要是对耳轮发育不全或缺如，耳甲软骨过度发育，耳廓上半部扁平，耳廓与头颅间几乎成90°突出。由于外形难看，往往是被人取笑的因素。招风耳可在学龄前5～6岁时进行整复，多年来经整形外科医师手术的改进，整形的效果是比较满意的。

5）唇和腭裂

唇裂、腭裂，俗称“兔唇”和“狼咽”，是由于胚胎时期上唇和上腭的发育受阻所至。唇腭裂的发生率为1/1000～1/800，男性多于女性。唇腭裂整形手术分三个步骤：定点、切开、分离。唇裂手术已被广泛接受，各国学者一致认为以婴儿出生后2～3月，全身发育正常健壮者为修复手术最佳年龄。唇裂手术是否成功与裂隙的类型、手术者的经验、安全和熟练的麻醉技术等有关。唇腭裂患儿，在手术后常需要较长期的生理心理、发育等多个方面系列性长期治疗过程，故此，组织有关专业协同工作十分重要，专业协同组主要包括整形外科，或口腔颌面外科医师、耳鼻喉科、口腔正畸科医师、小儿麻醉科医师、小儿科医师、语音矫治专家、社会学家和心理学家，治疗效果见图8-4。

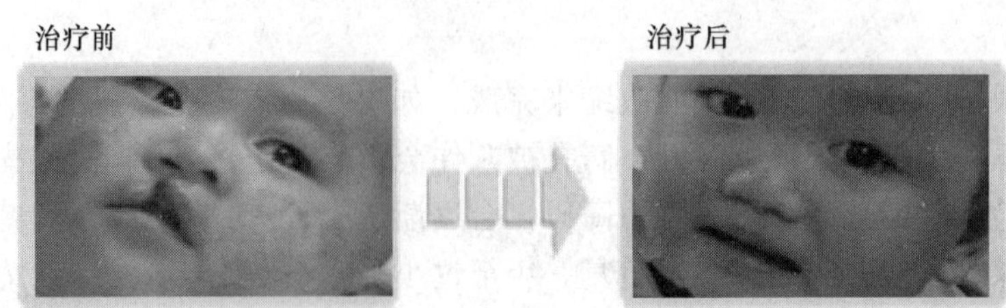

图 8-4　唇裂手术前后对比

6）颈颊颌骨

颈颊颌骨整形手术包括面瘫、半面短小、面裂、半面萎缩、突颌、反颌、斜颈等。

7）颜面部整形

黑痣可通过电离子或激光处理。麻脸是天花后遗症遗留在面部的散在性的小凹性疤痕，目前已有许多医院开展应用特殊的快速转动的磨头磨面修整。

随着年龄的老化，出现皱纹是正常的生理现象。要求“返老还童”，可以施行皱纹紧缩术整形，当然这要耐受一些手术痛苦，但是手术时痛苦几天，而手术后就年轻十年，手术的美容价值不容轻估。

8）面部轮廓整形

面部轮廓整形包括面部比例和测量、颞部凹陷、颧骨颧弓肥大、下颌角肥大等。

3. 隆胸手术

乳房美，这是现代女性非常关心的问题。健美的乳峰使女性充满自信，更富青春活力。然而，不少女性因乳房不美而苦恼。原因有多种：先天发育不良，哺乳后乳房萎缩，内分泌功能失调，或乳房疾病手术等引起的缺陷。无论流行时装如何千方百计表现女性的魅力，但毫无曲线变化的胸部仍使华丽的服饰显得逊色。

1）假体植入

我国广泛使用的人工乳房假体包括盐水注入假体和硅凝胶假体及凝胶假体。目前，医学整形美容中心采用的假体主要是美国进口的产品。另外还有水凝胶以及复合充注式等多种假体可供选择。

2）真皮脂肪游离移植法

这种方法是利用腹部或者臀部的真皮、脂肪，甚至筋膜组织来填充乳房，增大乳房体积。真皮脂肪组织柔韧、质感好，但是真皮脂肪吸收较多，可高达30%～50%，甚至更高。脂肪组织坏死可发生液化，溃破的皮肤可形成经久不愈的窦道，也可以出现纤维化和钙化现象。近年来，有人采用显微外科吻合血管的游离真皮脂肪瓣隆乳，使效果更好。

3）聚丙烯硅凝胶

注射丰乳。目前不提倡采用某些注射方法隆乳，因为目前美国、日本以及一些发达的西方国家尚未发现经批准可用于注射到乳房内进行隆胸的组织代用品。所以目前最安全可靠的办法，就是乳房假体植入法。

4）其他方法

有些美容院隆胸用激素涂在乳房上再用机器按摩、吮吸的方法，在1～2个疗程中有一定效果，但药停后又恢复为扁平胸，这种方法较易引起乳腺增生，甚至乳腺癌。

中医隆胸的方法是用穴位按摩刺激身体雌性激素增多，促使乳房发育，从而达到隆胸的目的。

对于隆乳的认识，很多人存在误区。有不少女士认为，隆乳时越大越好，这是一个认识上的误区。不要以为隆乳隆得越大越美，放置的假体太多、太大，将来容易下坠变形或畸形，甚至需要再做手术取出来。卫生部规定：只有经过注册的正规医院的专业整形科方可做胸部整形术，而美容院无权受理。因为隆胸出现问题的多是由一些美容机构造成，而正规医院相对安全得多。

二、美容外科手术前的营养膳食

美容外科的受术者尽管大多数手术前营养状态良好，但随着社会的发展，受术者的年龄分布范围较广，部分受术者身体状况欠佳，仍强烈要求做美容外科手术，为减少术后并发症和获取更好的美容效果，手术前应给予营养支持。

1. 饮食营养目的

供给充足合理的营养，增强机体免疫功能，更好地耐受麻醉及手术创伤。

2. 饮食原则

美容外科的受术者年龄分布较大，从小孩到老人均有，但以中青年女性多见。大多数受术者体质较好，体质弱者较少，且整形美容外科手术多为体表中、小手术，深部手术较少，一般不影响术前、术后进食。对较小的美容手术受术者，如重睑术、隆鼻术、酒窝成形术、睑袋整复术、童贞膜修复手术等美容整形小手术，一般术前不进行特别的营养素给予。对中等及以上手术如巨乳缩小整形术、腹壁整形手术、大范畴除皱手术及大面积脂肪抽吸等手术的受术者，应按以下原则筹备。

（1）手术前若无特别的禁忌证，为保证患者术后病程经过良好，减少并发症，应尽可能补充各种必须营养素，采用高热量、高蛋白质、高维生素的饮食，以促进全身和各器官的营养。每天总热量给予 8400～10500 kJ（2000～2500 kcal）；饮食中脂肪含量不可过多，蛋白质含量可占 20%，其中 50%应为优质蛋白质；脂肪占 15%；糖类占 65%。

（2）饮食中供给充分的易消化的糖类，使肝中储存多量的肝糖原，以保持血糖浓度，使之能及时供应热能；同时用以维护肝脏免受麻醉的毒害。增添饮食中各种维生素含量，不仅应保证每日需要量，同时使体内有所储存。在手术前 7～10 d，天天应摄取维生素 C 100 mg，维生素 B_1 5 mg，维生素 B_6 5 mg，胡萝卜素 3 mg，维生素 PP 50 mg，若有出血或凝血机制减低时应弥补维生素 K 15 mg。

（3）应保证体内有充分的水分，防止患者呈现脱水。心肾功效良好者，每日可摄取水 2～3L。手术前对过度肥胖、循环功效低下的患者，应采用脱水办法，即在手术前 1～3 d 的饮食中限制食盐，或在手术前 5～6 d 采取 1～2 d 的半饥饿饮食。

（4）依据手术部位的不同，手术前应采用不同的饮食筹备：①腹部或会阴部整形手术受术者，手术前 3 d 应停用普通饮食，改为少渣半流饮食（避免食用易胀气及富含纤维素的食品），手术前 1 d 改为流质饮食，手术前 1 d 晚上禁食。②其他部位的整形美容手术受术者，一般不须限制饮食，但须在手术前 12 h 起禁食，手术前 4 h 起开始禁水，以防止麻醉或手术进程中呕吐而呈现吸入性肺炎或窒息。

（5）糖尿病患者一般不宜做美容外科手术，请求强烈且病情较轻者接受手术时，在手术前，要做出术前评估，饮食按糖尿病饮食原则处置，药物治疗要做出相应计划，尽可能使血糖、尿糖维持在正常范畴之内再手术，预防术后感染及并发症，以保证美容手术的效果。

（6）营养不良的人一般不倡导做美容手术，营养不良的患者常伴有低蛋白血症，往往与贫血同时存在，因而耐受失血性休克的能力降低，低蛋白血症可引起组织水肿，影响愈合，再者营养不良的患者的抵御力低下，容易发生感染，因此术前应尽可能予以改正。假如血浆白蛋白测定值在 30～35 g/L，应补充富含蛋白质的饮食予以改正，如果低于 30 g/L，则需通过静脉输入血浆或人体蛋白质制剂才能在较短的时间内纠正低蛋白血症。对于贫血者，应纠正贫血，给予药物治疗，或食用铁含量高的食品，如动物肝脏、全血、肉类、鱼类、绿色藻类、黑木耳、海带、芝麻酱等，并补充适量其他微量元素，如硒、锌等，对于严重贫血者可考虑推迟手术时间或输血纠正贫血后再行美容外科手术。

三、美容外科手术后的营养膳食

无论是何种手术，包含美容外科手术，尽管手术操作很完美、顺利，对机体组织都会造成一定水平的损伤，其损伤的水平因手术的大小、手术部位的深浅以及病者的身材素质的不同而不同。一般手术都可能有失血、发热、代谢功能紊乱、消化接收能力减低、食欲减退以及咀嚼困难、大便秘结等情形产生，有些大手术后的患者还可能有严重的并发症，如可呈现肠麻痹、少尿、肾功能障碍、蛋白质分解代谢亢进、蛋白质损失过多（可因失血、创面渗出等造成蛋白质丧失）导致负氮平衡。大手术后肝功能较差，水、电解质杂乱等，都会影响伤口愈合。

为此，必须制定合理的饮食，保证手术接受者的营养，辅助其机体恢复。由于美容外科手术一般创伤不大，假如手术后无高代谢状况及并发症的发生，用葡萄糖盐水溶液静脉补给，一般可保持数日不至于产生明显的营养不良；较大的美容手术接受者若其体重已损失 10%，就需要断定营养素需要量，应给予明确的营养支撑，以保证其顺利康复。对脂肪抽吸减肥的手术接收者，因其美容的目标是塑造形体和减轻体重，故其术后的营养供应量应恰当减少，尤其须限制脂肪和糖类的供给，以巩固手术后果。

1. 饮食营养目的

美容外科手术的饮食营养主要是保护手术器官，供给充足合理的营养，加强机体免疫功能，增进伤口的愈合。

2. 饮食原则

美容外科患者手术后必须保证患者养分的摄入充足合理。原则上是高热能、高蛋白质、高维生素，通过各种途径供给。饮食一般多从流质开端，逐步改为半流、软饭或普通饭，最好采取少量多餐的供应方法增添营养摄入。总之结合联合手术的部位和病情来合理调节饮食。

(1) 能量。手术后能量的供给应满足基础代谢、活动及应激因素等能量耗费，其需要量可通过公式计算，结果与活动系数、应激系数有关。

(2) 蛋白质。为了及时改正负氮平衡，增进合成代谢，蛋白质的供给量应恰当进步，一般要求每日 1.5～2.0 g/（kg · d)，当蛋白质供给量提高而能量未相应提高时，可使蛋白质利用不完全，因此要求能量和蛋白质比值达到 150 kcal/g。

(3) 脂肪。一般占总能量的 20%～30%，但对脂肪抽吸减肥的求美者要限制脂肪的摄入量。

(4) 维生素。对中等大小的美容手术，假如求美者术前营养状态良好，术后脂溶性维生素供给无须太多，水溶性维生素在术后损失较多，故应提高供给量。天天应供给维生素 B_1 20～40 mg，维生素 B_2 20～40 mg，维生素 B_6 20～50 mg，维生素 B_{12} 0.5 mg；维生素 C 是合成胶原蛋白原料，为伤口愈合所必需，且维生素 C 可以减少皮肤色素沉着，对面部磨削手术的接受者，可经静脉给予大批维生素 C，为 3～5 g/d；对于脂肪移植手术、面部除皱手术或隆乳术后可适量弥补维生素 E，一般口服给予。

(5) 矿物质。较大的美容外科手术，可能会造成矿物质的排出量增加，术后及康复期应注意适当补充，特别应注意钾、锌和硒等元素的补充。

3. 营养途径的选择

营养途径分为胃肠内营养和胃肠外营养，胃肠内营养又分为经口营养、管饲营养，由于美容外科手术一般不涉及胃肠道（个别手术除外），特别是局麻手术，所以术后可进水。依据营养的供给原则，应尽可能地采用简略的方法。凡能接受肠内营养者，尽量避免肠外营养。肠内营养经济而安全，患者自己进食是最简略和最经济安全的方式，故对美容外科受术者经口营养是首选门路。手术后的饮食应依据手术的大小和手术部位、麻醉办法及患者对麻醉的反应来决定开始进食的时间。如小手术（局麻）一般很少引起全身反应者，术后即可进食。在大手术或全麻醉后，可有短时间的食欲减退以及消化功能的暂时性下降，需给予一段时间的静脉营养以补充暂时性的营养不足，随着食欲和消化功能的恢复，可逐步改用普通饮食。美容外科手术多不涉及腹部或胃肠道，可视手术大小、麻醉方式和患者的反应来决定饮食的时间。

(1) 面部中下部位（包含口腔内切口的手术）或上颈部的整形美容手术。术后须进食流质或半流质饮食 3～5 d，如进食和饮水量不足，可进行静脉输液补充，以保证身体有足够的液体、蛋白质、维生素、糖类和无机盐等。

(2) 会阴部和（或）涉及肛门的整形手术。手术后须禁食 3～5 d 或更长时间，恢复饮食后采取清流质、流质、少渣半流质，有一逐渐过渡的进程。饮食中应限制富含粗纤维素的食品，以减少大便次数，维护伤口免受污染，减少沾染的产生。

(3) 对手术较大、范畴较广的整形美容手术或涉及腹部胃肠道的手术。全身反应较明显，需禁食 2 d 或肛门排气后方可进食，其间可静脉给予营养物质和水，然后逐渐恢复饮食。

(4) 其他部位的美容手术　无麻醉饮食禁忌者可按正常饮食，如重睑、眉部整形、隆鼻和隆乳、局麻下的小规模的除皱术和单个部位脂肪抽吸等手术，术后即可进食。

4. 手术后宜选用的食物

1）含蛋白质的食物

食物中的蛋白质可分为动物性蛋白和植物性蛋白质。含蛋白质多的动物性食物包括：牲畜的奶，如牛奶、羊奶、马奶等；畜肉，如牛、羊、猪、狗肉等；禽肉，如鸡、鸭、鹅、鹌鹑、鸵鸟肉等；蛋类，如鸡蛋、鸭蛋、鹌鹑蛋等；水产品，如鱼、虾、蟹等。因所含必需氨基酸种类齐全、数量充足，而且各种氨基酸的比例与人体需要基本符合，容易被吸收和利用。这类蛋白质属于完全蛋白质。

植物性蛋白质主要来源于大豆类，包括黄豆、大青豆和黑豆等，其中以黄豆的营养价值最高，它是食品中优质的蛋白质来源；此外，芝麻、瓜子、核桃、杏仁、松子等干果类的蛋白质含量均较高。蛋白质所含氨基酸的品种、数量和比例，决定了蛋白质的营养价值。将几种含有不同蛋白质的食物混合食用，可以取长补短，成为人体可吸收的完全蛋白质。

进补蛋白质时要注意食物加工烹调的方式，如果加工不当，则会引起蛋白质丢失。比如在高温下，蛋白质会变态、变性，引起吸收不良；另外蛋白质在碱性环境中及重力挤压下也会导致结构的破坏。

2）含维生素的食物

维生素 A 是一种脂溶性维生素，主要储存在肝脏中。维生素 A 有两种形式：视黄醇，存在于动物产品如肉类、鱼类、蛋类和奶制品中，其最好的食物来源是各种动物内脏、鱼肝油、鱼卵、全奶、奶油、禽蛋等；β-胡萝卜素，人体可将其转化为维生素 A，主要存在于柑橘和黄色水果、蔬菜以及深色叶状绿色食物中，其良好来源是深色蔬菜和水果，如冬寒菜、菠菜、空心菜、南瓜、莴笋、胡萝卜、马铃薯、豌豆、红心红薯、辣椒等蔬菜及芒果、杏子、柿子等水果。食物中的脂肪对 β-胡萝卜素的吸收十分重要，吃蔬菜时一定要放一些油脂。

维生素 B_1 的食物来源一是谷类的谷皮和胚芽、豆类、硬果和干酵母，糙米和带麸皮的面粉比精白米、面中含量高；二是动物内脏（肝、肾）、瘦肉和蛋黄；另外花生种子含量也较高。因此，美容手术前后建议受术者要多吃全麦粉和粗粮，以补充足够的维生素 B_1。另外酒精、咖啡因对维生素 B_1 有破坏作用，所以术后要禁酒及咖啡。

维生素 C 在体内不能合成，主要从新鲜蔬菜和水果中获得。由于维生素 C 在体内不能积累，所以每天都需要保证维生素 C 的摄入。一般来说，酸味较重的水果和新鲜叶菜类含维生素 C 较多，如猕猴桃、刺梨、鲜枣、酸枣、山楂、柑橘类、草莓、荔枝、柿子椒、鲜雪里蕻、香椿、苦瓜、白菜、油菜、菠菜、芹菜、茴香、萝卜、豌豆、黄瓜、番茄等。另外，由于维生素 C 不耐高温，温度达 70℃以上时可遭到破坏，因此，水果蔬菜生食比熟食时维生素 C 的摄入量要多。凉拌蔬菜，只要洗涤和制作干净，对人体的健康是有益的。炒煮蔬菜时，时间不宜多长，火候不宜过大，少放醋，先洗后切，急火快炒。同时由于植物体组织内含有抗坏血酸酶，能使新鲜蔬菜、水果中的维生素C被氧化破坏，时间越长、破坏得越多，一般经过长期储存的蔬菜、水果或干品内维生素C的含量会下降，因此要尽量吃新鲜的蔬菜和水果。

维生素E含量丰富的食品有小麦胚芽油、葵花子油、葵花子、棉籽油、玉米油、大豆油、芝麻油、杏仁、松子、豌豆、花生酱、甘薯、芦笋、菠菜、禽蛋、黄油和鳄梨等。

3）含碳水化合物的食物

单碳水化合物，主要来自于糖、粟米糖浆或含蔗糖、葡萄糖和果糖的水果；复合碳水化合物，主要来自于“高碳水化合物”食物如米饭、面包、马铃薯、意大利面条。单糖是能够即时补充能量的糖，但通常没有营养价值，这类食物包括甜食、糖果和汽水。多糖释放能量较慢，通常含有膳食纤维，这类食物包括面包、面食、稻米、马铃薯、谷类和豆类。

4）含脂肪的食物

饱和脂肪存在于畜产品中，例如黄油、干酪、全脂奶、冰激凌、奶油和肥肉；多不饱和脂肪存在于橄榄油、棕榈油、芥花籽油、红花籽油、葵花子油、玉米油和大豆油中。

5）含矿物质的食物

富含锌的食物有虾皮、紫菜、猪肝、芝麻、粗粮、黄豆、带鱼、牡蛎、木耳、海带、蘑菇、坚果、花生、西瓜子等；富含铜的食物有瘦肉、肝、水产品、虾米、豆类、白菜、小麦、粗粮、杏仁、核桃等；富含铁的食物以动物肝脏（心、肾）、全血、蛋黄、瘦肉类为首选，其他还有绿叶菜、水果、干果、海带、木耳、红糖等；富含钙的食物有鱼松、虾皮、海米、牛奶、豆制品等。

5. 忌用食物

（1）辛辣刺激性的食物和调味品，如酒、葱、韭菜、大蒜、辣椒、芥末、咖喱等。

（2）鱼腥虾蟹、海鲜发物、油煎炸食物。

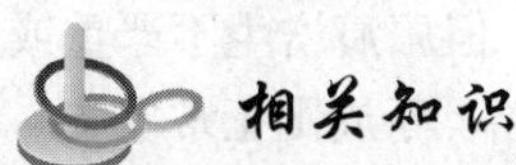

相关知识

美容外科手术后的食疗两例

海带炖黄豆：海带300 g、黄豆100 g、葱10 g、姜10 g、盐1茶匙（5 g）。海带顺向切成4 cm长的段；黄豆洗干净，在温水中浸泡3 h；葱、姜等调料爆锅，将海带、黄豆下锅，加水，小火炖20 min即可出锅。这道菜含有丰富的膳食纤维和蛋白质，有通便利湿及补充蛋白质的功效。

冬瓜牛腩滋补汤：冬瓜200 g、牛腩300 g，当归、党参、枸杞子、黄芪、葱、姜、盐、味精少许。牛腩切成小块，在开水里焯一下，捞出，再用温热水冲去表面的血沫；冬瓜洗净切块，待用；锅内放适量水，放入牛腩和葱、姜、药材，小火煲3～4 h；将切块的冬瓜放入煮好的牛腩汤里，加适量盐，再煲10 min调味即可食用。此食疗方可补血益气、强健筋骨、促进伤口愈合。

第二节 美容手术预防瘢痕形成及色素沉着的膳食营养

在有创美容手术中，能否在创口愈合的过程中减少瘢痕及色素沉着，是取得最佳美容手术效果的关键因素，而术后的营养饮食对于瘢痕的形成及色素沉着有直接的影响。因此，在美容手术后，医护人员要为受术者提供正确的营养饮食方案，最大限度地减少瘢痕的产生及色素沉着，以期收到最佳美容手术效果。

一、瘢痕的形成

瘢痕形成是机体创伤修复的必然结果。但是，如果创伤修复过程中愈合不足或愈合过度则会产生瘢痕的病理性变化，不仅影响美容手术效果而且可能导致功能障碍。为此，防止各种病理性瘢痕的形成，是美容外科临床治疗中的重点，也是基础科研中的一个重要课题。

人的大多数组织损伤是通过瘢痕形成来修复的。瘢痕演变发展的模式大致如下：①创伤；②修复；③愈合；④瘢痕形成；⑤瘢痕增生；⑥稳定；⑦减退；⑧瘢痕成熟静止（老化）。在多数情况下，创伤愈合瘢痕形成后，不出现瘢痕的增生或仅有轻微的瘢痕增生后立即减退，成熟静止，呈现为生理性瘢痕。有些人在一定的时限内（一般为数月）经历了以上各个阶段而终止于平整、柔软、颜色接近周围皮肤的瘢痕，此属瘢痕的生理增生，也应称之为生理性瘢痕。病理性瘢痕包括增生性瘢痕、瘢痕疙瘩和萎缩性瘢痕。增生性瘢痕的特点为瘢痕形成后出现明显的、长时间的瘢痕增生阶段，当终止于成熟静止时期，瘢痕红色消退、颜色变浅、症状减退或消失是时，瘢痕仍明显高于皮肤表面，且硬度较大；瘢痕疙瘩除有上述一般增生性瘢痕相似的发展过程，它同时又侵蚀周围的正常皮肤，使之在被侵蚀的正常皮肤部位形成新的瘢痕，新形成的瘢痕又进入增生等一系列的发展过程，瘢痕不断蔓延、扩大和融合，此乃瘢痕疙瘩的独特之处，也正是诊断瘢痕疙瘩的最关键之点；萎缩性瘢痕为局部创伤后瘢痕形成，但瘢痕增生不严重或不明显，而吸收减退更为主要，最后终止于较薄的瘢痕，且有的可略低于周围正常皮肤。

二、影响瘢痕形成的因素

瘢痕的形成与转归受多方面因素的影响，其中有内在的全身因素和局部因素。

1. 种族

瘢痕和瘢痕疙瘩在各种人种都会发生，但有色人种发生率高。

2. 年龄

胎儿创伤愈合后一般无瘢痕与瘢痕疙瘩发生。青年人创伤愈合后瘢痕与瘢痕疙瘩发生率较老年人高，且同一部位年轻人瘢痕与瘢痕疙瘩增生的厚度较老年人厚。这可能与胎儿组织损伤修复过程急性炎症阶段不明显、成纤维细胞形成少、胶原沉积不多，年轻人组织生长旺盛，受创伤后反应较强烈，同时年轻人皮肤张力较老年人大等因素有关。

据统计10～20岁人群瘢痕的发生率最高，占64.4%。

3. 皮肤色素

皮肤色素与瘢痕疙瘩的发生有较密切的关系。如人体瘢痕疙瘩常发生在色素较集中的部位，而很少发生于含色素较少的手掌或足底。

4. 身体状况

如营养不良、贫血、维生素缺乏、微量元素平衡失调、糖尿病等全身因素，都不利于伤口愈合，使伤口愈合的时间延长，而利于瘢痕的发生。

5. 个体体质

瘢痕疙瘩常呈家族性发生，同一个人在不同部位、不同时期发生的瘢痕均是瘢痕疙瘩，这说明瘢痕疙瘩的发生可能与个体体质有关。

6. 代谢状态

瘢痕和瘢痕疙瘩多发生于青少年和怀孕的妇女，这可能与其代谢旺盛，垂体功能状态好，雌激素、黑色素细胞刺激激素、甲状腺素等激素分泌旺盛有关。

7. 部位

机体任何深及皮肤网状层的损伤均可形成瘢痕。但同一个体的不同部位，瘢痕与瘢痕疙瘩的发生情况是不同的，有些部位形成瘢痕较不明显，如手足、眼睑、前额、背部下方、外生殖器等处瘢痕与瘢痕疙瘩发生率较低；有些部位如下颌、胸前、三角肌、上背部、肘部、髋部、膝部、踝部与足背等处则易于发生瘢痕与瘢痕疙瘩。这可能与身体不同的部位皮肤张力不同、活动量多少不同有关，皮肤张力大、活动多，发生瘢痕与瘢痕疙瘩的可能性就大。

8. 皮肤张力线影响

1973年Eorges根据既往史料及实践观察，详细地绘制出皮纹线与张力线，即郎格线。切口或伤口与该线平行，创缘所受张力小，创面愈合后瘢痕较小，反之瘢痕则较大。临床上可根据此线方向做“Z”成形术，改变瘢痕的张力，减少瘢痕的复发。

三、预防瘢痕形成与营养膳食

1. 补充营养素

（1）蛋白质。严重的蛋白质缺乏可使组织细胞再生不良或缓慢，常导致伤口组织细胞生长障碍、肉芽组织形成不良、成纤维细胞无法成熟为纤维细胞、胶原纤维的合成减少。对于有过敏体质的美容手术受术者，补充蛋白质时要以优质的植物蛋白为主，尽量少食或不食牛肉、羊肉、鸡肉、虾、蟹等异物蛋白，以减少因机体的免疫反应而引起的病理性瘢痕。

(2) 维生素。为了预防美容手术后瘢痕的形成，对于有特殊体质的受术者或者进行瘢痕治疗的受术者，在维生素的补充上可以适当地增加，除进行食补外，每天可按医嘱补充适量的维生素 A、B 族维生素、维生素 C、维生素 E 等。

(3) 微量元素。美容手术后微量元素的摄入主要以食补为主，但对于有特殊体质的受术者，可每天增加葡萄糖酸锌 300 mg。

2. 宜用食物

豌豆：豌豆含有丰富的维生素 A 原，维生素 A 原可在体内转化为维生素 A，起到润泽瘢痕皮肤的作用。

白萝卜：白萝卜含有丰富的维生素 C，维生素 C 为抗氧化剂，能抑制黑素的合成，组织脂肪氧化和脂褐质沉积，因此，常食白萝卜可使皮肤白净细腻，软化瘢痕。

胡萝卜：胡萝卜被视为“皮肤食品”，能滋润皮肤，另外，胡萝卜含有丰富的果胶物质，可与汞结合，使人体内的有害成分得以排除，使肌肤更加细腻红润，可淡化瘢痕颜色。

甘薯：甘薯含大量的黏蛋白及维生素 C，维生素 A 原含量接近于胡萝卜的含量。

蘑菇：蘑菇的营养丰富，富含蛋白质和维生素，可使女性雌激素分泌更旺盛，能防老抗衰，使皮肤红润细腻，淡化瘢痕。

另外，番茄、猕猴桃、柠檬及新鲜绿叶蔬菜中都含有大量的维生素 C。

碱性食品可预防瘢痕的产生，其中强碱性食品有：白菜、柿子、黄瓜、胡萝卜、菠菜、卷心菜、生菜、芋头、海带、柑橘类、无花果、西瓜、葡萄、葡萄干、板栗等；弱碱性食品有：豆腐、豌豆、大豆、绿豆、竹笋、马铃薯、香菇、蘑菇、油菜、南瓜、豆腐、芹菜、番薯、莲藕、洋葱、茄子、南瓜、萝卜、牛奶、苹果、梨、香蕉、樱桃等。

海带是公认的促进伤口愈合、调节瘢痕形成的有益食品，因此美容手术后可以经常食用海带，以减少瘢痕的增生。

水是最好的营养品，也是最廉价的排毒剂，美容手术后一定要充分保证每日的饮水量。

3. 忌用食物

很多人发现，患有增殖异常瘢痕的人饮酒或吃辛辣食物后，瘢痕局部的痒、刺痛症状会明显加重，局部瘢痕会充血加重；部分已处于消退期的增生性瘢痕在饮酒或吃辛辣食物后，瘢痕又会明显发红高起。因此，对于这类患者，应忌酒和辛辣等刺激性食物。

中医认为，热性及腥发的食物，比如牛羊肉、鸡肉、虾、蟹等肉类，生蒜、生姜、芥末、咖啡等辛辣刺激性食品，以及煎炸等燥热的食品，会助湿生热，增加人体内的湿热痰淤，干扰人体自身的免疫系统，甚至加重炎症，影响伤口愈合的过程，加重瘢痕增生。因此，在美容手术后，为了防止瘢痕的增生，应尽量避免食用上述食物，以使美容手术取得最佳的效果。

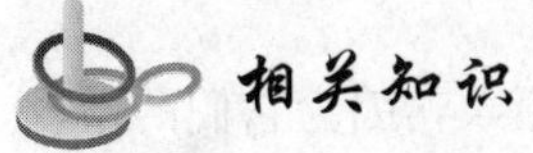

预防瘢痕食疗两例

海藻薏米粥：海藻、昆布、甜杏仁各9 g，薏米30 g。将海藻、昆布、甜杏仁加水750 mL，煎煮取汁500 mL，用药汁与薏米同煮成粥。每天1次，可代早餐食用。此方可促进伤口的愈合及调节瘢痕的形成。

猪皮花生眉豆鸡爪汤：猪皮150 g，花生50 g，眉豆50 g，鸡爪5只。花生、眉豆分别用清水洗净。猪皮洗净去毛，用开水焯，捞出，切细条。鸡爪洗净斩去趾甲。将全部材料放进煲内，加清水适量，煮沸后，改用小火煲2 h，以盐调味即可食用。

四、预防色素沉着与营养膳食

小萍，女，30岁，由于觉得对自己身材不满意，做了腹部吸脂手术，术后对自己的身材满意多了，可是没想到，出现了另一烦恼，小萍发现抽吸脂肪的地方皮肤变黑了，也就是色素沉着。小萍很着急，寻求方法去除色素沉着。

【对策】

小萍的情况属于正常现象，一般吸脂手术后，在抽吸区域皮肤有色素沉着，这是由于血铁黄素的沉积或表皮细胞内玄色素增加所导致，随着时间推移会消失。

创伤和留下的瘢痕往往会伴有色素沉着，出现的色素沉着又给受术者增加了新的烦恼。如何通过营养饮食和其他注意事项，预防手术后的色素沉着呢?

1. 注意营养饮食

(1) 少吃发物，并补充维生素。注意饮食，皮肤产生伤口后不要大量饮酒，或摄入辣椒、羊肉、蒜、姜、咖啡等刺激性食物（俗称“发物”），会促使疤痕增生；可以多吃水果、绿叶蔬菜、鸡蛋、瘦猪肉、肉皮等含有丰富维生素C、维生素E以及人体必需氨基酸的食物，有利于皮肤尽快恢复正常，不会造成色沉。

如果食物中不能摄取足够量，也可服用维生素C片，每次100 mg；维生素E片，每次100 mg。每日3次，连服1～2个月，可以减少色素沉着，促进康复。

(2) 避免接触含重金属的化妆品及食品。含铅、汞、银等重金属的药物、食品及化妆品都会促进皮肤的色素沉着。为了保护嫩肤，对痂皮脱落后的红嫩皮肤，不能用任何化妆品去遮盖，可用维生素A、维生素D丸液或维生素E丸液保护皮肤，使之柔软和滋润。半个月后方可使用无刺激性化妆品。3个月内应避免暴晒所造成的色沉。

(3) 减少含色素食品的摄入。大量的含有色素类食品的摄入，也会造成皮肤的色素沉着。例如浓茶、咖啡、酱油、陈醋、花椒等含色素多的调味品。

(4) 注意光敏食品的摄入。在美容手术后要减少光敏食品的摄入，因为它们的摄入会增加机体对光的敏感性。光敏食品主要有红花草、灰菜、盖菜、苋菜、油菜、芹菜、香菜、泥螺等。

2. 其他生活注意事项

(1) 皮肤产生外伤后要及时用冷水洗净伤面；若是烫伤，须立即用大量清洁冷水冲洗局部，以最大限度地减少对深层组织的高温伤害，以防色沉。

(2) 防止感染。因为感染会引起深达真皮下层的破坏，使表皮无法再生，肉芽组织增生填补缺损会形成疤痕，所以防止皮肤伤口感染是避免伤口留下疤痕的关键。为防止感染，可在洗净的创面上外涂金霉素眼膏。2 次/d，直至创面结痂。不要用碘酒消毒，以免引起色素沉着。

(3) 不抓伤口。自然脱痂创面皮肤结痂后会发痒，此时不可性急，不可用手去人为地撕脱，应让其“瓜熟蒂落”，否则会将痂皮下的新生组织撕裂，造成永久性色素沉着斑。

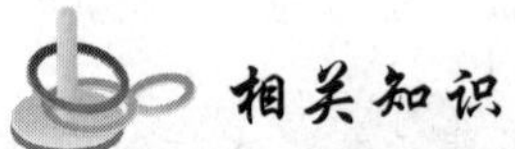

相关知识

预防术后色素沉着食疗两例

雪梨黄瓜粥：大米 100 g，雪梨 1 个，黄瓜 1 根，山楂 5 个，精盐 2 g，生姜 10 g。雪梨去皮、核，洗净切块；黄瓜洗净，切条；山楂洗净切块备用。锅中加入约 1200 mL 冷水，将米放入，先用旺火烧沸，转小火熬煮成稀粥。稀粥烧沸后，下入雪梨块、黄瓜条、山楂及冰糖，拌匀，用中火烧沸，加盐调味，即可盛起食用。此食疗方可淡化雀斑、预防色素沉着。

柠檬冰糖汁：柠檬 100 g，冰糖 50 g。将柠檬榨汁，加冰糖调匀饮用。柠檬中含有丰富的维生素 C，可使皮肤白嫩，防止面部色素沉积。

本章小结

美容手术根据身体部位、目的不同可分为减肥美体手术、头面部整形手术、隆胸手术等。减肥美体手术有胃捆扎或肠切除术、脂肪抽吸术等。头面部整形包括面部畸形修复和面部轮廓整形。面部畸形常见修复的部位包括头皮、颅骨、眼睑、眼眶、鼻、耳廓、唇、腭裂、颊、颈、颌骨、除皱等。

美容手术前若无特别的禁忌证，为保证患者术后病程经过良好，减少并发症，应尽可能补充各种必需营养素，采用高热量、高蛋白质、高维生素的饮食，以促进全身和各器官的营养。饮食中供给充分的易消化的糖类，保证充足的水分，根据不同需要进行术前禁食，糖尿病患者和营养不良患者一般不提倡做美容手术，如必须要做，应特殊对待。

美容手术后饮食上要保证充足的能量、蛋白质的供给，脂肪的量保持总能量的20%～30%，提高水溶性维生素的供给量，注意钾、锌和硒等元素的补充。

瘢痕受种族、年龄、皮肤色素、身体状况、个体体质、代谢状态、部位、皮肤张力线等因素的影响。预防瘢痕形成的营养饮食有：补充蛋白质、维生素、微量元素等。手术后除了留下瘢痕外，还有可能会出现色素沉着。预防手术后的色素沉着，在饮食上要注意少吃发物，并补充维生素，避免接触含重金属的化妆品及食品，减少含色素食品的摄入，注意光敏食品的摄入。

自测题

1. 单选题

(1) 美容手术后适宜摄入的食物有（　　）。

A. 大蒜　　B. 油条　　C. 牛奶　　D. 虾和蟹

(2) 下列食物中，适合在美容手术后预防瘢痕的营养食品有（　　）。

A. 白萝卜　　B. 蟹　　C. 生姜　　D. 咖啡

(3) 预防手术后色素沉着，下列说法错误的是（　　）。

A. 少吃发物，并补充维生素

B. 避免接触含重金属的化妆品及食品

C. 减少咖啡、酱油等含有色素的食物

D. 自然脱痂创面皮肤结痂后会发痒，可以用手去挠

2. 填空题

(1) 美容手术根据身体部位、目的不同可分为________、________、隆胸手术等。

(2) 美容手术前若无特别的禁忌证，可采用高________、高________、高维生素的饮食，以促进全身和各器官的营养。

(3) 美容手术后饮食上要保证充足的能量、蛋白质的供给，脂肪的量保持总能量的________，提高________性维生素的供给量，注意________、________和硒等元素的补充。

3. 案例分析

王某，女，40岁，因子宫肌瘤，做了腹部切开手术，术后恢复较好，但令她苦恼的不是手术本身，而是术后她腹部的皮肤变黑了，比术前黑了很多，洗也洗不掉。

请问：

(1) 她的腹部皮肤变黑正常吗？

(2) 如何从饮食上预防此现象发生？

第九章　衰老与营养膳食

☞ 知识目标

(1) 了解衰老的表现和衰老的原因。

(2) 掌握衰老与各营养素的关系。

(3) 掌握延缓衰老的营养保健方法。

(4) 了解女性内分泌失调的原因与症状。

☞ 能力目标

(1) 掌握延缓衰老的营养配餐原则。

(2) 能提出调节内分泌的营养建议。

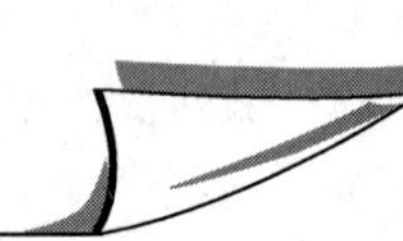

第一节　概　　述

从生物学上讲，衰老是生物随着时间的推移，自发的必然过程，它是复杂的自然现象，表现为皮肤出现皱纹、头发变白、体力下降、免疫功能降低、消化功能减弱等。衰老是应激和劳损，损伤和感染，免疫反应衰退，营养不足，代谢障碍以及疏忽和滥用积累的结果。

一、衰老的表现

1. 整体水平

老年人身高下降，脊柱弯曲，皮肤失去弹性，颜面皱褶增多，局部皮肤，特别是脸、手等处，可见色素沉着，呈大小不等的褐色斑点，称作老年斑。汗腺、皮脂腺分泌减少使皮肤干燥，缺乏光泽。须发灰白，脱发甚至秃顶，眼睑下垂，角膜外周往往出现整环或半环白色狭带，叫做老年环（或老年弓），是脂质沉积所致。

牙齿脱落，但时间迟早因人而异。在行为方面，老年人反应迟钝，步履缓慢，面部表情渐趋呆滞，记忆力减退，注意力不集中，语言常喜重复。视力减退，趋于远视。听力也易退化。上述情况个体差异很大，如秃顶未必落齿，面皱者也可能精神焕发。

2. 组织与器官水平

整体所见的衰老变化有其组织与器官衰老变化的依据。骨组织随年龄衰老而钙质渐减，骨质变脆，易骨折，创伤愈合也比年轻时缓慢。关节活动能力下降，易患关节炎，脊柱椎体间的纤维软骨垫由于软骨萎缩而变薄，致使脊柱变短，这是老年人变矮的一个原因。

3. 皮肤

老年人真皮乳头变低，使表皮与真皮界面变平，表皮变薄，真皮网状纤维减少，弹性纤维渐失弹性且易断裂，胶原纤维更新变慢，老纤维居多，胶原蛋白交联增加使胶原纤维网的弹性降低。皮肤松弛，不再紧附于皮下结构，细胞间质内透明质酸减少而硫酸软骨素相对增多，使真皮含水量降低，皮下脂肪减少，汗腺、皮脂腺萎缩，由于局部黑素细胞增生而出现老年斑。

4. 肌肉

老年人肌重与体重之比下降。肌细胞外的水分、钠与氯化物有增加倾向、细胞内的钾含量则有下降倾向。此外，肌纤维数量下降，直径减小，使整个肌肉显得萎缩，使得老人肌力不足。另外，神经系统不同水平上的复杂机理对运动也会产生影响。

5. 神经系统

有研究表明：90 岁时人脑重较 20 岁时减轻 10%～20%。造成减重的原因主要在于神经细胞的丧失。这种丧失有区域的特异性，例如大脑不同区域细胞减少程度不同。从出生到 10 岁神经细胞已增殖到最多，不再分裂，20 岁以后细胞开始丧失。但全脑细胞基数很大，部分细胞死亡不致造成功能的严重障碍。从大体解剖上看，老年人后脑膜加厚，脑回缩小，沟、裂宽而深，脑室腔扩大。在显微结构上可见神经细胞尼氏体减少，脂褐质沉积。在功能上则见神经传导速度减慢，近期记忆比远期记忆减退得严重，生理睡眠时间缩短；感觉机能如温觉、触觉和振动感觉都下降，味觉阈升高，视听敏感度下降。反应能力普遍降低，特别是在要求通过选择做出决定的情况下反应更为迟缓。

6. 心血管系统

老年心脏体积增大，目前还没有证据表明脂褐质沉积对心肌功能有何不良影响。在心脏的传导系统可见起搏细胞的数量减少，窦房结与结间束内纤维组织增加。在动脉方面，内膜也有不同程度的加厚，可因此而致小动脉管腔狭窄。冠状动脉分支在 30 岁后就开始出现内膜的增厚，中膜日趋纤维化，有些平滑肌可能坏死。

7. 呼吸系统

呼吸系统的主要变化为肺泡弹力纤维减少，肺泡及肺泡管扩大，肺泡面积减小，肺通气功能降低，残气量增多，气体交换能力下降。易发生慢性支气管炎症、肺气肿及肺心病。

8. 内分泌系统

性腺的萎缩是内分泌系统最明显的衰老变化。如女性 45～50 岁月经会停止，雌激素分泌显著下降，男性从 50～90 岁雄激素逐渐减少，性机能减退。与此相应，生殖及副性器官产生各种萎缩性变化，如卵巢淋巴细胞形成的激素，这都导致免疫机能下降。

二、人类衰老的进程

据美国哈佛大学生物学家洛信博士说，人出生时，脑细胞的数量达 140 亿个。由于它属于不能再分裂的细胞，因而生后数目基本不再增加。相反，18 岁后，脑细胞数随年龄增加而逐渐减少。

从 25 岁起，每天约有 10 万个脑细胞死亡，之后随年龄递增，每年脑细胞的死亡数还要增加，同时伴随脑重量减轻。但不同的人，脑细胞死亡的速度有很大差异。对于脑细胞死亡较快的人来说，60 岁就可能变成痴呆。而对脑细胞死亡慢的人来说，到 80 岁高龄仍然耳聪目明，思维清晰。其他脏器，如心、肾等，虽然不像脑衰老得那么快、那么早，但随着年龄增加，他们出现萎缩，色素沉着，机能减退等。

以女性为例：39 岁时心脏重 275 g，85 岁时只有 180 g 重。肾脏在 39 岁时重 150 g，而 85 岁时仅有 90 g。

在哺乳动物中，人的寿命是最长的，但仍然难免衰老。对于衰老的认识，目前还有很多未知数，但现代科学终究会揭示衰老的奥秘，人类健康长寿的目标一定会实现。

人类的衰老现象，从青春期前开始了。首先表现在身体抵抗疾病的免疫力降低。30 岁，人体发育达到顶点，40～50 岁时即进入衰老。日本著名老年病研究专家太田邦夫总结了身体各部分的老化现象，下面就是他的见解。

20 岁以前的生长期：男性 14 岁，女性 12 岁即达到性成熟。同时，调节人体抗病能力的胸腺激素分泌量减少，衰老开始。20 岁以后，头发出现衰老现象，肌肉的力量 25 岁时达到高峰。

30 岁，身体各方面的机能轻微下降：皮肤失去弹性，出现皱纹。听力开始下降，最佳听力时期在 10 岁。心脏的肌肉变厚。脊椎骨彼此距离缩小，身体的姿势前倾。女性达到性高峰。人体发育达到顶点。

40 岁，可以明显看出衰老：出现白头发，发际后移。大多数男性在 45 岁后出现远视。身体抗病能力下降，杀灭癌细胞的淋巴细胞明显减少，杀灭其他病菌的能力也下降。体重稍有增加，身高降低。

50～55 岁，衰老速度比较快，皮肤松弛，皱纹显而易见。味觉迟钝。多数女性月经停止，生育能力丧失。胰脏的胰蛋白酶和胰岛素分泌减少，易患尿崩症。拇指指甲生长缓慢。

55～60 岁，衰老变得更加剧烈，脑细胞机能低下。男性说话声音更高，并且声音发颤。肌肉及其他组织退化，体重减轻。但由于新陈代谢低下引起体内脂肪积蓄，因而体重减少并不明显。而男性仍保持一定生殖能力，但精液量减少。

60～70 岁，衰老速度相对减慢：身高比青年期降低 2～3 cm，味觉更加迟钝，只有青年期功能的 30%～40%。肺活量较青年期下降 50%。60 岁的人，肌肉力量只有 25 岁时的一半。

第二节　各种营养素与衰老的关系

衰老是一种自然规律，因此，我们不可能违背这个规律。但是，当人们采用良好的生活习惯和保健措施并适当地运动，就可以有效地延缓衰老，降低衰老相关疾病的发病率，提高生活质量。机体衰老是一个极其复杂的过程，整个过程涉及许多组织结构和生理功能的改变，如抗氧化酶活性下降，自由基代谢、脂代谢、糖代谢、核酸代谢紊乱，动脉粥样硬化，生命器官的缺血性改变，免疫功能失调，内分泌调节紊乱等。这些改变既是老化的结果，又直接加速了衰老的进程。遗传因素、环境因素和社会因素等都在衰老的发生和发展中起着一定作用。

营养作为一个环境因素，非常重要地影响着衰老的进程。研究表明，合理营养不仅有利于健康，还能延缓衰老的进程。而营养不良、营养过剩和营养失衡则能明显加快衰老的进程，导致多种老年性疾病，如动脉硬化、高脂血症、肥胖者、高血压、冠心病、糖尿病、脑血管病、癌症、骨质疏松症等。因此，为了维持人们的健康，延缓衰老的进程，预防疾病的发生，必须注意合理营养和平衡膳食。

一、不合理营养对机体的影响

①生命器官功能下降；②免疫功能下降；③抗氧化酶（如 SOD、GSH-PX、G6PD、CAT 等）活性下降；④血糖升高；⑤血脂升高；⑥新陈代谢紊乱；⑦细胞膜线粒体受损；⑧自由基增多。

二、总热量摄入与衰老

自 1935 年 McCay 提出“限制热量，延缓衰老”的学说以来，引起了医学界和营养学界的广泛重视。大量实验不断证实，多个物种在满足机体对各种营养素需要量的前提下，适当限制热量的摄入，不仅能明显延缓衰老的速度和延长寿命，维持许多年轻时的生理状态，并且延缓和预防一些与年龄相关疾病的发生发展。其主要机理是：

（1）限制热量能降低血清总胆固醇和甘油三酯，升高血液中的高密度脂蛋白，预防动脉粥样硬化和心脑等重要器官的缺血性改变，从而延缓机体的衰老。

（2）限制热量能减少体内过氧化脂质等自由基的产生，使组织细胞的衰老速度减慢。

（3）限制热量能降低血液中的葡萄糖、果糖胺和糖化血清白蛋白，升高组织细胞对胰岛素的敏感性。同时，限制热量能使升高的血清胰岛素含量下降，纠正胰岛素抵抗，改善机体的能量代谢，预防心脑血管疾病和糖尿病的发生，从而使衰老的速度减慢。

（4）限制热量能调节甲状腺素和性激素，使体内的甲状腺素（T_4）下降，而 T_3 略有升高，减缓体内的代谢速率。同时，限制热量能升高雌二醇含量，防止骨钙丢失，改善组织器官供血和细胞新陈代谢，减少体内自由基的产生，从而发挥抗衰老的作用。

（5）限制热量能增强免疫功能，减少自身抗体的生成和减少与增龄相关疾病的发生。

限制热量对机体衰老的影响是多方面的，主要限制碳水化合物和脂肪的摄入，限制的时机越早越好。为了维护健康、延缓衰老，热量摄入要限制在一定水平。1972 年，联合国粮食及农业组织和世界卫生组织（FAO/WHO）推荐了中、老年人热量摄入标准（表 9-1），可作为抗衰老食谱中热量摄入的依据。目前也有人主张每人每天每千克体重摄入的热量在 32～36 kcal（1 kcal＝4.184 kJ）。

表 9-1　中、老年人热量摄入标准（kcal）

年龄组/岁	男（体重 65 kg）	女（体重 55 kg）	相当于青壮年
50～59	2700	1980	90%
60～69	2400	1760	80%
≥70	2100	1540	70%

三、碳水化合物与衰老

从营养学的基本观点出发，碳水化合物是人体热量的主要来源。占总热量的 68%左右，同时也是组织细胞的重要组成成分之一。因此，碳水化合物是人类的重要营养素。但是碳水化合物摄入过多，则增加了总热量的摄入，引起机体的衰老速度加快。1985 年，Maillard 研究发现非酶糖基化的高级糖基化终末产物，如糖基化血红蛋白等能导致基因突变，并使遗传物质脱氧核糖核酸（DNA）链的序列出现转位现象；许多抗氧化酶被糖基化后则失去抗氧化活性。同时，在非酶糖基化过程中可发生脂质过氧化现象，促进低密度脂蛋白的氧化，进而产生大量自由基，使 DNA 和细胞受到损伤，直接导致组织细胞的衰老。

摄入碳水化合物的种类与衰老也有密切关系。1968 年，Durand 在实验动物的饲料中分别加入 39%的蔗糖、淀粉和葡萄糖，结果加淀粉组的动物寿命最长。由此可见，在碳水化合物的选择上应以淀粉为主，在日常生活中碳水化合物的摄入量以 250～300 g 为宜。同时，还有研究发现，摄入大量的葡萄糖和果糖可直接导致高血糖和糖尿病。给实验动物注射 *D*-半乳糖可引起一系列典型的衰老症状。因此，为了预防衰老必须严格控制单糖和双糖的摄入。

四、蛋白质与衰老

蛋白质的摄入量和蛋白质的种类与衰老有密切关系。目前，关于蛋白质摄入量的多少尚有争议。有人主张增加蛋白质摄入以利组织细胞的修复和提高内分泌功能及酶的活性等。而另一些研究则发现，摄入过多的蛋白质可导致氮失衡，增加肝、肾等组织的负荷，每人每天摄入蛋白质超过 2 g/（kg 体重）时，则可引起骨骼脱钙，导致骨质疏松症的发生。另有研究发现，过多摄入蛋白质能增加体内的衰老色素。基于老年人新陈代谢、无脂体重、尿肌酐排出量比年轻人低 12%～15%。因此，随着年龄的增长，蛋白质的摄入量应适当减少。1977 年，Uauy 提出老年人蛋白质摄入量应每天为 1.0 g/kg 体重，目前仍被国际公认为老年人蛋白质摄入的标准。优质蛋白质对老年人十分重要，每天摄入量应不低于 0.59 g/（kg 体重）。目前，我国多数人的食物中鱼、肉、蛋、奶等动物食品仍较少，因此，中、老年人蛋白质摄入量以每天 1.0～1.2 g/(kg 体重）为宜。大量研究结果表明，每天蛋白质摄入量不能低于 0.89 g/(kg 体重)，否则将出现负氮平衡，但也不宜超过每天 1.5 g/(kg 体重)，以免对机体产生不利影响。

除了蛋白质摄入量之外，氨基酸的组成也与衰老有关。随着年龄的增长，人体对必需氨基酸的需要量明显增多。只有提高必需氨基酸与非必需氨基酸的比值，才能维持血浆蛋白的正常水平，满足人体生理功能的需要。对老年人要特别注意补充蛋氨酸、色氨酸、酪氨酸和赖氨酸。

五、脂肪、类脂质与衰老

随着年龄增长，人体细胞不断减少，而脂肪却逐渐增多。体内脂肪的堆积与摄入过多的脂肪和碳水化合物有关，也与活动量减少有关。脂肪摄入过量，加速了机体的衰老速度。因此，要注意限制脂肪的摄入量。但是，脂肪和类脂也是人体重要的营养素之一，人体的生长发育和许多生理功能离不开脂类，为了预防疾病和延缓衰老也需要补充一定的脂类食物。成年人每人每天需摄入脂肪 0.8～1.0 g/(kg 体重)，其中多不饱和脂肪酸与饱和脂肪酸（P/S）比值应为 1～1.5。P/S 比值为 1.5 时，具有预防动脉粥样硬化和抗衰老的作用。因此，应选择较多的植物油和鱼油，以增加多不饱和脂肪酸摄入量。脂肪的选择应以多不饱和脂肪酸（植物油）、单不饱和脂肪酸（花生油、橄榄油等）和饱和脂肪酸各占 1/3 为宜。

胆固醇有许多重要生理功能，它是细胞膜和神经髓鞘的组成成分，又是类固醇和前列腺素的前体。这些物质具有抗炎、降糖、防止血小板聚集等作用。胆固醇也能刺激白细胞分泌“抗异变素”，后者具有杀伤癌细胞的作用。因此，胆固醇也是防病抗衰老的物质。但是，胆固醇摄入过多可引起高脂血症和动脉粥样硬化，进而可引起机体的衰老。据 WHO 规定，成人每天胆固醇摄入量不宜超过 300 mg。在日常食谱中应控制动物内脏和蛋类的摄入，以防止血清总胆固醇升高。

六、无机盐、微量元素与衰老

无机盐和微量元素与人体健康和老化进程有密切关系。钙是维护心血管功能、防止骨质疏松症和抗衰老的重要元素。目前，我国人群的食物中普遍缺钙，钙的摄入量只达到需要量的 43%。而钠（食盐）的摄入又普遍偏高，一般超过需要量的 60%～70%，高钠摄入可导致高血压，其后果是加速心血管和整体的衰老。按我国的标准，成人钙摄入量每天应为 0.8 g，一般以不低于 1.0 g 为宜。在常用食品中，含钙丰富的有牛奶及奶制品、黄豆及豆制品（如豆腐干、豆腐)、鱼类、海产品、黑木耳、南瓜子、核桃仁、芝麻酱等，但应注意，钙的吸收与代谢受蛋白质和纤维素摄入的影响，后者摄入过多可致负氮平衡。

人体必需的微量元素有 14 种（铁、锌、铜、锰、硒、氟、碘、钴、钼、铬、镍、钒、锶、锡），它们是体内 700 多种酶的活性成分，参与机体许多重要生理功能。微量元素金属酶参与调节 DNA、RNA 的信息传递、转录、聚合和修复，参与脂代谢和糖代谢，提高抗氧化酶活性，消除自由基，增强免疫功能等。微量元素主要来源于肉、鱼、海产品、黄豆和谷类的内皮胚芽等，所以可适当补充瘦肉、鱼类、奶类、海产品、蛋类、豆类和粗粮等的摄入，但不宜多吃含胆固醇高的食品，如猪肝、蛋黄等。抗衰老不是哪一种元素的作用，而是多种元素综合作用的结果。因此，必须全面、均衡地补充微量元素。

七、维生素与衰老

对人体健康和抗衰防病方面有重要作用的维生素有维生素 A、维生素 D、维生素 E、维生素 C 等，已知维生素 A 具有抗氧化，维持上皮细胞正常功能，增强抵抗力，预防上呼吸道感染和防癌等功能。维生素 C 是良好的抗氧化剂，且能调节血脂代谢，增加血管壁弹性，在一定程度上延缓人体衰老。维生素 E 能阻断自由基连锁反应，防止脂质自由基的产生，改善微循环，防止血小板聚集和血栓形成，是良好的抗衰老营养素。而维生素 D 经体内肝、肾羟化为 1,25-二羟维生素 D_3，后者发挥促进钙、磷吸收的作用。

从抗衰老角度来看，成人维生素日常需要量应为维生素 A 10000IU，维生素 D 800 mg，维生素 E 30 mg，维生素 C 75 mg。我国人群的以上维生素摄入量普遍偏低，因此应多吃些肉、蛋类、动物肝脏、新鲜蔬菜、水果等来补充。另外，多种蔬菜和水果具有抗氧化作用，其中豇豆、韭菜、茄子汁抗氧化活性较高，而黄瓜汁和番茄较低，并不与其中维生素 C 的含量成正比，因此，多摄入富含抗氧化剂的蔬菜。

八、纤维素与衰老

纤维素是容易被忽略的营养素，但它对人体健康和延缓衰老都有意义，它能增强肠蠕动，改善肠功能，预防便秘和结肠癌，能降低血清胆固醇，预防动脉硬化和冠心病；高纤维素饮食还可升高糖耐量，防止糖尿病的发生。

由于食物的精制不断深化，纤维素的摄入量日趋减少，成人每日纤维素需要量为 35 g，而我国居民的摄入量只有需要量的 50%左右，所以有应从粗杂粮（如大米、燕麦、麦片、高粱等）、蔬菜（如紫菜、木耳、蘑菇、发菜、豌豆、青豆等）、水果中补充。

九、膳食核酸与衰老

膳食核酸也是人类的重要营养素之一，对老年人来说，它更具营养价值。它能促使体内多不饱和脂肪酸的生成，降低血脂，清除内源性自由基，防止动脉硬化的形成，还能增强机体免疫功能，提高免疫应答，刺激 T 淋巴细胞，促进特异性抗体的生成和白介素-2 的基因表达等。

膳食核酸的日需要量为 1.5～3.0 g，主要来源于动物性食品，如干沙丁鱼，小干白鱼，海参，鲑鱼精子等，尤以动物内脏中含量丰富，但因动物性食品中含有较多的胆固醇，老年人不宜过多食用，因此，目前正在研制开发低胆固醇的膳食酵母（如啤酒酵母）以补充核酸类营养素的不足。

十、其他营养素与衰老

（1）饮用水：不仅是人们生命活动中不可缺少的营养素，也是抗衰老的重要物质。

除食物中的水分外，每人每天应喝水 1500～2000 mL。

（2）近代研究发现，茶叶中的茶酸、茶色素、茶多酚等具有降低胆固醇，阻断亚硝胺的致癌作用，抑制癌细胞的作用，因此，适量饮茶有利于保健、防病、抗衰老。

（3）我国传统的抗衰老食物十分丰富，如香菇、枸杞、灵芝、绞股蓝、沙棘、白果、莲米、大枣等，它们具有升高超氧化物酶活性，清除自由基等作用。

第三节　延缓衰老与营养膳食

人类衰老是一种生物发展过程中的规律现象，也是人体新陈代谢一系列复杂的生物学过程。衰老虽然受到许多因素影响，如遗传因素、社会、疾病、心理因素、营养剂其他（气候、温度、生活条件、居住环境、公共卫生、医疗保健）等。但是，通过建立健康的生活方式，提高人们自我保健意识，也是延缓衰老的进程，从而达到延年益寿的目的。

一、坚持科学的合理膳食

科学合理的饮食习惯和营养搭配对延缓衰老起着不可忽视的作用。一年之计在于春，一日之计在于晨。每天上午的时间较长，学习、工作强度都比下午大，体力、脑力消耗也大，所需的能量也多。另外，人体经过一个晚上，胃和小肠中食物基本排空，晚上睡觉，人体能量消耗虽然比白天消耗少，但是为了维持人体呼吸、血液循环等新陈代谢，也需要消耗一定能量。所以，早晨起床后及时补充足够的营养物质。早餐吃得好，不仅整个上午精力充沛，而且能降低血液浓度，促进人体废物排泄，减少患结石的危险，预防低血糖等不良反应，也具有延缓衰老、延年益寿的作用。

那么，如何科学地合理膳食呢？要保证人体充足的能量，人体能量来源靠每天吃进的各种各样的食物。食物不同，所产生的能量也不同，其中最为经济、最为实惠的能量来源是大米和面粉。在保证了充足的能量的基础上，适当增加如牛奶、蛋、豆制品及鱼、肉等动物性食物，以增加蛋白质摄入量。同时，适当增加蔬菜、水果等，补充足够的纤维素和维生素。中餐要吃好，中餐应含有丰富蛋白质、碳水化合物及适量脂肪，维生素类等营养均衡的食物。晚餐不宜过多进食，过量进食加之机体消耗少，往往造成过剩的营养转化为脂肪堆积在体内，容易造成高脂血症、动脉粥样硬化等一系列疾病。

因此，根据现代营养学理论和中国营养学会制定的膳食指南，结合日常生活，提出以下十条健康膳食建议：①适当限制总能量的摄入；②每天喝 200 mL 左右牛奶；③每天吃一个鸡蛋；④多吃海产品；⑤增加豆类与豆制品的摄入量；⑥多吃禽肉，少吃猪肉；⑦每天最好吃 500 g 蔬菜和一定量的水果；⑧菌菇类食品要纳入膳食结构；⑨饮食口味要做到清淡、低盐；⑩控制高糖、高脂饮食。

二、养成良好的饮食习惯

良好的生活饮食习惯可有助于健康长寿。没有睡眠就没有健康，睡眠是人生活节奏中一个重要组成部分。睡眠不足，不但身体能量消耗得不到补充，而且由于激素合成不足，会造成体内环境失调。更重要的是，睡眠左右着人体免疫功能。因此，对中老年人来说，要保持充足的睡眠，养成早睡早起，保持每天 7～8 h 睡眠、不熬夜的生活习惯。同时，要做到不吸烟、少饮酒、多喝茶的习惯。茶有抗自由基的功能，抗癌、抑癌作用，抗衰老功效及降压、降脂作用。

三、保持心理健康

中老年人在心理上常处于紧张状态，工作担子重，精神压力大，持续的心理紧张和心理冲突会造成精神上的疲劳，免疫功能下降，容易引起身体疾病的发生。现代医学证实，精神心理状态对健康长寿的影响是显著的，精神情绪对人体健康和衰老起着关键性作用。保持心理健康是中老年人永葆青春，延年益寿的精神营养。古人曰："忧则伤身，乐则长寿"。如何能保持心理健康呢？第一，要增强健康心理：人的一生难免有喜怒哀乐、生离死别，有欢乐也有悲痛。但是，要正确对待已经发生的种种现实，应采取有效方法，善于适应复杂的环境，及时调节心理状态。第二，培养乐观情绪：要自我珍重，努力培养安定而乐观情绪，不要因为一些琐碎小事而引起情绪波动。要心胸开阔，保持心境平静。第三，寻找欢快情绪：良好情绪要靠自己主动去寻求，要善于在纷繁而又快节奏的生活环境中寻找欢快情绪，以尽可能地长时间保持相对健康的心理。

四、适当运动

"生命在于运动"，这一名言道出了生命活动的一条规律。老年人新陈代谢明显降低，进行适当的健身运动可达到增强体质、延缓衰老的作用。其主要作用有以下几个方面。

1. 增加运动系统的功能

老年人骨骼、关节出现进行性退化，营养不良，骨质疏松，肌肉萎缩，弹性收缩力降低。坚持适当的健身运动可增加骨骼、肌肉、关节的血液循环，也可使内分泌及物质代谢增强，从而使骨质的弹性、韧性增加，预防老年性骨质疏松和骨折；其次，可加强关节的坚韧性、弹性、灵活性，对防治老年性关节炎、韧带硬化、关节僵直有良好的效果；再者，可使肌肉营养状况改善，防止肌肉萎缩，增强肌张力，得以保持良好体形和容貌。

2. 促进神经系统发育

老年人脑组织常萎缩、神经细胞退化、脑血流减少，老年人神经电生理反应兴奋和抑制过程减弱。因此，出现灵活性下降、反应迟钝，表现为易疲劳、注意力不集中、睡眠欠佳、条件反射不易建立等。健身运动可增加大脑的血氧供应，激活脑的新陈代谢。脑的健身运动包括两大方面：全身的运动锻炼可使脑在指挥运动的中枢兴奋增强，而使语言思维、书写中枢暂时处于抑制，在这一过程中加速被消耗物质的合成与积蓄，起到保护脑神经细胞的作用；另一方面是"扩脑活动"，"扩脑活动"是指要用脑思考、记忆等活动。有关资料表明，如进入老年期后不用脑，可加速老化进程，使脑神经细胞退化，同时老年人除了要进行全身的健身运动外，锻炼记忆、思考研究问题、撰写文章等也可使脑老化推迟。

3. 保持心血管系统的健康功能

老年人心血管疾病的发病率明显高于中青年。健身运动可明显减少这种概率。适当的锻炼可增强心排血量，保证组织器官的血流供应，同时可促使心肌收缩储备力增加。再者，运动可降低血脂，使动脉管腔扩大，增加血氧供应，防止心肌缺血缺氧，也可减少低密度脂蛋白、胆固醇堆积于动脉壁，防止动脉硬化的发生、发展。

4. 维持呼吸系统的功能

老年人呼吸功能与年俱衰。适当的健身运动可保持肺组织弹性，改善通气与换气功能，使体内生物氧化的需氧量得到充足供应。但是老年人的锻炼一定要适度，要根据个体情况，因人而异。特别要“量力而行”。锻炼中要做到自量、有恒、全力、全面适宜的原则进行。

五、无病早防，有病早治

老年期常易发生各种各样的老年病，及早预防各种老年人多发病如冠心病、高血压、脑血管意外、肿瘤等是很重要的。定期进行健康检查，可及早发现、及早治疗，是维持健康和保持容颜的关键。

六、抗衰老药物的选用

当前各国对衰老的机理及抗衰老药物进行了大量的实验与临床研究。祖国医学在这方面也积累了丰富的经验。临床上常用的有：枸杞煎、少阳丹、不老丹、何首乌丸、七宝美髯丹、茯苓酥、椒红丸等。这些方剂通过研究分析，有的具有降血脂、软化血管、增强免疫力的作用，有的可使机体的细胞延长存活时间，有的影响到内分泌系统或代谢而达到抗衰老的作用。

目前，经研究发现的抗衰老药物主要有三类，即抗氧化剂、抗氧化酶及膜稳定剂。

1. 抗氧化剂

抗氧化剂如维生素 C、维生素 E、丁羟基甲苯、乙羟基乙胺等，可控制人体细胞在代谢过程中出现的氧自由基所引起的损害，而在抗衰老中发挥作用。

2. 抗氧化酶

抗氧化酶如过氧化物歧化酶、过氧化氢酶、过氧化物酶、谷胱甘肽过氧化物酶、谷胱甘肽还原酶等，这些酶主要作用是减少氧自由基的生成。目前临床证实，抗氧化酶的应用能延长寿命，还能治疗某些老年病。

3. 膜稳定剂

膜稳定剂如氯苯氧乙酸二甲胺基乙酯，目前已公认此药是一种有前途的大脑活化剂，可治疗老年人由于脂褐质颗粒在脑神经细胞中积累所致的功能障碍，使记忆力与智力障碍有明显改变。

人类衰老过程是一个多因素的十分复杂的过程，每个因素都具有各自特性，但又相互作用。有效地控制衰老过程，并非单一药物或措施所能达到的，应尽可能采取综合性措施，如安静舒适的生活环境、有规律的健康生活方式、合理的膳食、保持健身运动、保持稳定的心态及戒除不良生活习惯等，这些举措对于推迟衰老、延年益寿、增容驻颜都是至关重要的。

第四节　女性内分泌失调和营养膳食

女性 25 岁以后，身体状况开始出现下滑，如面部黄褐斑、乳房肿块、子宫肌瘤等问题相继出现。据有关统计表明：面部黄褐斑、雀斑，中青年女性的患病率为 28.2%，其中有 27.5%～31%的患者，同时患有子宫肌瘤、乳房肿块、卵巢囊肿或其他妇科病。在 30 岁以上的女性人群中，乳房肿块的患病率高达 38.8%～49.3%，乳房肿块有可能转化为乳腺癌。而子宫肌瘤的患病率也高达 20%，女性有可能因此切除部分或整个子宫，不孕，甚至转化为癌变。在最近的调查中显示，因内分泌失调导致的上述疾病，正在向低龄化发展，十几岁的女孩子，也已成为内分泌失调的威胁对象。

人体有内分泌系统，分泌各种激素和神经系统一起调节人体的代谢和生理功能。正常情况下各种激素是保持平衡的，如因某种原因使这种平衡打破了（某种激素过多或过少），这就造成内分泌失调，会引起相应的临床表现。男性和女性都可能出现内分泌失调。

一、女性内分泌失调的临床表现

1. 肌肤恶化

肌肤恶化表现为脸上突然出现了很多面色发暗、色斑明显，抹了不少的化妆品也无济于事，其实这不只是单单的皮肤问题，这些色斑也可能是内分泌不稳定时再受到外界因素不良刺激引起的。

2. 脾气急躁

更年期女性经常会出现一些脾气变得急躁，情绪变化较大的情况，出现多汗、脾气变坏等，这可能是女性内分泌功能出现下降导致的。

3. 妇科疾病

妇科内分泌疾病很常见，子宫内膜异位症、月经量不规律、痛经、月经不调等都是妇科内分泌的疾病，还有一些乳腺疾病也和内分泌失调有关，有些面部色斑也是由于内分泌失调引起的。

4. 肥胖

“喝凉水都长肉”，很多人经常发出这样的感慨。据内分泌科医生介绍，这可能和本人的内分泌失调有关系，摄入过多高热量、高脂肪的食物，不注意膳食平衡等饮食习惯也会对内分泌产生影响。

5. 不孕

有的女性婚后多年，性生活正常，却怀孕无望。去医院检查，医生告之，先调理内分泌。究其原因，是因为内分泌失调，使得大脑皮层对内分泌的调节不灵；或是子宫内膜受损，对女性激素的反应不灵敏，反射性地影响内分泌的调节，降低了受孕成功的机会。

6. 乳房

乳房胀痛、乳腺增生，其主要原因就是内分泌失调。乳房更重要的作用则是通过雌激素的分泌促进其生长发育，所以一旦内分泌失衡，紊乱，便容易形成乳腺增生及乳腺癌。

7. 体毛

不论男女，体内的内分泌系统都会同时产生与释放雄性激素与雌性激素，差别在于男性的雄性激素较多，女性的雄性激素较少，这样才会产生各自的特征。但当体内的内分泌失调时，女性雄性激素分泌过多，就可能会有多毛的症状。

8. 白发和早衰

白发早生也可能是个内分泌问题。另外，内分泌失调，尤其是性激素分泌减少，是导致人体衰老的重要原因。

二、内分泌失调的原因

1. 生理因素

人体的内分泌腺激素可以保持生理处于平衡，但这些生长调节剂一般会随年龄增长而失调，这也就是为什么年纪越小，内分泌成为困扰的可能性越小。但随着年龄增长，就需要给它更多关注（图 9-1）。有些人的内分泌失调也来自于遗传。

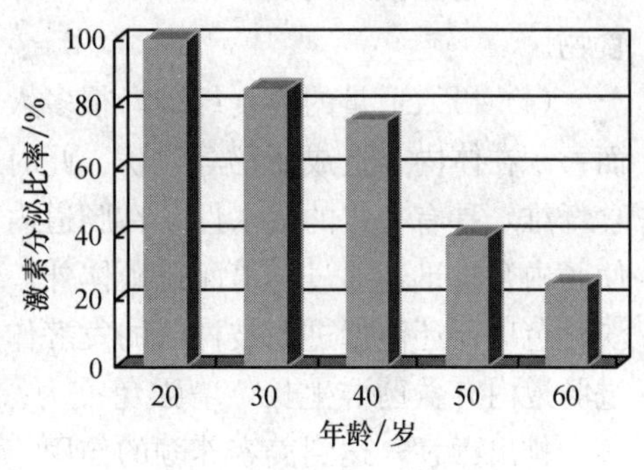

图 9-1　不同年龄的激素分泌量

2. 营养因素

人体维持正常的生理功能，就必须有足够的、适当的营养，否则，内分泌等问题就会一一出现。

3. 情绪因素

心理因素也是个重要原因。人类承受来自各个方面的压力，哪一种压力都需要打起十二分的精神来应对，难以彻底放松下来。这种紧张状态和情绪改变反射到神经系统，会造成激素分泌的紊乱，即通常所说的内分泌失调。

4. 环境因素

严重的环境污染会导致女性内分泌失调。空气中的一些化学物质，在通过各种渠道进入人体后，经过一系列的化学反应，导致内分泌失调，使女性出现月经失调、子宫内膜增生等诸多问题。

三、营养膳食治疗

（1）多吃能清除自由基的食物，常见的有茶叶中的茶多酚，葡萄中的原花青素，番茄中的番茄红素，菠菜中的抗氧化剂，山楂中的黄酮类物质和维生素 C，大蒜中的大蒜素等。

（2）补充含有大豆异黄酮类的食物。黄豆和豆制品中含有大量植物雌激素，可补充这类食品以补充大豆异黄酮类。大豆异黄酮有双向调节的作用。对于雌激素分泌高的年轻女性，主要表现为肥胖、内分泌失调和乳腺癌等症状的患者，大豆异黄酮可起到降低雌激素的作用。而对于雌激素分泌低的中、老年女性，表现为骨质疏松、动脉硬化、高脂血症、心血管疾病等患者，大豆异黄酮可起到提高雌激素的作用。随着年龄的增长，雌激素逐渐减少，可多食用大豆异黄酮类食物从而提高雌激素，延缓衰老。

（3）补充胶原蛋白。胶原蛋白占体内蛋白质总量的 1/3，分布于真皮、骨骼、头发、肌肉、内脏、牙齿等全身各处，它在真皮中含量尤其丰富，占 90%，是真皮中最重要的蛋白质。胶原蛋白在真皮中交织形成复杂的网状结构，为皮肤支撑起构架，使皮肤可以伸展收缩，具有丰富的弹性。真皮缺乏胶原蛋白，皮肤就会松弛和出现皱纹，保持皮肤的水分。胶原蛋白还能有效修复受损肌肤，可使受损的皮肤逐步恢复原有娇嫩、细腻。可适量摄入肉皮、猪蹄、牛蹄筋、鸡翅、鸡皮、鱼皮及软骨等富含胶原蛋白的食物。

（4）摄入适量的膳食纤维。很多人因为纤维量摄入不足，导致了体内毒素排不出去而蓄积在体内，造成便秘等症状。此时，适量摄入新鲜蔬菜和水果，所含有的丰富的膳食纤维，具有一定的溶水性，在肠道内吸收水分而充分膨胀，并促进肠壁的有效蠕动，使肠内容物迅速通过肠道而排出体外，起到了清除体内垃圾的作用，减少色斑的形成，淡化色斑。还能促进双歧杆菌的发酵作用，改善消化吸收功能，增加肠道内有益菌，促进肠道内有益菌群生长，增强免疫力。食用膳食纤维后具有饱腹感，防止热能摄入过多，排出毒素，达到美容养颜的作用。

饮食上还应忌食酸辣食品、油炸食品。另外，要缓解精神压力、保证充足的睡眠。

案例

小娜，18岁，某重点高中高三学生，品学兼优，最近却显得憔悴，脸色苍白且多了很多色斑，便秘，月经变得不规律。其母亲很担心，因为孩子临近高考，压力大，变得挑食、少食。夜里经常睡不着，体重减轻了十余斤。

【对策】

经咨询医生，小娜属于内分泌失调。经过母亲精心调理，饮食上多摄入抗氧化食物、大豆类和新鲜蔬菜水果。节假日找和她同龄的孩子一起开导她，陪她散心，让她减轻压力。经过2个月，小娜身体调理得非常好，月经也正常了，并且高考顺利考入理想的大学。

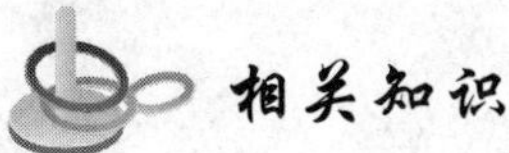

相关知识

内分泌失调食疗两例

桃花猪蹄粥：桃花（干品）1 g，净猪蹄1只，粳米100 g，细盐、酱油、生姜末、葱、香油、味精各适量。将桃花焙干，研成细末备用；淘净粳米，把猪蹄皮肉与骨头分开，置铁锅中加适量清水旺火煮沸，改文火炖至猪蹄烂熟时，将骨头取出，加米及桃花末，文火煨粥，粥成加盐、香油等调料，拌匀。隔日一剂，分数次温服。

核桃牛奶饮：核桃仁30 g，牛奶200 g，豆浆200 g，黑芝麻20 g。将核桃仁、黑芝麻倒入小石磨中，边倒边磨。磨好后，均匀倒入锅中与牛奶煎煮，煮沸后加入少量白糖，每日早晚各一碗。适用于血燥引起者。

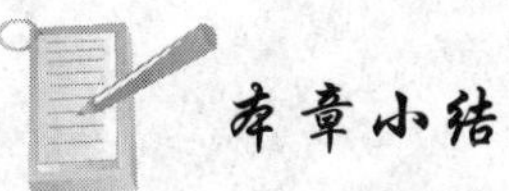

本章小结

衰老是生物随着时间的推移，自发的必然过程。总热量、碳水化合物、蛋白质、脂肪、类脂质、无机盐、微量元素、维生素、纤维素、膳食核酸、水等与衰老都存在着密切的关系。

想要能够延年益寿，就要做好各方面的营养与保健。包括坚持科学的合理膳食，养成良好的饮食习惯，保持心理健康，适当运动，无病早防，有病早治、抗衰老药物的选用。

内分泌失调成为现代女性的困扰，其表现为面部黄褐斑、乳房肿块、子宫肌瘤等症状。造成内分泌失调的因素有生理因素、营养因素、情绪因素和环境因素。内分泌失调患者在饮食上应注意多吃能清除自由基的食物，补充大豆异黄酮类食物，补充胶原蛋白和摄入适量的膳食纤维。

自测题

1. 单选题

(1) 下列属于人衰老的表现为（　　）。

A. 身高下降　　B. 皮肤失去弹性，颜面皱褶增多

C. 色素沉着，呈大小不等的老年斑　　D. 以上都正确

(2) 不合理营养对机体的影响有（　　）。

A. 免疫功能下降　　B. 血糖下降

C. 血脂下降　　D. 自由基减少

(3) 下列说法不正确的是（　　）。

A. 限制热量的摄入，不仅能明显延缓衰老的速度和延长寿命，还能延缓和预防一些与年龄相关疾病的发生发展

B. 预防衰老必须严格控制单糖和双糖的摄入

C. 随着年龄的增长，蛋白质的摄入量应适当减少

D. 水是人体不可缺少的营养素，但它不具有抗衰老作用

2. 简答题

(1) 延缓衰老的营养与保健方法有哪些?

(2) 女性内分泌失调如何进行营养治疗?

第十章　眼睛、香口美齿与营养膳食

☞ 知识目标

(1) 掌握美目、消除黑眼圈的营养膳食方法。
(2) 了解香口除臭、洁齿固齿的营养膳食方法。
(3) 掌握保持指甲健康美观的营养膳食方法。

☞ 能力目标

掌握美目、洁齿、美甲的营养配餐原则。

第一节　美目与营养膳食

眼睛是心灵的窗口。这不仅是因为眼睛与人的容貌神韵有关，还因为它是人类观察世界的重要器官。所以人人希望自己有一双明亮、水灵的大眼睛。不仅美观，而且看得更清楚，看得更远。

一、眼睛出现的问题与原因

眼睛作为心灵的窗口非常重要，然而，不同年龄人群却出现了不同的问题，包括近视、远视、老视、散光等。这是因为不同年龄阶段的生理特点和用眼方式不同，令不同时期的眼睛问题也各有不同。

(1) 少儿时期的近视。现在的学生考试压力大，白天盯着黑板，晚上又挑灯夜战，眼睛营养消耗大，加上天性爱玩，又容易被网络游戏、电视节目吸引，患近视的年龄层越来越低，让家长十分忧虑。

(2) 成年期的视力疲劳和眼酸干涩。很多上班族每天要被电脑辐射 8 h 以上，眼疲劳、眼干涩已经成为办公室里的常见病。回家后仍然是看电视，看电脑，导致眼睛疲劳。

(3) 老年时期的视力衰退。很多中老年人的眼睛老化衰退，可每天又离不开电视报纸，长时间的用眼负荷导致视力模糊、酸涩肿痛，眼角分泌物不正常，甚至提前引发老花、青光眼、白内障等眼疾。

这些眼睛问题轻则让我们视物模糊，降低生活质量，重则可能剥夺我们观赏美丽世界的天生权力。如何及时预防和延缓眼睛问题的发生和发展呢？除了注意用眼方式及注意休息外，眼睛健康也一定要注重营养保健。

二、美目与营养膳食

为了保护眼睛，日常饮食中应注意选择健眼食物，以保证眼睛的营养供给。

(1) 多选食富含维生素 A 的食物，如动物肝脏、肾脏、牛奶、蛋黄，以及能转换成维生素 A 的绿叶菜、胡萝卜、各种新鲜水果。

(2) 多选食含维生素 B_1 的食物，如动物肝、肾、猪瘦肉、蛋黄、粗米、粗面、黄豆、芝麻、大麦、小麦、牛奶、黄鳝、荞麦、谷胚、麦芽、栗子、豌豆、绿色叶菜等。

(3) 多选食清肝明目的清凉食物，如鸭肉、鸭蛋、田螺、黑鱼、蚌肉、绿豆、藕、荸荠、冬瓜、茭白、黄瓜、丝瓜、枸杞子、枸杞叶、薄荷、生菜、苦瓜、海藻、竹叶、莼菜、香蕉、梨、柿子、柑、桑葚等。

(4) 不食或尽量少食辛辣刺激性食物，如辣椒、大蒜、胡椒、咖喱、浓茶、白酒、香烟、油煎炸食物。

三、美目的营养素与食物

1. 美目的营养素

1) 类胡萝卜素

类胡萝卜素来源于植物，由于约 50 多种类胡萝卜素可在人体中分解、转变成维生素 A，类胡萝卜素又有“维生素 A 原”的美誉，例如常见的 β-胡萝卜素、α-胡萝卜素、番茄红素、叶黄素等。在眼睛营养保健中，维生素 A 与视蛋白结合可形成视紫红质，与暗视觉有关，当人体缺乏维生素 A 时可导致夜盲症。但食物中的维生素 A 来源相对较窄，而过多补充时又容易在脂肪组织累积引起维生素 A 过量中毒，因此，这种弊端可以通过及时补充多种类胡萝卜素来避免，因为类胡萝卜素是安全的维生素 A 来源，人体可以按实际生理需求转化为身体所需的维生素 A，帮助预防夜盲症和眼球干涩。

2) 叶黄素

叶黄素也是类胡萝卜素的一种，这种物质人工合成比较困难，通常是从植物中提取，如万寿菊、木瓜、芹菜等食物就含有叶黄素。叶黄素和玉米黄质一起存在于视网膜黄斑部，可作为蓝光的滤过剂而减少蓝光对视网膜的伤害，保护黄斑免于氧化损伤，从而预防因缺乏叶黄素而导致的老年性黄斑变性、视力退化、白内障和近视等眼病。所以，叶黄素对老年人的眼睛保健尤其重要。

3) DHA

DHA 大多数存在于深海鱼类的脂肪酸中，其可在人类的视网膜和脑组织中与磷脂稳定结合，是这些组织的重要构成元素。由于 DHA 是视网膜感光体中最丰富的 ε-3 多不饱和脂肪酸，也是维持视紫红质正常功能的必需脂肪酸。所以，日常饮食中注意摄入富含 DHA 的深海鱼类对视力和大脑的健康有帮助。

4) 钙

缺钙可导致眼球壁的弹力降低。当长时间近距离看书、看电视等用眼过度时，眼球调节的频率和时间增加，增加了眼外肌对眼球的压力。这种眼球压力会使眼轴拉长，特别会助长近视的发生，尤其是由于少年儿童的眼球正处于发育阶段，眼球壁的伸展性很大，如果不注意用眼卫生，再加上缺钙，更容易发生假性近视，并最终演变为真性近视。预防近视的发生也要注意富含钙食物的选择，如虾皮、坚果、豆制品、紫菜、海带、牛奶等。

5）越橘花色苷

这是一种蕴含于越橘中的植物营养素，是生物类黄酮中花色素的一类，也属多酚类物质。在眼睛的视网膜上有视觉细胞，视觉细胞有感光物质--视紫红质，由于视紫红质在不同光线条件下将发生分解与合成的化学变化，这种微妙变化传递到大脑后便形成“可见物”的效果。花色苷可促进视紫红质的再合成，从而提高视网膜对光的感受性。在花色苷这一类别的植物营养素中，越橘花色苷是明显提高和保护视力功能较好的花色苷类，能增强夜间视力和视觉暗适应力（即在弱光或昏暗条件下，使视力提早适应的能力）。越橘花色苷对于强光刺激所造成的一过性视力低下（如突然见到强烈太阳光时所发生的视物不清）也非常有益，可帮助缩短视力恢复的时间。另外，越橘花色苷还能保护毛细血管，维护视觉功能相关的眼部正常微循环，由内而外供给眼睛深层营养，并帮助消除眼内氧自由基，因此，它对改善眼睛疲劳也有积极意义。在国际上，越橘被欧美空军定为“飞行员的早餐”；在日本，越橘更被誉为“美瞳之果”而广受青少年和女性的青睐。对现代社会中用眼过多的人群，如学生、白领、长期开车和某些专业人士而言，含有越橘提取物的保健食品可以说是保护眼睛的营养选择。

除了以上提到的这些不可缺的眼睛营养，我们还要注意从均衡的膳食中获取全面的营养素，如蛋白质、维生素A、维生素C和维生素E，以及B族维生素和众多矿物质，它们能从不同的生理环节直接或间接地维护眼睛的健康。

2. 美目的代表食物

（1）菊花。菊花被称作“花中仙子”，对治疗眼睛疲劳、视力模糊有很好的疗效，中国人自古就知道菊花有保护眼睛的作用。除了涂抹眼睛可消除浮肿之外，平常也可以泡一杯菊花茶来喝，能使眼睛疲劳的症状消退，如果每天喝3～4杯的菊花茶，对恢复视力也有帮助。

（2）枸杞。枸杞含有丰富的β-胡萝卜素、维生素B_1、维生素C、钙、铁，具有补肝、肾、明目的作用，因为自身就具有调味，不管是泡茶或是直接咀嚼食用，对电脑一族、老年人的眼睛酸涩疲劳都有很好的辅助治疗作用。

（3）绿茶。绿茶可起到一定的抗辐射作用。《神农本草》云：“茶味苦，饮之使人益思、少卧、轻身明目。”绿茶中含有的维生素C、维生素E，特别是茶多酚，具有很强的抗氧化活性，起到抗辐射、增强机体免疫力的作用。

（4）蓝莓。蓝莓富含花青素，维生素A、维生素B族、维生素C、维生素E及熊果苷、蛋白质、食用纤维，属高铁、高锌、高钙的营养保健果品，被誉为“黄金浆果”，澳洲蓝莓由于生长在独岛大陆，少受外界污染，从果皮到果肉都是纯净蓝色，饱满纯净，营养更甚，被澳大利亚土著称为“蓝宝石”。因此，吃蓝莓非常适合中国人的养生之道，能及时补充每天因过度疲劳而消耗的各种营养。

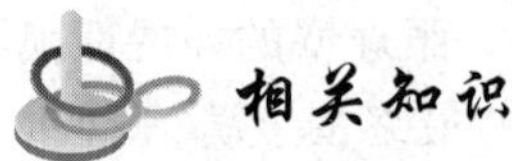

相关知识

美目食疗两例

胡萝卜炒猪肝：鲜猪肝100 g，鲜胡萝卜150 g，调料适量。胡萝卜、猪肝均洗净，切成薄片。将炒锅置旺火上，下油适量烧热，先放入胡萝卜片，煸炒至将熟时，再下猪肝一起煸炒片刻，加入盐、味精调味即成。每日吃一次。

双决明粥：石决明25 g，草决明10 g，白菊花15 g，粳米100 g，冰糖6 g。将决明子入锅炒至出香味时起锅。白菊花、草决明入沙锅煎汁，取汁去渣。粳米淘洗干净，与药汁煮成稀粥，加冰糖食用。用法：早晚各服1次，3～5 d为1疗程。

第二节　黑眼圈与营养膳食

黑眼圈是指眼无其他病，仅胞睑周围皮肤呈黯黑色的眼症，中医称“睑黡”，又称“目胞黑”，俗称为黑眼圈。生活中常可看到有的人眼圈发黑，这不仅影响美观，而且有可能是一种病态。

一、黑眼圈分类

黑眼圈其实分两种颜色，一种是青色黑眼圈，这是因为微血管的静脉血液滞留；另一种是茶色黑眼圈，因黑色素生成与代谢不全而产生，两种黑眼圈产生的原因完全不同。

青黑色眼圈通常发生在20岁左右，生活作息不正常的人尤难避免。现在由于学生学习压力较大，年轻人熬夜已经成为家常便饭，所以出现黑眼圈的人群的年龄有下移的趋势，18岁以上的人群里黑眼圈就已经很普遍。因其微血管内血液流速缓慢，血液量增多而氧气消耗量提高，缺氧血红素大增的结果，从外表看来，皮肤就出现暗蓝色调。由于眼睛周围较多微血管，因此睡眠不足、眼睛疲劳、压力、贫血等因素，都会造成眼周肌肤淤血及浮肿现象。

茶色黑眼圈的成因则和年龄增长息息相关，长期日晒造成色素沉淀在眼周，久而久之就会形成挥之不去的黑眼圈；另外，血液滞留造成的黑色素代谢迟缓，还有肌肤过度干燥，也都会导致茶色黑眼圈的形成。

二、黑眼圈产生的原因

黑眼圈形成的原因：饮食不正常，缺乏铁质；吸烟饮酒；情绪低沉，思虑过度或熬夜引起睡眠不足；内分泌系统或肝脏有病，使色素沉着在眼圈周围；缺乏体育锻炼和体力劳动，使血液循环不良；无病体虚或大病初愈的病人；性生活过度；先天遗传。

三、黑眼圈与膳食营养

首先要增加营养。在饮食中增加优质蛋白质摄入量，每天保证 90 g 以上蛋白质，多吃富含优质蛋白质的瘦肉、牛奶、禽蛋、水产等。

还应增加维生素 A、维生素 E 的摄入量，因为维生素 A 和维生素 E 对眼球和眼肌有滋养作用。含维生素 A 多的食物有动物肝脏、奶油、禽蛋、苜蓿、胡萝卜、杏等。富含维生素 E 的食物有芝麻、花生米、核桃、葵花子等。

同时还应注意含铁食品的摄入，因为铁是构成血红蛋白的核心成分。含铁丰富的食物有动物肝、海带、瘦肉等。摄入含铁食物的同时应摄入富含维生素 C 的食物，如酸枣、刺梨、橘子、番茄和绿色蔬菜等，因为维生素 C 有促进铁吸收的作用。

此外，不要吸烟喝酒。因为吸烟会使皮肤细胞处于缺氧状态，从而使眼圈变黑；喝酒会使血管一时扩张，脸色红晕，但很快便会使血管收缩，尤其是眼圈附近更为明显，从而造成眼圈周围暂时性缺血缺氧。如果长期饮酒，便会形成明显的黑眼圈。除此之外，一定要保证充足的睡眠，这不仅有利于防止黑眼圈的出现，更有利于身心健康。

四、黑眼圈宜选食物

1. 芝麻

芝麻乌发的作用人尽皆知，其实黑芝麻还有消除黑眼圈的功效。芝麻富含对眼球和眼肌具有滋养作用的维生素 E，从而能缓解黑眼圈的形成。既能使秀发乌黑靓丽，又能消除黑眼圈，一举两得，所以有人将芝麻称为神奇的“魔法食物”。

除了芝麻，富含维生素 E 的食物都有消除黑眼圈的作用，包括有花生、核桃、葵花子等。

2. 胡萝卜

除了维生素 E 能对眼球和眼肌有滋养作用外，维生素 A 也有此般功效。胡萝卜就是增加维生素 A 摄入量的良好选择，它能维持上皮组织正常机能，改善黑眼圈。此外，胡萝卜中所含的维生素 A 还有助于增进视力，尤其是黑暗中的视力。其他富含维生素 A 的食物还有动物肝脏、奶油、禽蛋、苜蓿、杏等。

3. 海带

由于铁质是构成血红蛋白的核心成分。因此，补充适量的铁质能够促使血红蛋白的增加，从而增强其输送氧分和营养成分的能力，而海带富含铁质，所以经常服用海带，也能缓解黑眼圈的困扰。其他含铁质丰富的食物还有动物肝、瘦肉等。

4. 鸡蛋

鸡蛋中富含优质蛋白质，能够促进细胞再生，因此经常食用鸡蛋，增加蛋白质的摄入，对于缓解黑眼圈的形成有一定功效。

消除黑眼圈食疗两例

苹果生鱼汤：苹果 3 个（约 500 g），生鱼 1 条（约 150 g），生姜 2 片，红枣 10 枚，盐少许。生鱼去鳞、去鳃，用清水冲净鱼身、抹干。用姜落油锅煎至鱼身成微黄色；苹果、生姜、红枣洗干净后，苹果去皮去蒂，切成块状；生姜去皮切片，红枣去核。瓦煲内加入适量清水，用猛火煲滚。然后加入全部材料，改用中火继续煲两个小时左右。加入盐调味，即可饮用。每日两次，早晚饮用。此方可预防黑眼圈的出现，防止眼下出现眼袋。

枸杞猪肝汤：枸杞子 50 g，猪肝 400 g，生姜 2 片，盐少许。清水洗净枸杞子。猪肝、生姜分别用清水洗干净。猪肝切片，生姜去皮切 2 片。先将枸杞、生姜加适量清水，猛火煲 30 min 左右。改用中火煲 45 min 左右，再放入猪肝。待猪肝熟透，加盐调味即可。早晚各一次。补虚益精，清热祛风，益血明目。预防肝肾亏虚所引起的黑眼圈。

第三节　香口除臭与营养膳食

香口除臭是指消除口中的臭秽之气或使口气芳香。口腔发出异味为社交场合所忌。故古今中外莫不对消除口臭予以关注。我国早在 2000 年前就有口含兰草的风俗，以使说话时香气芬芳。

一、导致口臭的原因

1. 口腔疾病

患有龋齿、牙周炎、口腔黏膜炎等口腔疾病的人，其口腔内容易滋生细菌，尤其是厌氧菌，其分解产生硫化物，发出腐败的味道而产生口臭。

2. 胃肠道疾病

胃肠道疾病如消化性溃疡、慢性胃炎、消化不良等，都可能伴有口臭。

3. 其他疾病

有些口臭是由于身体其他部位的疾病，尤其是鼻咽部及鼻腔疾病引起，如化脓性上颌窦炎、萎缩性鼻炎、化脓性支气管炎、肺脓肿等。

4. 食物原因

吃生蒜、生葱、韭菜、羊肉等食物后，常发生食物性口臭，特别是吃生蒜引起的口臭更为明显。

5. 不良嗜好

长期吸烟、喝酒的人一张口就散发出烟酒的臭味。这种纯属嗜好所致者，只要戒除烟酒，口臭就自然消失。

二、口臭与营养膳食

(1) 饮食清淡，多吃含有丰富的纤维素食物有利于清洁口腔。

(2) 适当食用具有清热化湿、避秽除臭之食品。如甜瓜子为末，口内含之；茴香作汤饮或生嚼；橘饼常嚼食；用苏子煮水漱口；乌梅脯含化等，均有祛口臭作用。

(3) 提高胃肠道中双歧杆菌，可以治疗口臭。大豆低聚糖、异麦芽低聚糖、低聚果糖等双歧杆菌因子，对于治疗口臭效果很好。

(4) 多摄入膳食纤维类食品和水，以防便秘。

(5) 可适量饮茶，可以清热去火，抗菌消炎，清洁口腔，像箐橡草、禾箐茶等可有效预防和改善口臭症状。

(6) 进食时要细嚼慢咽。

三、口臭者宜选食物

(1) 海带。近年研究发现，在海带中存在着高效的消除臭味的物质，其消臭的效果是现有口臭抑制物黄酮类化合物的 3 倍，因此，患有口臭的人，常食海带有消除口臭作用。

(2) 宜多吃生蔬菜和苹果，以保护齿龈。

(3) 姜、肉桂、芥末和辣根，以防鼻窦炎。

(4) 胡萝卜、花茎甘蓝、菠菜和柑橘类水果，以摄取β-胡萝卜素和维生素 C。

(5) 牛奶。吃大蒜后的口气难闻，喝一杯牛奶，大蒜臭味即可消除。

(6) 柠檬。性酸，味微苦，具有生津、止渴、祛暑的功效。可在一杯沸水里，加入一些薄荷，同时加上一些新鲜柠檬汁饮用，可去口臭。

(7) 香芹菜。这种草本植物最有助于消除口中的异味，尤其是烟味。如果手边一时找不到香芹菜，香菜、薄荷也能起到去除口腔异味的作用。为了达到更好的效果，这些东西嚼得时间越长越好，或者用来沏茶喝。此外，上述这几种草本植物对消化也有好处。

(8) 酸奶。最新的研究表明，每天坚持喝酸奶可以降低口腔中的硫化氢含量，因为这种物质正是口腔异味的罪魁祸首。按时喝酸奶还可以阻止口腔中有害细菌的产生，这些细菌会引起牙床疾病或牙菌斑。但是，只有天然的酸奶具有这样的功效，含糖的酸奶起不到这种效果。

(9) 金橘。对口臭伴胸闷食滞很有效，可取新鲜金橘 5～6 枚，洗净嚼服。本方具有芳香通窍、顺气健脾的功效。

(10) 蜂蜜。蜂蜜 1 匙，温开水 1 小杯冲服，每日晨起空腹即饮。蜂蜜具有润肠通腑、化消去腐的功效，对便秘引起的口臭颇有效。

(11) 柚子。除酒后异味可治纳少、口淡，去胃中恶气，解酒毒，消除饮酒后口中异味，有消食健脾、芳香除臭的功效。取新鲜柚子去皮食肉，细细嚼服。

四、口臭者忌选食物

(1) 少食糖、甜食、甜饮料、蛋糕和饼干，不仅可以保护牙齿和齿龈，并可减少牙斑。

(2) 忌食大蒜、洋葱和咖喱。

(3) 忌吸烟或其他烟草制品。

(4) 忌喝酒。

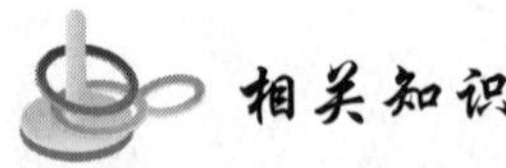

相关知识

香口除臭食疗两例

麦冬粥：麦冬 20～30 g，粳米 50～100 g，冰糖适量。将麦冬煎汤取汁。粳米淘净，放入铝锅内，加水适量，置武火上烧沸，用文火煮熟，再倒入麦冬汁烧沸即成。

咸鱼头豆腐汤：咸鱼头 1 个，豆腐数块，生姜 1 片。洗净所有材料，咸鱼头斩件稍煎后与生姜同放入煲内，加入适量清水用猛火滚约 0.5 h，放入豆腐再滚 20 min 便可。此方有清热解毒之效，对于口腔溃烂、牙龈肿痛、口臭及便秘等都甚有功效。

第四节 洁齿固齿与营养膳食

牙齿不仅能咀嚼食物、帮助发音，而且对面容的美有很大影响。所以，人人都想拥有洁白、光亮、健康的牙齿。然而，大多数人的牙齿却不能让人们满意，经常出现龋齿、牙齿松动甚至脱落、黄牙、黑牙等现象。洁齿固齿是指对牙齿的清洁和稳固，使牙齿洁白，富有弹性，牢固不缺，或使已松动的牙齿重新稳固。

一、影响牙齿美观的问题

1. 龋齿

导致龋齿的原因与饮食和营养问题密不可分。主要有以下四个方面：

(1) 牙齿钙化不全。在婴儿乳牙的生长发育阶段和儿童恒牙的生长发育期内，营养不足就会直接影响到牙齿的发育和健康，具体可以影响到牙齿的结构、形态和长出时间，以及牙齿对龋病的抵抗能力。其中钙是组成牙釉质的最主要成分，牙齿发育和钙化的良好与否对牙病的发生有直接影响。如果母体在怀孕期、哺乳期或婴儿在出生后缺乏钙质，就会影响牙齿硬组织的钙化程度，对细菌和酸性环境缺乏抵抗力。另外，维生素D可以帮助钙质在身体里吸收，促使牙齿的发育和钙化，减少牙病发生的机会；还有研究表明，妊娠期、哺乳期及婴幼儿蛋白质缺乏可导致牙齿变小，萌芽期推迟，提高龋齿的易感性。

（2）缺氟。氟是人体不可缺少的微量元素，一定量的氟可以增加牙齿对龋病的防御能力，使牙齿健康美观。同时，氟又是一种必需但敏感的元素，缺氟会引起龋齿和骨质疏松，而过高的氟又会造成氟骨症和黄斑牙。

（3）糖摄入量多。糖摄入量多会导致患龋率增加已得到人们的公认，而且患龋率增加还与糖类在口腔中停留时间、食糖次数多少及糖的种类密切相关。Stephar 1966 年通过证实，各种糖类食物对发生龋齿的影响不同，其中以蔗糖的致龋力最强（表10-1）。

表 10-1　各种食物的致龋力

食　物	致龋力	食　物	致龋力
对照组	0	蜂蜜，饼干	19.2
苏打饼干	0.3	葡萄糖	30.6
洋芋泥	1.6	10%蔗糖水	32.2
白面包加花生酱	5.2	巧克力奶糖	34.1
白面包加草莓酱	10.2	蔗糖	62.1

（4）缺乏一些营养素。镁、二氧化硅对牙齿健康起着关键作用；含纤维素较多的食物有清洁牙齿的功能，从而能提高牙齿的自洁和抗龋能力；牙齿萌出后增加食物中脂肪的含量可降低患龋率，可能是由于脂肪在牙釉质表面形成了一层脂肪膜，断绝了糖类与细菌的接触机会。维生素C可预防龋齿，防止牙周炎。

2. 牙齿发黄

当人体发育完成后，人体就停止对骨骼系统供应生长素，于是牙齿的营养供应链就发生了剧变。这时人的牙齿，就会从儿童时期的雪白状态不同程度的慢慢随着年龄的增加变成象牙色（米黄色），其实这就是骨骼系统的生命状态逐渐走向不活跃的标志。成人后牙齿发黄有以下原因：

（1）氟斑牙。有些地区，由于水中含氟量高，人们的牙齿会发黄，而且经常是满口大黄牙。

（2）药物引起的黄牙。现在大多数人都知道四环素类药物可导致黄牙的发生，特别是儿童（5 岁前）服用影响更大。

（3）口腔清洁不到位引起的黄牙。有些人不注意口腔卫生，没有刷牙习惯，牙齿的表面堆积一层食物残渣、软垢、牙石。这些黄牙不是牙齿本身发黄，是不注意口腔卫生造成的。

（4）过多吸烟、喝咖啡、饮茶，也容易在牙齿上积淀烟渍、茶渍以及牙结石等黄色牙斑。

以上因素如果长期不能排除，不仅牙齿会发黄，长期牙齿还会变黑，更加影响美观。所以，黄牙应该及时采取措施，如通过皓齿美白、牙贴面以及美容冠进行美白。黄牙美白一定要根据不同的情况选择最适合的牙齿美白方式。

二、牙齿美学标准

现在人们不但要求牙齿健康，也要求牙齿美丽，这也是牙齿美容的美学标准，我们从牙齿颜色、牙齿形状、牙齿排列几个方面来评价牙齿的美学标准。

（1）颜色美观：无白垩色、无发灰、发芽、发黑。

（2）邻接关系好：不易嵌塞食物。

（3）无疼痛等不适：不疼、不酸、不敏感。

（4）牙龈健康：无变色、无肿胀、无出血、无异味、无溢脓。

三、洁齿固齿与营养膳食

1. 注意钙的补充

要想有一副健美的牙齿，必须注意牙齿的保健，多吃含钙丰富的食物，如牛奶、黄豆、胡萝卜、芹菜叶、骨头汤、虾皮、海带、鱼松、无花果等。同时注意维生素 D 的补充，如鱼肝油等。

2. 多吃促进咀嚼的蔬菜

特别是在婴幼儿时期就应注意饮食的选择。家长应给孩子多吃能促进咀嚼的蔬菜，如芹菜、卷心菜、菠菜、韭菜、海带等，有利于促进下颌的发达和牙齿的整齐。常吃蔬菜还能使牙齿中的钼元素含量增加，增强牙齿的硬度和坚固度。实验证明，厌食蔬菜和肉类食品的幼儿，其骨质密度均比吃蔬菜和肉类食品的幼儿低下。常吃蔬菜还能防龋齿，因蔬菜中含有 90％的水分及一些纤维物质。咀嚼蔬菜时，蔬菜中的水分能稀释口腔中的糖质，使细菌不易生长；纤维素能对牙齿起清扫和清洁作用。蔬菜含有许多微量元素和大量的维生素 C，是很重要的抗龋营养素。

3. 多吃水果

水果如苹果、生梨等在进食时可起到对牙齿的机械擦洗作用，擦去黏附于牙齿表面的细菌。此外，水果中的果胶还有抑制细菌的作用。

4. 多吃些较硬的食物

多吃较硬的食物，有利于牙齿的健美，如玉米、高粱、牛肉、狗肉及一些坚果类，如瓜子、核桃、榛子等。

5. 摄入一定量的氟

氟能与牙质中的钙磷化合物形成不易溶解的氟磷灰石，从而防止细菌所产生的酸对牙质的侵蚀。人体所需的氟主要来源于饮水。一般情况下，每日从饮水中摄取约 65％

的氟，从食物中摄取约5.35%的氟。含氟较多的食物有鱼（沙丁鱼、大马哈鱼）、虾、海带、海蜇、蔬菜、葡萄酒，茶和矿泉水中含量也不少。

6. 减少糖类的摄入

减少糖类尤其是蔗糖的摄入量，改变餐间吃甜食的习惯，尤其是睡前吃糖或甜点的习惯，适当用其他甜味剂代替蔗糖，如山梨醇、木糖醇、环已烷胺磺酸钠等。

7. 多吃粗粮

应多食用烹调加工不过于精细的食物，因其所含的脂溶性维生素和矿物质较多，进食时需要较大的咀嚼力，咀嚼可促进唾液分泌，除帮助消化外，还可起到洗擦牙齿的作用。应少食用加工过细的精制食品（如话梅、巧克力、汽水、糖果、糕点、饼干等）。

四、洁齿固齿宜选的食物

1. 水

适量喝水能让牙龈保持湿润，刺激分泌唾液。吃完东西后喝水，顺道带走残留口中的食物残渣，不让细菌得到养分，借机作怪而损害牙齿。

2. 薄荷

薄荷叶里含有单萜烯类化合物，可经由血液循环到达肺部，在呼吸时感觉气味清新。

3. 无糖口香糖

无糖口香糖可以增加唾液分泌量，中和口腔内的酸性，进一步预防蛀牙。

4. 乳酪

钙及磷酸盐可以平衡口中的酸碱值，避免口腔处于有利细菌活动的酸性环境，造成蛀牙；经常食用能增加齿面钙质，有助于强化及重建珐琅质，使牙齿更为坚固。

5. 芹菜

纤维就像扫把，能扫掉牙齿上的部分食物残渣，另外，越是费劲咀嚼就越能刺激分泌唾液，平衡口腔内的酸碱值，达到自然的抗菌效果。

6. 绿茶

绿茶含有大量的氟和牙齿中的磷灰石结合，具有抗酸防蛀牙的效果；儿茶素能够减少造成蛀牙的变形链球菌，同时可除去难闻口气。

7. 洋葱

洋葱里的硫化合物是强有力的抗菌成分，在试管实验中发现，洋葱能杀死多种细菌，其中包括造成蛀牙的变形链球菌，而且以新鲜的生洋葱效果最好。香菇里所含的香菇多糖可以抑制口中的细菌制造牙菌斑，保证牙齿的洁白美观。

8. 香菇

香菇里所含的香菇多醣体可以抑制口中的细菌制造牙菌斑。

9. 芥末

芥末可以抑制造成蛀牙的变形链球菌繁殖。

10. 核桃

有的人牙齿洁白而坚固，外表完整无缺，但一遇到酸、甜、冷、热食物便酸痛起来，这就是牙本质过敏症。常吃核桃，可起到防治作用。核桃仁中含有丰富的脂肪油、蛋白质、维生素、钙、镁等成分，其中油和酸性物质能渗透到牙本质小管内，起隔离作用。蛋白质脂肪和钙也可通过化学变化辅助治疗。

五、洁齿固齿的非营养疗法

1. 洗牙

现代人为了美白牙齿，选择了各种各样的美牙洗牙的方法，无论哪种美白牙齿的方式，在美白的同时，都不可避免地给牙齿健康带来不同程度的伤害，牙齿漂白、冷光美白，都属于化学漂白，对于牙齿釉质的伤害极大，容易令牙本质失去必要保护而出现冷热过敏的痛苦；烤瓷牙和贴面美白，都要磨掉牙齿表面的釉质，也是建立在牺牲牙齿健康的基础上，同时会带来不可预料的牙龈健康问题（牙周炎和牙龈萎缩），最终也会导致脱落而失去牙齿；洗牙本来作为去除牙石，避免牙周炎的发生或减轻牙周炎的症状，保护牙龈的清洁手段，现在也被用为牙齿美白手段，但频繁洗牙不可避免会对牙釉质造成损害，尤其是牙釉质较薄的牙根部位，很容易引起牙体过敏，即牙酸、牙倒，对冷、热、酸、甜等刺激特别敏感。因此，美牙、洗牙需慎重。

2. 科学护理牙齿

（1）每月换一款牙膏。一款牙膏不要长期使用，品牌、种类可以月月换。而且牙膏使用时间越久，接触细菌的机会就更高，所以买牙膏最好选一个月用量的。

（2）每半年洗一次牙。烟酒腐蚀牙齿，在牙齿表面沉积大量的牙菌斑、黑色素和牙石。口腔专家发现，男人因为烟酒和饮食不当，更容易出现牙周病，建议视牙石增长的速度，每半年到一年洗牙一次。平时也要监测牙齿情况，有问题早发现。

（3）饭后一杯铁观音。好牙离不开氟，铁观音中富含氟化物，有40%～80%溶解于开水，极易与牙齿中的钙质相结合，在牙齿表面形成一层氟化钙，起到防酸抗龋的作用。

（4）喝饮料用吸管。我们喝碳酸饮料时，如果不使用吸管，而大口喝饮料的话，嘴巴就成了一个装满碳酸饮料的池子，牙齿完全被“浸泡”在酸中，容易导致蛀牙。不单是甜饮料，看来不甜的苏打水和运动饮料，对牙釉的损害程度大大超过可乐，分别是可乐的3倍和11倍。

相关知识

洁齿固齿的营养食疗两例

枸杞麦冬饮：枸杞子15 g，麦冬10 g，白糖适量。二药水煎沸15 min，取汁加糖频频饮之。此方有固齿的功效。

补骨脂大枣粥：补骨脂20 g，大枣6枚，粳米100 g。补骨脂煎15 min，去渣取汁，加米、枣煮粥，趁热食用。此方可用于牙齿松动者。

第五节　美唇护唇与营养膳食

在人类美容中，口唇占重要地位，曲线柔美、富有弹性、丰满红润的嘴唇蕴含着青春的美感。干燥、皲裂甚至溃烂可损伤唇的质地美，而唇色的暗红或苍白则破坏了唇的色彩美。

一、影响口唇美的因素

（1）物理因素。如风吹、日晒、气候干燥，尤其是夏季长时间的暴晒。

（2）化学因素。如唇膏、口红、牙膏、漱口水等的刺激。

（3）不良习惯。如舔唇、咬唇等。

（4）饮食习惯。缺乏B族维生素，烟酒过度，以及嗜食辛辣刺激性食物等。

二、美唇护唇与营养膳食

（1）不要吃过辣的食物，这样可刺激唇部黏膜的溃烂、起泡，特别是在秋冬季，不能经常吃烧烤、火锅、热带水果等食物。

（2）多吃一些新鲜的蔬菜，注意补充维生素和温凉的食品，多喝一些枸杞茶，赶走身体里的燥热，预防嘴唇起泡。

（3）不要喝太烫的水或者吃太烫的食物，这样很容易造成外表黏膜烫伤，使唇部容易老化，让嘴唇更容易起死皮，严重的引发溃疡，留下不好的痕迹。

（4）要养成主动喝水的习惯，也可在医生的指导下服用一些维生素，改善唇色暗沉的状况。

（5）养成良好的护唇习惯，包括：不要经常涂抹口红，口红中的石蜡和色素容易使唇部水分流失；唇膏一般可用2～3年，但遇热会融，宜存放于阴凉处，不要被阳光直射；利用洒水、使用加湿器等方法都可以提高室内空气湿度；改掉经常舔唇的习惯。

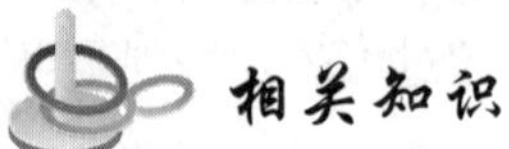

相关知识

美唇护唇食疗两例

蜜酿白梨：大白梨1只，蜂蜜50 g。取大白梨1只去核，放入蜂蜜50 g，蒸熟食。顿服，每日2次。连服数日。适用于口唇干裂，咽干渴，手足心热，干咳，久咳，痰少。

八宝鸡汤：党参10 g，茯苓10 g，炒白术10 g，炙甘草6 g，熟地黄15 g，白芍10 g，当归15 g，川芎7.5 g，肥母鸡肉5000 g，猪肉1500 g，葱100 g，生姜50 g。以上药物配齐后，用纱布袋装好扎口，先用清水浸洗一下。将鸡肉、猪肉分别去净毛渣，冲洗干净，杂骨洗净打碎，生姜洗净拍破，葱洗净缠成小把。将猪肉、鸡肉和药袋、杂骨放入锅中，加水适量、用武火烧开，打去浮沫，加入生姜、葱，用文火炖至鸡肉熟烂，将汤中药物、姜、葱捞出不用，再捞出鸡肉和猪肉稍凉，猪肉切成条，鸡砍成条方形块，按量装碗中掺入药汤，加盐少许即成。本方有双补气血之功。

第六节　美甲与营养膳食

指甲是反映人体健康状况的窗口。健康人的指甲是粉红色的，平滑并具光泽。指甲表面的异常变化都是来自于身体某一部分失衡的表现。指甲容易受外界多种因素的影响，其中起关键作用的是饮食。因为指甲基本上是由蛋白质组成，在其结构中1/5是液体，1/5是脂肪，为了维持骨骼样坚实的外观，指甲必须不断从皮肤血管中吸取必要的营养，所以科学的饮食营养是指甲健康美观的保障。

一、指甲异常与营养缺乏的关系

1. 指甲无光泽

若指甲呈现波浪状且无光泽，揭示可能缺乏蛋白质，缺少维生素A及维生素B或者揭示矿物质不足。对此可改善日常的膳食并每天补充多种维生素，外加维生素B_6及锌。指甲无光全部为白色则提示可能罹患肝脏疾患，此时可请内科医生检查帮助诊治。

2. 指甲苍白

指甲苍白也许是缺乏锌元素及维生素B_6不足的征象，抑或由于贫血所引起。通过改善饮食营养状况后指甲苍白的症状仍然持续存在，需向医生求教，查明原因。

3. 指甲凹凸

指甲出现凹凸现象主要是人体体内缺乏钙质、维生素A，这些营养物质可以从胡萝卜、蛋黄等食物取得，经常食用为好。

4. 扁平状或匙样指甲

若长期缺乏蛋白质或铁元素，通常易造成扁平状或匙样指甲，通过改善饮食营养即可以矫正。

5. 线条状隆起样指甲

此种外观挺好看的异样指甲常常发生在情绪欠佳或疾病之后，如能每天吃富含蛋白质的适当饮食，同时摄取维生素C外加15 mg锌增补剂即可加速新生指甲的生长，从而可使水平隆起线条状指甲逐渐消失。

6. 指甲脆且易裂

饮食中蛋白质及钙、硫、锌等元素或维生素A、维生素B、维生素C不足，会导致指甲脆，容易裂。

案例

小曼的指甲最近失去了本身的红润，变得苍白、没有血色，指甲中央凹陷，边缘翘起，指甲变薄，无光泽。

【对策】

属于贫血。

健康的指甲原本是粉红色的，外观呈弧形，有自然的光泽，如果指甲颜色苍白，形态平坦，甚至凹陷成汤匙状，而且晦暗没有光泽的话，是肝血不足在表现，也就是贫血的征兆，尤其是平时月经失血较多的女性，很容易发生缺铁性贫血。经过营养膳食调理，每天保证75 g红肉，每周两次猪肝、鸭血等，3个月后指甲形状正常，恢复为粉红色，有光泽。

案例

萍萍最近指甲表面凹凸不平，表明不光滑，没光泽，也不亮，整个人也没力气。

【对策】

属于营养不足。

指甲是一片角质结构，由多层连接牢固的角化细胞构成，细胞内充满角蛋白丝，所以富含蛋白质和钙的食物是保持健康、光滑、亮泽指甲的基本要素，此外，锌、钾和铁以及维生素A和维生素B也对指甲的生长非常重要，因此指甲可以反映人体的营养状况。如果维生素、钙质等营养成分摄入不足，就会出现指甲表面不光滑，凹凸不平，没有光泽的现象。通过营养师的营养干预，每天保证蛋白质的摄入量，且选择质量高的优质蛋白，并注意补充矿物质，半年后指甲恢复正常。

二、产生不健康指甲的原因

1. 营养素缺乏

营养缺乏一般表现为指甲变薄脆、断裂、坚硬增厚，指甲层脱落，生长缓慢，指甲苍白，表面有白色斑点、纵向或横向突起，倒刺、真菌感染等。

2. 老年人

老年人指甲表面有时会出现纵向沟纹或波痕。

3. 皮肤病患者

皮肤病患者指甲生长缓慢。

4. 内科疾病

内科疾病如心血管及血液病患者指甲常呈青色；肝病患者指甲呈黄白色；慢性肺炎、肺气肿、支气管扩张等可使指甲变厚，像手表玻璃盖样呈圆形，且中间部分凸出呈弓形，也称杵状指；末梢神经及其他神经系统疾病患者的指甲变小，且厚薄、轮廓、颜色和形状也会发生变异。

此外，指甲的生长和健康状况还取决于个人的年龄、卫生、睡眠、精神、血液循环情况和体内矿物质含量等因素。

三、指甲的美容营养疗法

(1) 增加蛋白质的摄入。富含蛋白质和钙的食物是保持指甲健康亮泽的基本要素，每天至少需要摄入60 g的蛋白质，鸡蛋、牛奶、酸奶、豆制品是蛋白质的良好来源；另外，燕麦、种子、谷物都富含植物蛋白。食用海产品中的螺旋藻、微型蓝绿海藻也是补充蛋白质的有效途径。

(2) 补充维生素和矿物质。因为缺乏维生素B族，易使指甲脆弱；缺乏维生素C与倒刺及指甲四周的组织发炎有关；缺铁会造成汤匙指甲和纵向突脊等。所以应该适当补充钙、镁、铁、锌、碘、硅及B族维生素（特别是维生素B_2、维生素B_{12}、叶酸)、维生素C、维生素D等营养素，多饮用新鲜的果蔬汁，如芦荟汁、甜菜根汁、黄瓜汁、胡萝卜汁和苹果汁等。

(3) 养血柔肝，提高肝的功能。减少脂肪类食品的摄入量，避免饮酒。

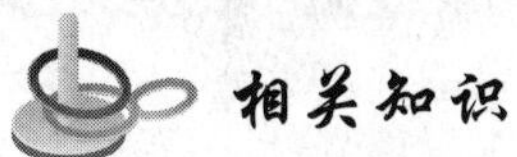

相关知识

美甲食谱

当归红枣鸡蛋：当归 25 g、红枣 20 粒、鸡蛋 2 个。鸡蛋煮熟去壳待用，4 碗水加红枣、当归，用小火煲，待出味后再放入鸡蛋煲 15 min，即可饮汤吃蛋。

本章小结

眼睛是心灵的窗口，它不仅是美貌的象征，而且还是观察世界的重要器官。但不同年龄人群出现不同的眼睛问题，包括少年儿童的近视、成人眼睛疲劳干涩、老年人的老花。美目的营养食疗有多选食富含维生素 A、维生素 B_1、清肝明目的食物，不食辛辣刺激性食物。

黑眼圈的存在影响了美观，要消除黑眼圈，可选择营养疗法，包括：增加优质蛋白质摄入量，增加维生素 A、维生素 E 的摄入量，注意含铁食品的摄入，同时应摄入富含维生素 C 的食物。此外，不要吸烟喝酒。

引起口臭的原因有多方面的，可以通过营养食疗来达到香口除臭的目的。包括饮食清淡，食用具有清热化湿、避秽除臭之食品，提高胃肠道中双歧杆菌，可以治疗口臭，多摄入膳食纤维类食品和水，以防便秘，可适量饮茶，进食时要细嚼慢咽等方法。

牙齿有龋齿、牙齿发黄等现象，影响了美观。洁齿固齿的营养疗法有：注意钙的补充，多吃促进咀嚼的蔬菜，多吃水果，多吃些较硬的食物，摄入一定量的氟，减少糖类的摄入，多吃粗粮等。

口唇在美容中占有重要地位，然而如果口唇干燥、皲裂、颜色暗淡，则影响美观。美唇护唇的营养疗法有：不要吃过辣的食物，多吃一些新鲜的蔬菜，不要喝太烫的水或者吃太烫的食物，要养成主动喝水的习惯，养成良好的护唇习惯。

指甲苍白、无光泽、凹凸等现象与营养素的缺乏有关。要想指甲健康漂亮，可选择营养疗法，包括有：增加蛋白质的摄入，补充维生素和矿物质，养血柔肝，提高肝的功能。

自测题

1. 单选题

(1) 下列措施不能改善黑眼圈现象的是（　　）。

A. 在饮食中增加优质蛋白质摄入量

B. 增加维生素 A、维生素 E 的摄入量

C. 注意含铁食品的摄入

D. 吸烟喝酒

(2) 下列不属于香口除臭的营养疗法有（　　）。

A. 饮食清淡，多吃含有丰富的纤维素食物有利于清洁口腔

B. 加快进食速度

C. 适当食用具有清热化湿、避秽除臭之食品

D. 可适量饮茶，可以清热去火，抗菌消炎，清洁口腔

(3) 下列是口臭者可选择的食物的是（　　）。

A. 韭菜　　B. 大蒜　　C. 海带　　D. 羊肉

(4) 下列因素不会导致龋齿的有（　　）。

A. 牙齿钙化不全　　B. 缺氟　　C. 糖摄入过多　　D. 某些药物

(5) 下列因素不会影响口唇美的因素有（　　）。

A. 喝水　　B. 舔唇　　C. 长期使用唇膏　　D. 吃辛辣食物

(6) 下列说法不正确的是（　　）。

A. 若长期缺乏蛋白质或铁元素，通常易造成扁平状或匙样指甲

B. 饮食中蛋白质及钙、硫、锌等元素或维生素 A、维生素 B、维生素 C 不足，会导致指甲脆，容易裂

C. 指甲没有光泽，是缺乏维生素 C 的表现

D 指甲出现凹凸现象主要是人体体内缺乏钙质、维生素 A

2. 案例分析

(1) 小赵，女，23 岁，本人五官长得不错，身材苗条且有曲线美，但唯一不好的地方是牙齿不好，有龋齿且牙齿发黄，经医生诊断不是地方性缺氟，属于个人问题。

① 请你帮小赵分析有龋齿且牙齿发黄的原因。

② 请给出洁齿固齿的营养方案。

(2) 小琪，女，28 岁，近期发现指甲没有血色也没有光泽，而且指甲中间凹陷，边缘翘起，让她苦恼。

① 请你帮她分析这是什么原因。

② 请提出美甲的营养方案。

第十一章　药膳与美容

☞ **知识目标**

（1）了解药膳的发展历史。

（2）掌握药膳的定义与特点。

（3）了解药膳的分类。

（4）掌握药膳美容的基本原则。

☞ **能力目标**

能列举出不同美容需求的药膳方（抗衰除皱、祛斑增白、五官美容、丰胸美乳、美手、减肥美体）。

药膳美容是美容营养学的一个重要分支，是根据中医理论和治疗原则，合理配伍药、食，精制而成的一种特殊食品。它从整体入手，把美容驻颜与防病治病融为一体，符合现代倡导的自然绿色美容法，是美容方法研究和开发的方向之一。

第一节　概　　述

一、药膳的基本概念

1. 药膳美容的定义

药膳美容是指在中医基本理论和现代营养学的指导下，在食物中加入药食两用的天然动植物或具有美容保健作用的中药，经过合理加工和烹调，制成药膳，达到防病治病，促进机体康复，润泽肌肤，延衰驻颜，美容保健，维护人体整体美的目的。

2. 食养、食疗与药膳的区别

中医有“食养”、“食疗”、“药膳”之分。饮食养身，称为“食养”。《素问·五常政大论》记载的“谷肉果菜，食养尽之”是指利用饮食达到营养肌体、保持健康、延衰美容的目的。饮食治疗，称为“食疗”。《千金方》中的“食治篇”、《食疗本草》等都是专论“食疗”的专著。“食疗”是利用饮食，根据不同体质，选择有一定治疗作用的食物，调节人体平衡，从而达到强身保健、延衰美体的目的。在食物中加入药食两用的天然动植物或具有美容保健作用的中药，称为“药膳”。食物与药物相结合，经过配伍加工，烹调制成一种特殊的饮食品，食借药力、药助食威，相辅相成，集营养、预防、治疗、康复、美容于一体，是中医美容营养的一大特色。

3. 我国药膳的历史

我国在药膳美容方面历史悠久、内容丰富，是我国独特美容健美的方法。人类的祖先为了生存的需要，不得不在自然界到处觅食；久而久之，也就发现了某些动物、植物不但可以作为食物充饥，而且具有某种药用价值。在人类社会的原始阶段，人们还没有能力把食物与药物分开。这种把食物与药物合二而一的现象就形成了药膳的源头和雏形。也许正是基于这样一种情况，中国的传统医学才说“药食同源”。当然，这种原始的药膳雏形，还不能说是真正的药膳，那时的人们还不是自觉地利用食物的药性。真正的药膳只能出现在人类已经有了丰富的药物知识和积累了丰富的烹饪经验之后的文明时代。如《黄帝内经》中共有13首方剂，其中有8首属于药食并用的方剂。在本草经典著作《神农本草经》所载的365种药物中，具有美容作用的有32种，其中食物或食药两用的食物占了很大的比例。唐代医家对食药两用的食物在美容中的作用也颇为注重。孙思邈的《备急千金要方》第26卷食治在论述谷、肉、果、菜等食物的药疗作用时，就论述了46种食物的美容和健美功效，占所载食物的29.4%，这些历史文献记载了大量的食物、药物的美容作用、药膳美容方，剂型有汤、羹、茶、酒、饮、膏、粥、面、饼、糕、菜肴等形式，为药膳美容积累了丰富的经验，奠定了基础，也为现代营养学的飞速发展，提供了科学依据。

4. 药膳美容的分类

药膳美容可分为内服和外用两大类。内服法是依据应用者不同年龄、不同体质的需要，食用不同的食物或药膳，从而达到美容的目的。内服法主要是从内部平衡脏腑阴阳，调节气血经络，增加外部器官活力，从而获得整体美容效果。这种方法在饮食美容中应用广泛。例如经常食用牛奶，可以滋润肌肤，使皮肤细腻光滑；对于肥胖多痰湿者，多饮茶，食黄瓜、冬瓜等食物，可助减肥防胖；而桑葚、黑芝麻等对于须发早白者食之则有乌须发之功。外用法则是将食物根据需要配制成不同制剂，直接作用于体表皮肤及外部器官，以达保健、治疗的美容目的。这种方法直接在局部发挥作用。如用鸡蛋清敷面，可有助于消除面部皱纹；用猪蹄与桑白皮、白茯苓、白芷、芎䓖、玉竹、白术等煎煮成猪蹄汤，用以洗手面，可以泽肤润燥。也可制成外用膏等直接在局部发挥作用。

二、药膳美容的基本特点

1. 注重整体，辨证施食

强调整体美容是饮食美容的指导思想。所谓“注重整体”、“辨证施食”，即在运用药膳时，首先要全面分析患者的体质、健康状况、患病性质、季节时令、地理环境等多方面情况，判断其基本证型；然后再确定相应的食疗原则，给予适当的药膳治疗。如慢性胃炎患者，若证属胃寒者，宜服良附粥；证属胃阴虚者，则服玉石梅楂饮等。药膳美容还应融内服与外用为一体，既注重外部的保养，祛除有碍美容的一些病变，更注重内部调养，调整脏腑、气血、经络的失和，使机体充分、平衡地摄取各种营养素，保证整体的健康、健美。

2. 防治兼宜，寓治于养

药膳既可治病，又可强身防病，这是有别于药物治疗的特点之一。药膳虽然多是平和之品，但其防治疾病和健身养生的效果却是比较显著的。药膳美容选择的食物不仅有利于皮肤、毛发、形体等外在形态的改善，更主要是通过对机体内部的作用，使机体在健康的状态下，实现形体的美。并配以少量具有美容保健作用的中药，对一些损容性疾病起辅助治疗的作用。所以，药膳既可以使人获得丰富的营养素，还可以防治并举。

3. 良药可口，服食方便

由于中药汤剂多有苦味，故民间有“良药苦口”之说。有些人，特别是儿童多畏其苦而拒绝服药。而药膳使用的多为药、食两用之品，且有食品的色、香、味等特性；即使加入了部分药材，由于注意了药物性味的选择，并通过与食物的调配及精细的烹调，仍可制成美味可口的药膳，故谓“良药可口，服食方便”。

4. 安全经济，简便易行

食疗药膳美容所选用的均为日常饮食中的食物或可药食两用的天然动植物。其药膳亦是以食物为主，辅以少量药物（多为药食二用）制作而成。所以，比起药物美容及现代美容的其他方法更安全可靠经济。药膳美容比现代美容的其他方法更安全可靠经济。虽然它美容显效缓慢，但可以长期应用，作用持久。且这些美容食品及药物，获取方便、制作简便，人们很容易掌握和接受，普遍适用。

5. 继承传统，结合现代

药膳美容是我国传统的美容方法，蕴藏着极其丰富的经验总结，而且以中医基本理论为指导原则。近年来，由于西医美容学的发展和现代营养学的崛起，在传统美容中又融入了现代科学的各种手段、方法及理论知识，逐渐形成了更科学、更完善、更丰富的美容法。所以，要立足传统、放眼未来，在继承传统的基础上，多学科融合，不断开发药膳美容的新方法。

三、药膳基本原理

1. 现代营养学

人的生命和健康维持依赖于日常所摄取的各种营养素。这些营养物质是保证机体正常生理功能所必需的，同时对维持机体健美也起到至关重要的作用。现代医学和营养学强调平衡膳食，要求膳食中各种营养素（蛋白质、脂类、矿物质、维生素、碳水化合物、水、膳食纤维）数量充足、种类齐全、比例科学合理，这是保证肌肤健美、延缓衰老的必要条件。如果膳食结构不合理，会影响健康，加速皮肤衰老，失去容貌、体态的美。

1）营养素摄入过剩

蛋白质、脂类、碳水化合物摄入过度会引起肥胖、血脂增高、血黏度增大；产生过量酸性物质物质对皮肤产生较强的刺激作用，引起各种皮肤病变，如湿疹、荨麻疹、痤疮、毛囊炎、酒糟鼻等，导致皮肤早衰、粗糙、抵抗力降低而失去健美。

2）营养摄入不足

蛋白质、脂类、碳水化合物摄入不足可引起发育迟缓，体重减轻、消瘦憔悴、肌肉萎缩，反应迟钝，免疫功能下降，皮肤粗糙、弹性降低、早衰皱纹，头发稀疏、脱发、干枯无光泽，甚至产生许多疾病而影响健美。各种维生素、矿物质的摄入不足即可直接影响美容，使皮肤干燥、粗糙、失去弹性、苍白无光泽，毛发干枯无光泽、易断易裂、易脱，指甲变脆，伤口愈合减慢、易形成瘢痕，皮肤易出血、形成淤点和淤斑，骨质软化变形、疏松，牙釉质退化、失去光泽等；又可引起许多损容性疾病而影响健美，如角化过度、鳞屑性皮肤病、各种皮炎、色素沉着、痤疮、油性皮肤、毛囊炎、贫血、脱发、各种皮癣、甲状腺病变、白癜风、牙齿病变、指甲病变等各种疾病。

3）合理营养是美容的物质基础

合理营养的基本要求是：①能保证供给用膳者必需的热能和各种营养素，且各种营养素之间的比例平衡；②通过合理加工烹调，尽可能减少食物中各种营养素的损失，并提高其消化吸收率；③改善食物的感官性状，使其多样化，促进食欲，满足饱腹感；④食物本身应清洁无毒害，不受污染，不含对机体有害物质；⑤制定合理的膳食制度，三餐定时定量，比例合适。所以，通过各种食物的合理搭配达到合理营养的要求，即平衡膳食。通过平衡膳食，可滋润皮肤，使皮肤柔软细嫩、洁白光亮、富有弹性，使肌肉结实、健壮，促进骨骼生长、牙齿发育、毛发润泽光亮，保持容颜的青春活力，推迟衰老；预防营养缺乏症及各种疾病的产生，支持手术治疗，促进术后康复，达到防病健美、延衰驻颜的目的。

2. 中医学

食物与药物同样具有四气、五味、归经，其搭配应依据相须相制的原理。所以，药膳美容也应以中医整体观念为核心，运用精、气、神学说，阴阳五行学说，四气五味学说及脏腑互补学说，辨证用膳。以食为药，补益人体脏腑气血，纠正阴阳偏盛偏衰，达到脏腑调和、阴阳平衡、气血津液旺盛的状态。

（1）天人相应是中医美容药膳的整体核心。人生活在自然环境中，人和自然之间息息相关的关系，同样体现在饮食营养方面。“天食人以五气，地食人以五味”。四季气候更替变化，人也随之受到影响，因而在选择美容营养药食时应与气候相适应。我国地域辽阔，东南西北地理环境迥异，民族风情亦不相同，如北方寒冷、南方炎热、西方干燥、中部湿潮，所以在选择美容营养药食时应与地理环境相适应。人不仅生活在自然环境中，同样也生活在一定的社会环境中，社会环境的变化影响着人的情志精神、健美状态，有不同工作环境、不同人际交往的人，在选择美容营养药食时亦不相同。

（2）阴阳脏腑平衡协调是美容药膳的理论指导。历代食养食疗均很重视阴阳变化、脏腑平衡。掌握阴阳变化的规律，围绕调理阴阳、保持脏腑协调进行食事活动，方可使机体保持“阴平阳秘”、“气血和调”的健美状态。药膳美容可概括为补虚、泻实两个方面。益气、养血、滋阴、助阳、生津、填精等为补不足；祛风、清热、利湿、泻下、活血、行气等为泻有余。调整阴阳脏腑，以平为期。而饮食宜忌，也以平调阴阳脏腑为准则。如痰湿偏盛者，应少食油腻，宜以清淡食物为主；火热偏盛者，应忌食辛辣，宜以寒凉食物为主；阴血不足者，应禁大热滋补之品，宜以清淡滋养食物为主等，体现出虚补实泻、寒热平调的原则。而且，在药膳制备中，亦不能离开阴阳，做到用膳的阴阳寒热平和。如烹调鱼、虾、蟹等寒性食物时，佐以姜、葱、酒等温性调味品；食用韭菜、大葱等助阳菜肴时常配蛋类等滋阴的食物，达到阴阳平衡互补的目的。

（3）气、血、津、液、精是美容药膳的物质基础。构成和维持人体生命活动的基本物质气、血、津、液、精，是各脏腑器官的基本营养物质，因而是维护人体整体健美的物质基础。气、血、津、液、精亏虚不足，则人体生命活动受到影响，同时必然影响到人体的健康和美丽。气的亏虚可导致面色苍白、精神疲惫、抵抗力下降、机体功能衰退等；血的亏虚可导致面色无华，毛发稀疏、易断易裂，身体消瘦，唇舌色淡，面色憔悴等；津、液的亏虚可导致皮肤弹性降低、粗糙、早衰生皱等；精的亏虚可导致生长发育迟缓、骨骼痿软、智力低下、脏腑功能衰退等。所以气、血、津、液、精充足，则生命旺盛、健康美丽、长寿。保持气、血、津、液、精旺盛的重要手段是合理摄取各种营养素，水谷之精是人体气、血、津、液、精的主要来源和物质基础。

（4）药食同源是美容药膳的基本依据。药食同源的含义是中药与食物不仅具有相同的来源，皆源于自然界的动植物及部分矿物质，属天然产品，而且其性能亦相通，具有同一的形、气、色、味、质等特性，都能起到营养、保健和治疗的作用，且药物和食物的应用皆有同一理论指导。由中医学发展史可知，药物是古人在尝试食物的过程中鉴别分化出来的，将具有明显治疗作用、偏性较强、有一定毒性、不能长期食用的食物列为药物；而另有一部分食物功效明显，可以长期食用偏性不大又无毒副作用，为介于一般食物与药物之间者，又称为药食两用食物，这些食物具有提高食品防病治病、保健美容功效的作用。所以把一般食物、药食两用食物及部分中药有机地配伍，制成药膳是中医美容保健的一大特色。

（5）食性理论是美容药膳的配膳基础。食物和药物一样，具有四气、五味、归经、升降浮沉的性能，对其性能特征的认识来源于长期的生活和临床实践。《本草求真》中记载：“食物入口，等于药之治病，同为一理。合则于人脏腑有益，而可却病卫生；不合则于人脏腑有损，而即增病促死。”应用食药的这一理论，即是用药食蹦偏性纠正人体阴阳、脏腑、气血、虚实、寒热的偏盛或偏衰，从而达到防病、治病、健康、美容、美体的目的。四气即寒、热、温、凉，实际上某些食物性平和、无明显的偏性，列为平性，适用于任何体质；五味即酸、苦、甘、辛、咸，实际上还有淡、涩、淡附于甘合称甘淡，涩附于酸合称酸涩；归经即食物对肌体某个脏器或某几个脏器有明显作用；升降浮沉是指食物在体内的作用趋势。利用食物的这些性能，即可以有选择性地进行保健美容，更具针对性地提高健美的功效，为美容药膳奠定配膳的基本理论。

（6）辨证用膳是美容药膳的主要方法。辨证用膳是根据不同的体质、年龄、性别、环境、季节等因素，运用中医阴阳、精气、脏腑学说，食物四气五味理论，选择适合的食物、药食两用食物或具有美容保健作用的中药进行合理配伍，遵循辨证用膳的法则，将全面膳食与审因用膳相结合，达到健康美容的目的。例如寒凉性食物具有清热泻火、凉血解毒的功效，适用于皮肤干燥、红赤、痤疮、酒糟鼻等的保健美容；温热性食物具有祛风除湿、活血化淤的功效，适用于面色黯黑、肌肤甲错、淤斑、黄褐斑、雀斑等的保健美容；辛味食物多具有发散、行气、行血作用，有利于废物的排泄；甘味食物善补气益气、滋阴润燥，可使皮肤光滑润泽，延缓衰老；酸性食物具有收敛、固涩的功效，有利于受损皮肤的愈合；苦味食物有清泄火热的作用，适用于皮肤的感染性损害的调养；咸味食物具有软坚散结的作用，适用于皮肤的结节病变的药膳调护。

四、药膳的分类

1. 按药膳的食品形态分类

1）流体类

（1）汁类。由新鲜并含有丰富汁液的植物果实、茎、叶和块根，经捣烂、压榨后所得到的汁液。制作时常用鲜品。

热病后烦渴——西瓜汁、雪梨汁；

噎膈饮食难、气阴两虚——五汁饮；

血热出血——鲜荷叶汁。

（2）饮类。将作为药膳原料的药物或食物经粉碎加工制成粗末，以沸水冲泡（可温浸）即可。制作特点是不用煎煮，省时方便，有时可加入茶叶一起冲泡而制成茶饮。

急性肠胃病——姜茶饮；

内寒感冒——姜糖饮。

（3）汤类。将要作药膳的药物或食物经过一定的炮制加工，放入锅内，加清水用文火煎煮，取汁而成。这是药膳应用中最广泛的一种剂型。食用汤液，所煮的食料亦可食用。

神经衰弱、病后体虚——葱枣汤；

肾虚腰痛、骨软——地黄田鸡汤；

消化道出血——双荷汤。

（4）酒类。将药物加入一定量的白酒，经过一定时间的浸泡而成。

风湿病——虎骨酒；

补肾助阳——鹿茸酒。

（5）羹类。以肉、蛋、奶或海产品等为主要原料加入药材而制成的较为稠厚的汤液。

补肾益气、散寒止痛——羊肉羹；

壮元阳、强筋骨——什锦鹿茸羹。

2）半流体类

（1）膏类。亦称“膏滋”。将药材和食物加水一同煎煮，去渣，浓缩后加糖或炼蜜制成的半流体状的稠膏。具有滋补、润燥之功，适用于久病体虚、病后调养、养生保健者长期调制服用。

补髓添精——羊肉膏；

须发早白或脱发——乌发蜜膏。

（2）粥类。是以大米、小米、秫米、大麦、小麦等富于淀粉性的粮食，加入一些具有保健和医疗作用的食物或药物，再加入水一同煮熬而成半液体的食品。中医历来就有“糜粥自养”之说，故尤其适用于年老体弱、病后、产后等脾胃虚弱之人。

清肝热、降血压——芹菜粥；

健脾、开胃、止泻——鲜藕粥。

（3）糊类：由富含淀粉的食料细粉，或配以可药食两用的药材，经炒、炙、蒸、煮等处理水解加工后制成的干燥品。内含糊精和糖类成分较多，开水冲调成糊状即可食用。

补肾乌发——黑芝麻糊；

润肺止咳——杏仁粉。

3）固体类

（1）饭食类。是以稻米、糯米、小麦面粉等为基本材料，加入具有补益且性味平和的药物制成的米饭和面食类食品。分为米饭、糕、卷、饼等种类。

益脾胃、涩精气——山药茯苓包子；

健脾利湿——芸豆卷；

益气养血——参枣米饭。

（2）糖果类。以糖为原料，加入药粉或药汁，兑水熬制成固态或半固态的食品。

健脾和胃、祛痰止咳——姜汁糖；

清热、润肺、化痰——柿霜糖。

（3）粉散类。是将作为药膳的中药细粉加入米粉或面粉之中，用温水冲开即可食用。

补中益气——糯米粉；

醒脾和胃、理气止呕——砂仁藕粉。

2. 按制作方法分

（1）炖类：此类药膳是将药物和食物同时下锅，加水适量置于武火上，烧沸去浮沫，再置文火上炖烂而制成的。

（2）焖类：此类药膳是将药物和食物同时放入锅内，加适量的调味品和汤汁，盖紧锅盖，用文火焖熟的。

（3）煨类：此类药膳是将药物与食物置于文火上或余热的柴草灰内，进行煨制而成。

（4）蒸类：此类药膳是将药膳原料和调料拌好，装入碗中，置蒸笼内，用蒸汽蒸熟的。

（5）煮类：此类药膳是将药物与食物放在锅内，加入水和调料，置武火上烧沸，再用文火煮熟的。

（6）熬类：此类药膳是将药物与食物倒入锅内，加入水和调料，置武火上烧沸，再用文火烧至汁稠，味浓、粑烂的。

（7）炒类：此类药膳是先用武火将油锅烧熟，再下油，然后下药膳原料炒熟的。

（8）熘类：这是一种与炒相似的药膳，主要区别是需放淀粉勾芡。

（9）卤类：此类药膳是将药膳原料加工后，放入卤汁中，用文火逐步加热烹制，使其渗透卤汁而制成的。

（10）烧类：此类药膳是将食物经煸、煎等方法处理后，再调味、调色，然后加入药物，汤汁，用武火烧滚，文火焖至卤汁稠浓而制成的。

（11）炸类：此类药膳是将药膳原料放入油锅中炸熟而成的。

3. 按药膳的功用分类

1）养生保健延寿类

（1）补益气血药膳：适用于平素体质素虚或病后气血亏虚之人，如十全大补汤、八珍糕等。

（2）调补阴阳药膳：适用于机体阴阳失衡之人，如具有补阴作用的桑椹膏，补阳作用的冬虫夏草鸭等。

（3）调理五脏药膳：适用于心、肝、脾、肺、肾五脏虚弱、功能低下之人，用酸、苦、甘、辛、咸来补养肝、心、脾、肺、肾五脏。如健脾膏、补肾膏。

（4）益智药膳：适用于老年智力低下，以及各种原因所导致的记忆力减退之人，如酸枣仁粥、柏子仁炖猪心等。

（5）明目药膳：适用于视力低下、视物昏花之人，如黄连羊肝丸、决明子鸡肝汤等。

（6）聪耳药膳：适用于老年耳聋、耳鸣，以及各种原因所导致的听力减退之人，如磁石粥、清肝聪耳李实脯等。

（7）延年益寿药膳：适用于老年平素调养，强身健体，养生防病之人，如清宫寿桃丸、茯苓夹饼等。

2）美容美发类

（1）增白祛斑药膳：适用于皮肤上有黑点、黑斑、色素沉着之人，如白芷茯苓粥、珍珠拌平菇等，以美容增白。

（2）润肤美颜药膳：适用于老年皮肤老化、松弛，面色无华之人，具有美容抗衰功效，如沙苑甲鱼汤、笋烧海参等。

（3）减肥瘦身药膳：适用于肥胖之人，如荷叶减肥茶、参芪鸡丝冬瓜汤等。

（4）乌发生发药膳：适用于脱发、白发以及头发稀少之人，如黑芝麻山药米糕、《积善堂经验方》中的乌发蜜膏等。

（5）固齿药膳：适用于老年体虚、牙齿松动、掉牙之人，如滋肾固齿八宝鸭、金髓煎等。

3）祛邪治病类

（1）解表药膳：具有发汗、解肌透邪的功效，适用于感冒以及外感病的初期。如葱豉汤、香薷饮等。

（2）清热药膳：具有清热解毒、生津止渴的功效，适用于机体热毒内蕴，或余热未清之证。如白虎汤、清暑益气汤等。

（3）祛寒药膳：具有温阳散寒的功效，适用于机体外寒入侵或虚寒内生的病征。如当归生姜羊肉汤、五加皮酒等。

（4）消导药膳：具有健脾开胃、消食化积的功效，适用于消化不良、食积内停，腹胀等症。如山楂糕、五香槟榔等。

（5）通便药膳：具有润肠通便的功效，适用于大便干燥之症。如麻仁润肠丸、蜂蜜香油汤等。

（6）利水药膳：具有利水祛湿、通利小便的功效，适用于尿少浮肿、小便不利等症。如赤小豆鲤鱼汤、茯苓包子等。

（7）活血药膳：具有活血化淤，消肿止痛之功，适用于淤血内停，跌打损伤等症。如益母草膏、当归鸡等。

（8）理气药膳：具有行气、理气、止痛功效，适用于肝气郁结，胀痛不舒以及气滞血淤等证。如陈皮饮、佛手酒等。

（9）祛痰药膳：具有祛痰止咳之功，适用于咳嗽痰多，喉中痰鸣等症。如梨膏糖、瓜蒌饼等。

（10）止咳药膳：具有宣肺止咳之功，适用于咳嗽等症。入川贝蒸白梨、糖橘饼等。

（11）平喘药膳：具有止咳平喘之功，适用于哮喘等症。如丝瓜花蜜饮、柿霜糖等。

（12）熄风药膳：具有平肝、熄风定惊之功，适用于肝经风热，或虚风内动之症。如菊花茶、天麻鱼头等。

（13）安神药膳：具有养血补心、镇静安神的功效，适用于失眠多梦、心悸怔忡等症。如柏仁粥、酸枣仁汤等。

（14）排毒药膳：具有调节机体状况，改善机体功能，排出体内毒素的作用，适用机体不适，痤疮等平素火毒易盛之症。如黄芪苏麻粥、鲜笋拌芹菜等。

第二节　药膳美容的基本原则

一、预防为主，防治结合的原则

由于药膳是以日常具有美容功效的食物为主，配以具有美容功效的可长期食用的中药制作而成的，它集食养、食疗、药疗于一体，既具有预防的作用，又具有治疗的功效，但应用时应遵循预防为主、防治结合的基本原则。

饮食对人体的滋养本身就是最重要的保健预防方法，合理的饮食可保证机体生命活动的营养，使脏腑调和、气血充足、骨骼强健、肌肉有力、脂肪丰满、皮肤弹性好而光亮、延年益寿、健康而美丽。而不合理的饮食不仅会使人失去健美，而且会引起许多疾病。针对不同体质，制订适宜的药膳，是中医保健美容的一大特点。如《千金方》中记载“食能排邪而安脏腑，悦神，爽志，以资气血”、“若能用食平疴，释情遣疾者，可谓良工”。饮食除上述预防、保健、营养、美容的作用外，还具有治疗疾病的作用，尤其是药膳，在祛病美容方面，具有独特的功效。许多疾病会影响健康，同时还会损坏容貌，使人失去健与美。针对许多损容性疾病，合理、及时地使用药膳调治，可起到扶助正气、补益脏腑气血亏虚、泻实祛邪、祛除各种病邪损害、调整阴阳、协调脏腑气血阴阳失和的功效，利用食药偏性，纠正机体失调，通过对损害性疾病的调治，可达到健康、美容并举的目的。所以药膳的应用，首先应遵守预防为主、防治结合的原则。

二、阴阳气血平衡的原则

美容的基础是健康，健与美的结合才是真正意义上的美。营养的获取状况直接影响着机体气血津液的充盈程度和脏腑阴阳的平衡状态。而通过合理的药膳调整，可调节脏腑阴阳气血的失衡状态，防治阴阳、寒热、气血失衡导致的各种损容性疾病。利用药食性味，通过扶阳抑阴、育阴潜阳、阴阳双补、补肾填精、健脾益气、滋阴润肺、疏肝理气、养心安神、调气和血、清热解毒、润肠通便等各种方法，使阴阳气血平衡、脏腑功能强健，从而实现体态容貌的健美。所以，药膳的搭配和使用遵循阴阳气血平衡的原则对美容营养有重要的意义。

三、用膳因证、因人、因时、因地制宜的原则

药膳具有保健养生、治病防病等多方面的作用，在应用时应遵循一定的原则。药物是祛病救疾的，见效快，重在治病；药膳多用以养身防病，见效慢，重在养与防。药膳在保健、养生、康复中有很重要的地位，但药膳不能代替药物疗法。各有所长，各有不足，应视具体人与病情而选定合适之法，不可滥用。

1. 因证用膳

中医讲辨证施治，药膳的应用也应在辨证的基础上选料配伍，如血虚的病人多选用补血的食物大枣、花生，阴虚的病人多使用枸杞子、百合、麦冬等。只有因证用料，才能发挥药膳的保健作用。

2. 因人用膳

人的体质年龄不同，用药膳时也应有所差异，小儿体质娇嫩，选择原料不宜大寒大热，老人多肝肾不足，用药不宜温燥，孕妇恐动胎气，不宜用活血滑利之品。这都是在药膳中应注意的。

3. 因时用膳

中医认为，人与日月相应，人的脏腑气血的运行，和自然界的气候变化密切相关。

"用寒远寒，用热远热"，意思是说在采用性质寒凉的药物时，应避开寒冷的冬天，而采用性质温热的药物时，应避开炎热的夏天。这一观点同样适用于药膳。

4. 因地而异

不同的地区、气候条件、生活习惯有一定差异，人体生理活动和病理变化亦有不同，有的地处潮湿，饮食多温燥辛辣，有的地处寒冷，饮食多热而滋腻，而南方的广东饮食则多清凉甘淡，在应用药膳选料时也是同样的道理。

四、禁忌的原则

食物与药物均有四气五味的偏性，人体也有体质和所患病症的差异，在使用药食配制药膳来保健美容、防治疾病时，必然有适宜和不适宜之分。前述各种原则均是膳食相宜，膳病相合。而相宜可养身疗病，不宜则有害于健康养颜，应禁用慎用，所以配制使用药膳时应遵守禁忌原则。

1. 食膳禁忌

食膳禁忌包括广义、狭义两个方面：

（1）广义的食膳禁忌是指体质、地域、季节、年龄、病情以及药膳的调配、用法、用量等方面的禁忌。因根据体质的偏虚偏实、偏寒偏热，地域的寒、热、燥、湿，季节的春、夏、秋、冬，年龄的大小，病情的不同，在应用药膳防治疾病、保健美容时避开不宜，遵守食忌的基本原则。如阴虚内热体质者，不宜食用辛辣、温补之品；阳虚内寒体质者，不宜食用生冷、寒泻之品。

（2）狭义的食膳禁忌只指饮食与病、证方面的禁忌。病的禁忌：如风疹、疥癣、湿疹、哮喘等过敏性疾病患者，忌食海产品、狗肉、驴肉、茴香、香菇等；失眠患者忌喝浓茶、咖啡等；糖尿病患者忌食含糖高的食品；肾衰竭患者忌食富含蛋白质的食物，如蛋、肉、鱼、豆制品等；痤疮患者忌食辛辣油腻食品等。证的禁忌：寒证者忌食生冷寒凉食品，如冷饮、瓜果等；湿热证者忌食辛辣油腻食品，如油煎、油炸食品等。

2. 制膳禁忌

药膳配制时有一些药食不能配在一起同时应用，否则会减弱药膳治疗作用或增加副作用。中医在这方面积累了丰富的经验，但还有待今后进一步研究，在配制药膳时作为参考。

第三节　常用美容药膳方

我国药膳历史久远，药膳配方数量极多。而这些药膳在选择药物时有独特的原则，并非所有的中药均可用来制作药膳。首先，所选的药物具有一定的美容作用；其次，所选药物无毒副作用；最后，所选药物药性不宜大寒大热，味不宜大酸大苦。药膳用药以性平、气薄、味淡为主，否则所制药膳虽有美容作用，但因其毒副作用而不能长期食用，或因其味道不佳而食饮难下。

一、抗衰除皱药膳方

（1）容颜不老方。生姜 600 g，大枣 300 g，白盐 75 g，丁香、沉香各 18 g，茴香 150 g。共捣为粗末，和匀备用。每日清晨煎服或开水泡服，每次 10～15 g。具有滋润皮肤、增加光泽、抗衰老减皱、调气血，滋皮肤，永葆春容。

（2）枸归鸡。母鸡一只，枸杞、当归各 20 g，生姜、料酒、胡椒粉、精盐、味精各适量，大葱 1 根。将鸡处理后洗净切块，放入锅内加水煮沸后去汤面上泡沫，然后加入当归、枸杞及调味品，文火炖 2 h，再加盐、味精即可食用。具有补血活血、滋阴补肾、养颜驻容、抗衰泽肤的作用。

（3）红颜酒。胡桃仁（泡去皮）200 g，小红枣 200 g，白蜜 200 g，酥油 100 g，杏仁（泡去皮尖，煮四五沸晒干）50 g。白酒 2500 g。先将白蜜、酥油溶于白酒中，后将另三味剥碎放入酒中密封，浸泡 2 周即可饮用。每次 15 mL，每日 1～2 次，具有补肾润肺、滋养皮肤、红润颜面的作用。

（4）莲实美容羹。莲子 30 g，薏苡仁 50 g，桂圆肉 10 g，蜂蜜适量。先将莲子、芡实、薏苡仁用清水浸泡 30 min，再将桂圆肉一同放入锅内，用文火煮至烂熟，加蜂蜜调味，即可食用。具有大补气血、健脾利湿、刺激皮肤细胞生长、促进新陈代谢、消除皱纹、白嫩肌肤的作用。

（5）养血美颜羹。川芎 3 g，当归 6 g，红花 2 g，黄芪 4 g，粳米 100 g，鸡汤适量，粳米用水浸泡，当归、川芎、黄芪切成薄片后装入干净的小布袋中，放入瓦锅内加鸡汤共熬 30 min，将布袋取出，将粳米放入鸡汤药汁中煮粥，待煮浓稠时加入葱花、精盐、生姜调味食用。具有活血补气、驻颜美容的作用。

（6）桑葚葡萄粥。桑葚子、白糖各 30 g，葡萄干 10 g，薏苡仁 20 g，粳米 50 g。将桑葚子、薏苡仁洗净，用冷水浸泡数小时，然后和粳米、葡萄干共同放入锅中，先用武火煮开，改文火煨粥，粥成加入白糖，拌匀，每日食之，有丰肌泽肤、减皱洁肤、增加弹性的作用。

二、祛斑增白药膳方

（1）消斑食疗汤。丝瓜络、白僵蚕、白茯苓、白菊花各 10 g，玫瑰花 3 朵，红枣 10 枚加入水适量，熬成浓汁，早晚食后服用，具有清热利胆、养血和血、消斑增白的作用。

（2）杏花露。杏仁 12 g，桂花 6 g，冰糖适量。取杏仁捣碎入锅内煮 15 min 后入桂花再煮 10 min，滤去渣质入冰糖调味，即可食用。具有养颜护肤、祛斑嫩白的作用。

（3）银耳枸杞羹。银耳 15 g，枸杞子 25 g，将银耳、枸杞子同入锅内加适量水文火熬成浓汁后加入蜂蜜再煮 3 min 即可食用。具有滋阴补肾、养血和血、润肌肤、好颜色、祛斑美白的作用。

（4）茯苓贝梨饮。茯苓 15 g，川贝母 10 g，梨 1000 g，蜂蜜 500 g，冰糖适量。将茯苓洗净，切成小方块，川贝去杂洗净；梨洗净，去蒂把、籽、核、切成丁。将茯苓，川贝母放入铝锅中，加入适量水，文火煮熟，再加入梨、蜂蜜、冰糖继续熬至梨熟，即可食饮，具有清热利湿、养阴润肺、美容颜、抗衰老、祛黑斑、嫩肌肤、增弹性的作用。

（5）白果奶饮。白果 30 g，白菊花 4 朵，雪梨 4 个，牛奶 200 mL，蜜糖适量。将白果去壳，用开水烫去衣，去心；白菊花洗净，取花瓣备用；雪梨削皮，取梨肉切粒。先将白果、雪梨放入锅内中，加清水适量，用武火烧沸后改为文火煲至白果烂熟。具有补气阴、润肺胃、祛斑洁肤、润肤嫩白的作用。

（6）玉颜膏。玉竹 1000 g，白蜜 250 g。选肥白玉竹切成粗末，加水煎煮，共煎 3 次，去渣浓缩，加白蜜 250 g 收膏，瓷坛封存。每日早晚空腹服 30 g，白开水冲服。具有养阴生津、润肤玉颜的功效。

三、五官美容药膳方

（1）薏仁海带双仁粥。薏苡仁 15 g，枸杞、桃仁各 15 g，海带、甜杏仁各 10 g，绿豆 20 g，粳米 50 g。将桃仁、甜杏仁用纱布包好，水煎取汁，加入薏苡仁、海带、枸杞子、粳米同煮粥食，每日 2 次。具有清热泻火、活血化淤、养阴润肤的作用。用于痤疮、酒渣鼻的防治。

（2）枸菊羊肝粥。干菊花 15 g，枸杞子 15 g，羊肝 50 g，粳米 100 g。将干菊花磨粉，羊肝切细丝，将羊肝丝、粳米、枸杞子共加水煮粥，粥成后调入菊花末、盐、味精或其他调味品，再煮 1～2 min 即可食用。具有清肝养肝、驻颜明目作用。

（3）薄荷粥。鲜薄荷叶 30 g（干品 15 g），粳米 50 g。将鲜薄荷叶 30 g（干品 15 g）洗净，入锅内加适量水熬 6～7 min，弃渣取汁待用。将粳米 50 g 淘净，加适量水煮至米熟，再加入薄荷叶汁，煮 1～2 min，食用。具有令人口香作用。

（4）二仙丸。侧柏叶 240 g，当归 120 g。上药共研细末，水合为丸，如梧桐子大小，每日 3 次，每次 20 丸，盐水送下。具有补血生发的功效。

（5）生发方。何首乌 20 g，补骨脂 10 g，菟丝子 12 g，怀牛膝 12 g，旱莲草 12 g，女贞子 12 g，当归 10 g，天麻 10 g，枸杞子 20 g，熟地 15 g。水煎取汁，每日一服，温服。具有滋补肝肾、生发的功效。

（6）秘传二仙糕。人参、山药、白茯苓、芡实、莲肉、蜂蜜、白糖各 250 g，糯米适量。上药为细末，和匀，将蜜糖溶化，和末掺匀得宜小笼饮蒸之，上苡仁一撮，成饭为度，取起化作棋子块，慢火上烘干，作点心，不拘多少，分次食之，白汤送下。具有固齿黑发的功效。

（7）枇杷苡仁粥。生苡仁 100 g，鲜枇杷 60 g（去皮核），枇杷叶 10 g。先将枇杷叶洗净切碎，煮沸 10～15 g，捞去渣后，纳入苡仁煮粥。煮粥后，切碎枇杷果肉，放入其中搅匀，每日 1 剂，日服 2 次。具有清肺散热，治疗粉刺的功效。

（8）莲子百果饮。莲子（去心）15 g，百果（去心）9 g，玉竹 9 g，沙参 9 g，百合 9 g，淮山药 15 g，核桃仁 9 g，生石膏（布包）20 g，白糖适量。上述诸药加适量水煎煮 30 min，弃药渣取汁，加入白糖调服，每日 1 次，15 d 为一疗程。具有清泄肺胃积热，治疗粉刺的功效。

四、丰胸美乳药膳方

（1）参归花生卤猪蹄。人参 10 g，当归 15 g，花生 200 g，猪蹄 2 只，盐适量。将猪蹄切开洗净，加水氽烫捞起，将人参、当归、花生、猪蹄、盐一同放入锅中，炖 3 h，即可食用。具有丰胸美乳的功效。

（2）虾仁归芪粥。虾仁 10 g，当归 15 g，黄芪 30 g，桔梗 6 g，粳米 50 g。将当归、黄芪、桔梗布包，先煎煮 20 min，再入虾仁、粳米熬制成粥即可。顿食，每日 1 次。具有调补气血，健胸丰乳的功效。

（3）对虾通草丝瓜汤。对虾 2 只，通草 6 g，丝瓜络 6 g，生姜、精盐适量。将前三味，加水适量煎汤，并加入生姜、精盐少量调味即可，吃虾喝汤，每日 1 次。具有丰满身体，健美乳房的功效。

（4）清炖奶羊乳根。奶羊乳根 150～200 g（即奶羊乳房），葱白 2～3 茎，通草 6 g。将羊乳房洗净切成 4 块，加水适量，与葱白通草文火煨炖。至羊乳根熟烂，入调味品适量即可。食肉，饮汤，隔 5 d 一次。具有健美乳房的功效。

（5）白芷鲤鱼汤。白芷 15 g，鲤鱼 1 条（100～150 g）。将鲤鱼常法处理，白芷用纱布包之，加水适量，共煮之至熟。加入调味品适量，即可。吃鱼，喝汤，隔日 1 次。具有健美乳房的功效。

五、美手药膳方

手掌角化方　麻黄 4.5 g，杏仁 6 g，苡仁 30 g，生甘草 4.5 g。以水 3 碗煎服，每日 1 剂分 2 次服。具有抗手掌角化的功效。

六、减肥美体药膳方

（1）茯苓赤豆粥。茯苓 30 g，赤小豆 100 g，粳米 50 g。将茯苓拣去杂质，研为细面；赤小豆浸泡 10 h 以上；再将三味加水适量，共煮成粥。每日清晨空腹温食之。具有减肥健美的功效。

（2）减肥芡实散。芡实 500 g，干藕 500 g，鲜嫩金银花茎叶 500 g。将三味在锅内蒸熟，晒干，共研成粉，每次饭前服 10～15 g，开水调成羹服。具有减肥轻身的功效。

（3）荷叶减肥茶。荷叶 60 g，苡仁 10 g，生山楂 10 g，橘皮 5 g。将四味研成细末，混合均匀。清晨放入开水瓶中，用沸水冲泡，以此代茶，每日用 1 剂，水饮完后再加开水冲泡。连续饮用 3～4 个月。具有减肥的功效。

（4）参芪鸡丝冬瓜汤。鸡脯肉 200 g，党参 3 g，黄芪 3 g，冬瓜 200 g，黄酒、精盐、味精适量。鸡脯肉洗净切成丝。冬瓜削皮，洗净切片，党参、黄芪用清水洗净。沙锅置火上，放入鸡丝、党参、黄芪，加水 500 mL，用小火炖成八成熟，再放入冬瓜皮，加精盐、黄酒、味精，仍用小火慢炖。待冬瓜炖至熟烂即成。单食或佐餐用，可常食。具有减肥轻身的功效。

(5) 减肥轻身方。黑白牵牛子各10～30 g，草决明10 g，泽泻10 g，白术10 g，山楂20 g，制首乌20 g。上药浸于水中，水满过药面约2 min。1 h火煎至沸，约20 min；倒出药汁，加开水1小杯，煎沸15 min，再倒出药汁。两次药汁混合，分2次空腹服。连服数10剂。具有泄水培土，去滞化痰。降脂减肥的功效。

本章小结

中医有“食养”、“食疗”、“药膳”之分，其中“药膳”是指在食物中加入药食两用的天然动植物或具有美容保健作用的中药。药膳美容可分为内服和外用两大类，其中内服法应用广泛。药膳的基本特点是注重整体，辩证施食；防治兼宜，寓治于养；良药可口，服食方便；安全经济，简便易行；继承传统，结合现代。

药膳按食品形态分类可分为流体类、半流体类和固体类；按制作方法可分为炖类、焖类、煨类、蒸类、煮类、熬类、炒类、熘类、卤类、烧类、炸类等；按药膳功用类可分为养生保健延寿类、美容美发类、祛邪治病类等。

药膳美容的基本原则有：预防为主、防治结合的原则；阴阳气血平衡的原则；用膳因证、因人、因时、因地制宜的原则；禁忌的原则等。

自测题

1. 单选题

(1) 地处寒凉的地区，饮食上应多(　　)。

A. 温燥辛辣　　B. 热而滋腻　　C. 清凉甘淡　　D. 寒凉食品

(2) 不属于药膳美容的范畴的是(　　)。

A. 治疗性美容　　B. 保健性美容　　C. 预防性美容　　D. 营养性美容

2. 填空题

(1) 药膳美容是指在________和________的指导下，在食物中加入________的天然动植物或具有美容保健作用的________，经过合理________和________，制成药膳，达到________，促进________，________，延衰驻颜，________，维护人体整体美的目的。

(2) 药膳美容的基本特点是________；________；良药可口，服食方便________；________。

(3) 药膳应遵循________的原则________的原则；________的原则；________的原则四大原则。

(4) 药膳按食品形态分类可分为________、________和________；按制作方法可分为________、________、________、________、煮类、熬类、________、________、________、________、________等；按药膳功用类可分为________类、________类、________类等。

3. 案例分析

小敏，女。刚过完 30 岁生日，小敏在照镜子的时候，突然发现自己眼角多了很多皱纹，怎么一下长了皱纹了呢。于是，她咨询了营养师，进行了减肥食疗的治疗，可是一段时间了，小敏的皱纹有增无减，她现在迫切想知道，通过营养怎么样才能延缓衰老，减少皱纹呢，仅靠食物疗法行不行?

在食物营养治疗不起明显效果的时候，可选择药膳治疗法。请你帮小敏制定 3～4 个减轻皱纹的药膳方。

第十二章　常见美容与美体技术

☞ 知识目标

（1）了解美容院美容美体项目的类型。

（2）掌握面部基本护理的程序。

（3）了解二十四式按摩手法。

（4）了解美体减肥的方法。

☞ 能力目标

（1）掌握面部基本护理的程序。

（2）掌握美容美体常见的项目。

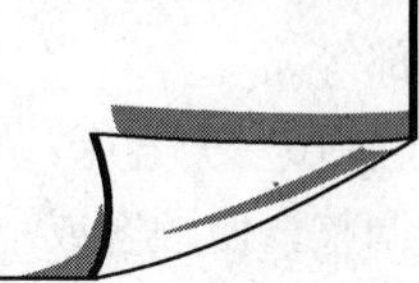

第一节　面部美容技术

随着经济的发展和人们生活水平的提高，美容业迅猛发展。为了适应市场需求，各种各样的美容院不断兴起和完善，美容技术也不断地更新和发展。

一、美容院的美容项目

目前，美容院的美容项目主要通过产品、仪器或人力的外力作用于人体，达到保健美容的目的。主要包括面部项目、身体项目、养护项目。

面部项目包括：脸部皮肤基础护理、润泽红唇保养疗程、美白凝眸护理疗程、眼部祛皱护理疗程、焕彩明眸护理疗程、暗疮炎症护理疗程、净化排毒护理疗程、保湿护理疗程、去黑头护理疗程、修复护理疗程、美白护理疗程、抗衰护理疗程等。

身体项目包括：燃脂褪橘疗程、美体 SPA 护理疗程、局部瘦身疗程、丰挺美乳疗程、纤体瘦身疗程、玉指兰馨护理疗程、纤柔玉颈护理疗程。

养护项目包括：肩颈舒压疗程、内分泌调理疗程、全身淋巴排毒疗程、香熏减压调理疗程、背部净化疗程、背部舒缓减压疗程、乳腺保养疗程、温肾调理疗程、金巢暖宫养护疗程、清肠养胃疗程、脊椎保养疗程。

二、面部护理所需用品

进行面部皮肤护理必须使用专门的护肤用具，美容师必须熟练掌握各种护肤用具的用法。

（1）毛巾：清洁、柔软、干燥的毛巾有着多种用处，如包裹顾客的头部、覆盖顾客的前胸、在敷倒膜时也常使用。

（2）盆：有大盆、小盆两种。大盆用来盛温水，清洗皮肤。小盆用来混合搅拌倒膜、软膜等。

（3）小碗：将洗面奶、按摩膏或其他护肤品盛于其中备用。

（4）小勺和刮板：用于取护肤品及搅拌倒膜。

（5）刷子：在皮肤上刷抹面膜等护肤品。

（6）洗面海绵：清洁皮肤时用于擦去面部的洗面奶、按摩膏、面膜等护肤品。也有的美容院用一次性小毛巾代替海绵。

（7）棉片：用于擦抹、遮盖五官中的某些器官或蘸取液态护肤品并轻拍皮肤以滋润、调节皮肤。消毒美容工具时也可使用。

（8）棉棒：卸妆或其他护理中擦抹皮肤。消毒美容工具时也使用。

（9）纸巾：用以蘸干皮肤上多余的水分或敷面膜时遮挡护肤品及在冷式喷雾时遮盖面部等。

（10）美容床：顾客躺在上面，根据不同护理程序的需要，美容师可将床的斜度进行调整，使顾客或平卧或半仰接受护理。美容床要求头部略高，软硬适中。

（11）美容小车：把在皮肤护理过程中所需的护肤品及各种工具放在上边，移动方便，为美容师进行工作提供方便条件。

三、面部基础护理的基本程序

美容院的护肤程序是在美容师做好了充分的准备工作之后进行的。它包括：卸妆、洁面、磨砂或去死皮、按摩、做面膜或倒膜、拍柔肤水或收缩水、涂营养霜 7 个程序。这 7 个程序基本包括了美容院皮肤护理的全部项目，若皮肤需要祛斑、除皱、除眼袋等特殊处理，可增加特殊护理项目。基础面部皮肤护理的具体流程与部分操作如下所述。

1. 准备工作

（1）将小碗、棉片、棉棒、纸巾，洗面奶及酒精放在美容小车上。

（2）将毛巾斜放在顾客前胸，下端反折成“√”形，盖在顾客前胸，用毛巾边包住顾客的衣领。

（3）将另一条毛巾放在顾客头上，使顾客的头枕在毛巾中央，毛巾的两角沿发际拉至额部，将头发包住，并用发夹将重叠的毛巾角夹住，检查毛巾是否包得太松或太紧，并整理头发（将露在外面的头发掖进毛巾）及耳部。

（4）用酒精消毒小碗及双手。

（5）将适量洗面奶倒入小碗。

（6）将盆中盛满清洁的水，并将洗面海绵放人其中备用。

2. 卸妆和洁面

卸妆是皮肤护理的第一步，在顾客到美容院进行皮肤护理时，美容师首先应为其进行卸妆。卸掉留存在脸上的化妆品后，才能顺利地进行皮肤护理，正确的卸妆能彻底清除留在脸上的化妆品，污垢及皮肤分泌物，而使肌肤呈现青春的活力；也可使皮肤得到松弛、休息，以便充分发挥皮肤的各种生理功能，还能调节皮肤 pH，使皮肤表面恢复正常的酸碱度，起到保护皮肤的作用，同时为将要进行的皮肤护理能获得更好的效果而做好准备。卸妆和洁面一般先用面扑清洁面部，再用洗面奶清洁，最后用一次性面巾清洁。

1）面扑清洁

（1）在鼻梁中间往上擦拭，在额头分三行至太阳穴擦拭。

（2）从印堂涂往外、眼睛部位往下打圈擦拭。

（3）在鼻梁中间往下擦拭，从印堂往下至鼻翼往外擦拭到太阳穴。

（4）一手按住一边嘴角，另一手在上唇从左往右擦拭，再一手按住另一嘴角，另一手擦拭下唇部从右到左擦拭，两手同时轻拉（擦拭）至耳中（听宫穴）。

（5）一手从下巴往右绕下巴至下颌角，另一手从下巴往左绕下巴至下颌角，两手同时轻拉（擦拭）至翳风穴。

（6）把面扑换另一面在下颌从左到右往上擦拭下颌角（脖子处）。

备注：做完一个动作，转换一次面扑。

2）洗面奶清洁手法

（1）提取洗面奶，将洗面奶分五点分别涂额头、两颊、鼻中、下巴。

（2）将多出的洗面奶涂于自己指腹，擦拭均匀，再将刚才五点均匀的擦拭于面部，从额头到眼部往下打圈，再两颊，下巴，下巴、两颊先打大圈，再分三行打小圈，从下巴到翳风穴，再从嘴角到听宫穴，后再从鼻翼到太阳穴，嘴角周围上下来回涂开洗面奶至嘴部，最后将鼻翼的洗面奶往下均匀涂开（涂此处时先把鼻梁中间的洗面奶也均为的涂均匀）。

（3）将两手往上到印堂分三行向上打圈，印堂到太阳穴、额中到太阳穴、发际边到太阳穴。

（4）眼部往下打圈。

（5）再两颊，下巴：下巴、两颊先打大圈，再分三行打小圈，从下巴到翳风穴，再从嘴角到听宫穴，后再从鼻翼到太阳穴。

（6）嘴角周围上下来回清洁嘴部。

（7）鼻翼从上到下，往下打圈，再从眉头、鼻翼、嘴角来回推拉，后在鼻梁中间往上打圈，清洗鼻梁。

（8）再从鼻梁中间到印堂往下至下颌角，往上打圈清洁下颌。

（9）手往下打圈到风池穴，清洁脖子。

3）一次性面巾的使用手法

（1）将一次性面巾折成三层，再一手拿着折好三层的一次性面巾上方，一手将二、三指夹住一次性面巾的另一端，再将手一次性面巾上方的那头往里绕着二、三、四指包住，把三指露出面巾便于夹紧一次性面巾。

（2）开始使用一次性面巾清洁面部。

（3）在鼻梁中间往上擦拭至印堂穴。

（4）在额头分三行往上至下到太阳穴擦拭，印堂到太阳穴、额中到太阳穴、发际边到太阳穴。

（5）从印堂往下至鼻梁擦拭。

（6）用中指往上抠右眼角，再从眉头到眼睛部位往下、往外擦拭眼部。

（7）再从左眼角往下至鼻翼往人中穴至嘴角，再到听宫穴擦拭。

（8）再擦拭嘴部，从上唇开始，从左到右，再擦下唇，从左到右。

（9）再从右边下巴绕至右下颌角，拉到翳风穴。

（10）换手，换洗左边脸部。

（11）在鼻梁中间往上擦拭至印堂穴。

（12）在额头分三行往上至下到太阳穴擦拭，印堂到太阳穴、额中到太阳穴、发际边到太阳穴。

（13）从印堂往下至鼻梁擦拭。

（14）用中指往上抠左眼角，再从眉头到眼睛部位往下、往外擦拭眼部。

（15）再从右眼角往下至鼻翼往人中穴至嘴角，再到听宫穴擦拭。

（16）再擦拭嘴部，从上唇开始，从右到左，再擦下唇，从右到左。

（17）再从左边下巴绕至左下颌角，拉到翳风穴。

（18）用纸巾吸干脸上的水。

以上洁肤的步骤可反复进行数次，直至达到清洁的目的为止。

3. 按摩膏的按摩手法

目前，国际上通用的面部按摩美容手法是二十四式国际按摩手法。但每家美容院会根据所用产品来调整按摩手法，如可缩减为十六式等。传统的二十四式按摩手法步骤如下：

（1）两手上下来回安抚，嘴部四周上下来回安抚，上唇至鼻翼以中指为主上下来回安抚，于鼻翼向下打圈，眉头、鼻翼、嘴角三点上下来回拉推，按攒竹。

（2）用第3指及第4指于印堂向上交替揉捏，再交替以X型于眉头间揉捏。

（3）合并两手用第3、4指于额上向上拉，放松推落。

（4）第3、4指交替额上打圈，至太阳穴打“8”字，按太阳穴。

（5）第3、4指于额部中央开始，分三行向上打圈至太阳穴按。

（6）左右手交替向横向安抚，再向上安抚。

（7）双手于眼部向下安抚，至太阳穴打“8”字按。

（8）用中指于眼袋位置打小圈至鼻旁，拉上至眉头后，用第2指及第3指交替向上拉，按攒竹，用拇指及中指捏着眉骨，至丝竹空穴按。

（9）双手向上打圈，于攒竹、睛明及鼻通穴，每穴位向下原位转小圈，大拇指落至眼眶按内眼角、承泣、球后及瞳子僚，转手上太阳穴“8”字按。

（10）双手向上打圈安抚，用第2、3指及第4手指托上眼眶穴位攒竹及鱼腰。

（11）双手向下安抚，再交替向外安抚眼袋及眼尾位置，先安抚一边，再另一边，十指交叉按眼部，稍微停顿后，往外拉出。

(12) 双手交替于额上向下压，分开双手向下伸至下巴。

(13) 大拇指于鼻翼向下打圈，再来回推动眉头、鼻翼及嘴角，双手转变方向，用中指来回推动眉头、鼻翼及嘴角，再于鼻翼向下打圈，按迎香穴，用 2、3 指及 4 指于颧骨位向下打圈。

(14) 第 2、3 指及第 4 指托巨僚及颧僚穴，再托圈僚及下关穴，再托下巴及颧骨位置。

(15) 面部叩抚法，第 2、3、4 指及第 5 指于两边脸旁同时向外依次弹动，再用双手 2、3、4 指及第 5 指交替于每边脸向外依次弹动。

(16) 双手于脸来回往返面部做按抚法。

(17) 用 3～4 只手指在面部分三行向上打圈，由下巴中央位置至翳风穴按，嘴角至听宫穴按，鼻翼旁至太阳穴按。

(18) 在面部及额头做捏按法。

(19) 在上额、下巴及两脸旁做震动法。

(20) 大拇指交替向下揉捏下巴。

(21) 拇指及食指弯位夹着下巴及颧骨位置往后拉，轻力带回。

(22) 再用拇指于嘴四周来回往返推动揉捏，按承浆穴，再推动拇指至人中穴按，分开拇指推至承浆拉回地仓穴按。

(23) 双手交替向外横扫按抚嘴部至脸旁及下巴位置。

(24) 双手向下打圈安抚颈部，胸锁乳突肌位，顺延至风池穴按。

4. 面膜及润肤操作

(1) 面膜。将面膜用面膜扫均匀涂于面部，注意避开眼周，约 10 min 后将面膜用手沾水揉洗掉，再用温水清洗干净。

(2) 眼霜。取适量的眼霜或眼啫喱，用两手无名指对点等量分配，轻抹于眼眶周围，用无名指沿眼周从内往外轻轻打圈按揉直到吸收，注意手法要轻柔，否则会拉伤薄薄的眼部皮肤。

(3) 润肤霜（精华素、日霜、晚霜）。先将润肤品分 5 点涂于面部，再用美容指将润肤品从下到上以打圈的方式按揉到全脸吸收。颈部则可由下往上涂抹均匀。

(4) 防晒霜。先将适量防晒霜分 5 点抹于面部，再以美容指将防晒霜顺着毛孔方向均匀平涂一层即可，颈部则可由上往下涂抹均匀，不需要按揉。因为防晒品是需要涂在皮肤表面形成一层保护膜的，而不是要它渗透吸收（注意在出门前 15 min 前涂，才能达到有效防晒）。

第二节　美体技术

目前，美容院的美体项目主要有美体 SPA 护理疗程、局部瘦身疗程、丰挺美乳疗程、纤体瘦身疗程、美手护理、美颈护理、全身舒缓排毒等。有的是使用精油，用手按摩，也有的使用仪器进行减肥美体的，这种减肥美体的方法比较受到顾客的欢迎。

一、按摩法减肥美体

1. 针灸减肥法

【原理】用针灸刺激相应的穴位，疏通经络，调解内分泌及机体平衡，通过调理，由内而外，标本兼治。多治疗由内分泌失调引起的肥胖，单纯性肥胖等。

【功效】针灸减肥中含有医学的机理，经针灸减肥后，感觉经络通畅，全身都很舒服。

2. 局部瘦身减肥法

【原理】利用绿色减肥瘦身产品，其主要成分为海藻精华、海洋矿物质、芦荟精华、姜油、绿茶素等，外部搽抹。通过对局部的按摩、推脂、碎脂 10～20 min，促进局部血液循环，加速脂肪分解，通过淋巴排泄，达到美体瘦身的效果。

【功效】有针对性的对身体某个部位进行减肥，可以因人而异，并且能通过局部的减肥达到全身整体效果的改善。

3. 全息物理减肥法

【原理】“全息物理减肥”是由针灸、点穴、全息等五种减肥方法融合而成的物理减肥法。它运用中医理论，采用纯物理功能调理、全息理论调理等方法，从人体发胖的根源入手去达到健康减肥的目的。全息物理减肥法不采用任何药物，对遗传性、生理、病理及下丘脑垂体功能减退型和代谢率偏低等类型引起的肥胖都有一定作用。

【功效】全息物理减肥对局部、全身减肥都有一定作用。

4. 循经推拿减肥法

【原理】运用中医传统手法，在患者身体上循着经络走向进行推拿按摩，对一些重点穴位进行刺激，疏导经络，调节脏腑功能，纠正代谢紊乱，消除异常饥饿感和身体疲劳感，使患者控制食量和增加运动的自控能力明显增强，从而消耗掉体内多余脂肪，达到减肥目的。

【功效】这种减肥方法既没有痛苦，也不会造成损伤，效果较持久。

二、仪器减肥法

减肥的仪器主要是消灭体内局部或全身多余的脂肪，并且糅合物理治疗及医学原理，起到减肥的效果。这里介绍两种美体减肥的仪器：

1. 生态内调仪

【原理】利用生态内调仪产生的人体仿生波，直接准确作用于脂肪细胞，促使肌肤被动运动，以内养外，达到融脂塑形、内调养生、排毒紧肤的效果。

【功效】快速疏通全身经络，分解深层脂肪结构，阻止脂肪再度囤积，将体内毒素和分解的脂肪通过新陈代谢排出体外，实现春季不贴膘，脂肪层变薄的理想瘦身效果。

操作手法：

① 背部。展油—游离背部—倒八字游离—推膀胱经（3 次）—推膀胱经点按肾俞穴、大肠俞穴—拍打—分段按压背部—上仪器。

② 腹部。安抚—压胃（3～5 次）—单边游离（15～20 次）—双侧游离（由鸠尾穴开始）—擀面（3～5 次）—排肠（以中线为过度，由左至右）—拧麻花—小鸡啄米—排毒—拍打—暖宫（神阙穴）。

2. 冰频爆脂机

【原理】针对脂肪组织疏通经络，促进脂肪细胞进行有氧运动，加速脂肪转化为脂肪酸，有效地消耗溶解积聚的瘀脂，并利用强身波精确定位脂肪组织，雕琢程度精确至 0.05 mm 的瘀脂层，腰、腹、手臂等处赘肉快速变薄消失。

【功效】直接深入皮下组织，击碎脂肪团，彻底去掉“肥根”，快速去除脂肪。均匀身体曲线，可快速实现腰围缩小、小腹平坦，臀部上翘、腿臂纤细等塑形效果。

操作方法：冰频爆脂机无需手法按摩，经过点穴之后直接用仪器操作，主要操作如下：点穴—打圈—拉腰线—腰侧拉至胃部—腰侧拉至腹部—定点爆脂—走“一”字—走“Z”字。

三、减肥者注意事项

(1) 吃饭 1 h 之内不使用内调仪，使用内调之后 1 h 吃饭，不影响减肥效果。

(2) 减重期间不能暴饮暴食，尽量少吃面食和油腻食品。

(3) 减肥期间不能吃香蕉、高脂肪及高蛋白食品。

(4) 减重期间严禁饮酒。

四、美体师在工作中的注意事项

(1) 顾客途中上厕所，解开腹包，但再回来使用时，需重新抹上生理盐水。

(2) 顾客如果 10 d 左右没有减掉或没有排空现象就要考虑换处方。

(3) 及时向前台汇报顾客的减肥状况。

(4) 月经前几天及每日下午人的体重都相对比较重。

(5) 整体肥胖者必须先做全身减重再做局部塑形。

(6) 每晚都应对腹包清洁和消毒，每次使用完都要把电源关闭。

五、减肥禁忌症

(1) 生理周期。

(2) 孕期、哺乳期。

(3) 患有皮肤病或有局部破损的不要在破损处使用。

(4) 严重心血管疾病。

(5) 手术10个月内。

(6) 顺产3个月、流产6个月以内禁止使用。

(7) 心脏病、高血压。

(8) 各种结石患者。

(9) 肝肾功能不全者。

本章小结

美容院中的美容美体项目有面部项目、身体项目、养护项目。其中面部护理分为卸妆、洁面、磨砂或去死皮、按摩、做面膜或倒膜、拍柔肤水或收缩水、涂营养霜7个程序。按摩常用国际二十四式按摩手法。

美容院的美体项目主要有美体SPA护理疗程、局部瘦身疗程、丰挺美乳疗程、纤体瘦身疗程、美手护理、美颈护理、全身舒缓排等。按摩法美体有针灸减肥、局部瘦身、全息物理减肥、循经推拿减肥，也有仪器减肥的方法，如生态内调仪、冰频爆脂机。

自测题

填空题

(1) 美容院中的美容美体项目有________、________、养护项目。

(2) 面部护理分为________、________、________、________、做面膜或倒膜、拍柔肤水或收缩水、涂营养霜7个程序。

(3) 按摩常用国际________式按摩手法。

第十三章　美容营养咨询与方案设计

知识目标

（1）了解美容营养咨询的内容。

（2）了解美容营养咨询的方式。

（3）掌握美容营养咨询的流程。

能力目标

掌握DMAIC法进行美容营养咨询的流程。

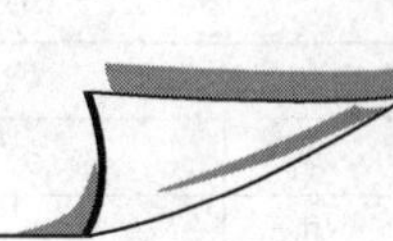

一、美容营养咨询的定义

美容营养咨询是指个体针对自身存在的影响美观的容貌和形体等的美容问题，向营养专业人士咨询并得到营养指导方案和建议的过程。

美容营养咨询涉及的范围包括：①健康者的美容营养咨询；②美容相关疾病者的营养咨询（如皮肤问题、形体问题、美发问题、内分泌失调等）；③营养缺乏症、营养过剩导致的影响美容的慢性病（如缺铁性贫血、肥胖等）；④外科手术病人营养支持，包括如何预防术后瘢痕、黑色素沉着等问题。

二、美容营养咨询的方式

美容营养咨询的方式有：①营养专业机构的门诊咨询；②美容机构内设营养咨询；③电话或信函咨询；④专题营养咨询；⑤住院病人营养咨询；⑥现场营养咨询。

三、营养咨询工作的准备

（1）营养咨询的依据。中国居民膳食营养素参考摄入量DRIs、中国居民膳食指南、中国居民平衡膳食宝塔、相关美容疾病的饮食治疗原则、中国食物成分表等。

（2）准备好相关表格，包括个人资料、一般状况、营养状况、生化指标、膳食调查等。

（3）人体测量或生化指标测量的相关仪器：体重身高计，皮褶厚度测量仪、人体成分测定仪等。

（4）相关的营养计算软件。

四、美容营养咨询的流程

美容营养咨询同其他营养咨询一样，这里介绍两种常见的方法。

（1）SOAP法：即主观询问、客观检查、评价和营养计划。

(2) DMAIC法：即定义（define）、测量（measure）、分析（analyze）、改进（improve）、控制（control）五个阶段。具体如下：

① 确定顾客的主要需求。通过初步交谈，了解顾客的一般情况（年龄，性别，民族，职业等），观察可能存在的美容营养问题的相关症状和体征（如面色无华、黄褐斑、肥胖等），确定其主要咨询目的。

② 测量检查。

a. 进行美容营养体格检查，如表13-1美容营养体格检查表所示，检查项目包括个人资料、一般状况、营养状况、皮褶厚度、生化指标等。其中营养状况包括皮肤、毛发、五官、颈部与胸部、四肢、指甲与趾甲等的体格检查。

表13-1 美容营养体格检查（一）

填表日期：　　年　月　日

<table>
<tr><td colspan="6">个人资料</td><td>编　号</td><td></td></tr>
<tr><td>姓　名</td><td></td><td>性　别</td><td></td><td>年　龄</td><td></td><td>文化程度</td><td></td></tr>
<tr><td>手　机</td><td></td><td>电　话</td><td></td><td>住　址</td><td colspan="3"></td></tr>
<tr><td>是否吸烟</td><td>是　否</td><td>吸烟的量</td><td>支/d</td><td>是否饮酒</td><td>是　否</td><td>饮酒的量</td><td>（两）</td></tr>
<tr><td>劳动强度</td><td></td><td>睡眠时间</td><td>小时</td><td>睡眠质量</td><td colspan="3">好　较好　一般　较差</td></tr>
<tr><td>饮食喜好</td><td colspan="3">偏甜　偏咸　偏酸　偏辣</td><td>睡眠困扰</td><td colspan="3">失眠　多梦　早醒　无</td></tr>
<tr><td>吃饭速度</td><td></td><td>锻炼时间</td><td>h</td><td>锻炼情况</td><td colspan="3">天天　经常　偶尔　从不</td></tr>
<tr><td>每日几餐</td><td></td><td>压力大小</td><td>大　小</td><td>胃口</td><td colspan="3">好　较好　一般　较差</td></tr>
<tr><td colspan="8">一般状况</td></tr>
<tr><td colspan="2">身高</td><td colspan="2">cm</td><td colspan="2">实际体重</td><td colspan="2">kg</td></tr>
<tr><td colspan="4">体质指数（BMI）：</td><td colspan="2">体型</td><td colspan="2">消瘦　正常　超重　肥胖</td></tr>
<tr><td colspan="2">食欲</td><td colspan="2">佳　中　差</td><td colspan="2">精神</td><td colspan="2">愉快　一般　忧郁</td></tr>
<tr><td colspan="2">发育</td><td colspan="2">良　中　差</td><td colspan="2">劳动强度</td><td colspan="2">重　中　轻</td></tr>
<tr><td colspan="8">营养状况</td></tr>
<tr><td colspan="8">皮肤</td></tr>
<tr><td colspan="2">皮肤弹性</td><td colspan="2">正常　差</td><td colspan="2">皱纹</td><td colspan="2">无　少　多</td></tr>
<tr><td colspan="2">干燥</td><td colspan="2">有　无</td><td colspan="2">光泽</td><td colspan="2">有　无</td></tr>
<tr><td colspan="2">黄疸</td><td colspan="2">有　无</td><td colspan="2">毛囊角化</td><td colspan="2">有　无</td></tr>
<tr><td colspan="8">毛发</td></tr>
<tr><td colspan="2">毛发</td><td colspan="2">正常　疏　密</td><td colspan="2">有无秃发</td><td colspan="2">有　无</td></tr>
<tr><td colspan="2">有无光泽</td><td colspan="2">有　无</td><td colspan="2">有无白发</td><td colspan="2">有　无</td></tr>
<tr><td colspan="8">五官</td></tr>
<tr><td colspan="2">结膜</td><td colspan="2">正常　苍白　充血　干燥</td><td colspan="2">黑眼圈</td><td colspan="2">有　无</td></tr>
<tr><td colspan="2">唇</td><td colspan="2">正常　苍白　干裂　溃疡</td><td colspan="2">舌</td><td colspan="2">正常　糜烂　溃疡</td></tr>
<tr><td colspan="2">口角</td><td colspan="2">正常　裂隙　溃疡</td><td colspan="2">齿龈</td><td colspan="2">正常　出血　苍白　溃疡</td></tr>
<tr><td colspan="8">颈部与胸部</td></tr>
<tr><td colspan="2">甲状腺</td><td colspan="2">正常　肿大　结节　硬　软</td><td colspan="2">胸部</td><td colspan="2">正常　鸡胸　漏斗胸　串珠</td></tr>
<tr><td colspan="2">乳房</td><td colspan="2">平坦　乳腺增生　巨乳</td><td colspan="2">下肢</td><td colspan="2">O型腿　X型腿</td></tr>
<tr><td colspan="2">四肢</td><td colspan="2">正常　粗大　细小</td><td colspan="2">水肿</td><td colspan="2">是　否</td></tr>
</table>

续表

指甲与趾甲			
形状	正常　匙甲　脊状甲	光泽	有　无
白斑	有　无	有小月牙	（　）个

测定人体组成的营养评价方法（BCA）（二）

人体测量结果		营养不良	营养均衡	重度过剩
占理想体重		肥胖>20%　体重过轻<（10%～20%）	体重过重（>10%～20%）　消瘦（<20%）	正常±10%

肱三头肌皮褶厚度	mm	肩胛下皮褶厚度	mm	脐旁皮褶厚度	mm
皮褶厚度结果评价	肥胖　适宜	轻度营养不良	中度营养不良	重度营养不良	
血脂		血压		血糖	

生化数据							
总淋巴细胞计数/(10^9 个/L)		A1.2～2.0		B0.8～1.2		C<0.8	
肌酐身高指数		A80%～90%		B60%～80%		C<60%	
血白蛋白/(g/L)		A30～35		B25～30		C<25	
运铁蛋白/(g/L)		A1.5～1.8		B1.0～1.5		C<1.0	
前白蛋白/(mg/L)		A160～180		B120～160		C<120	

营养筛查结果及营养诊断：
营养师签字：

b. 进行膳食调查，常用 24 h 膳食回顾法询问表，具体见表 13-2。

表 13-2　24 h 膳食回顾法询问表

家庭编码　　　　　　　　　　　　　　　　贴条形码处　ID

姓名：________　　　　　　个人编码：________

当日人日数

食物名称	原料名称	原料编码	原料重量/g	进餐时间	进餐地点

注：进餐时间：1. 早餐；2. 上午小吃；3. 午餐；4. 下午小吃；5. 晚餐；6. 晚上小吃。
进餐地点：1. 在家；2. 单位/学校；3. 饭馆/摊点；4. 亲戚朋友家；5. 幼儿园；6. 节日/庆典；7. 其他。

③ 分析阶段。根据以上美容营养体格检查的结果与症状，分析存在的美容问题或美容营养疾病。结合膳食调查的数据，可通过相关软件进行计算，评价顾客的膳食情况（热能，营养素与 DRIs 进行比较，产热营养素的比例，优质蛋白质比例，三餐能量分配）。根据获得的顾客的其他资料（病史、遗传史），分析顾客存在的营养问题。

④ 提出营养改进方案。针对顾客主要的美容营养问题，提出具体的营养改进方案。如饮食治疗原则，食谱设计，饮食习惯的改变，营养补充剂的使用，食物的烹调加工以

及体力活动能量的消耗等。

⑤ 咨询效果的反馈和方案的改进。根据顾客反馈的美容营养改进方案的效果，对方案进行改进和完善。

案例

美容营养咨询流程案例——肥胖

1. 顾客一般情况记录

姓名，性别，年龄，职业，住址，联系方式，来访时间等。了解咨询的主要目的。

2. 相关资料的收集

（1）身高，体重和皮褶厚度的测量。

（2）相关疾病和饮食史记录，临床检查指标：血脂，血糖和血压等。

（3）膳食调查。

3. 资料的分析

（1）根据身高，体重和皮褶厚度的测量资料判断是否肥胖以及肥胖度。

（2）通过膳食调查的结果，分析其膳食是否合理（能量的摄入和消耗，营养素缺乏和过剩，产热营养素比例是否恰当，三餐能量分配，晚餐能量是否过高）。

（3）是否合并其他疾病：高脂血症，高血压，糖尿病等。

（4）顾客的不合理生活和饮食习惯：饮酒，吃零食，不喜欢运动等。

4. 提出营养改进方案

（1）肥胖的饮食治疗原则：

①控制总热能摄入量：减少 500～800 kal/d；②严格控制脂肪：饱和脂肪控制＜10%；③限制碳水化合物：65%，膳食纤维 20～30 g/d；④保证蛋白质：优质蛋白在 30%～50%；⑤适量补充维生素、矿物质、Ca、Fe；⑥适宜食物选择：谷类、瘦肉、鱼、奶、大豆、蔬菜、水果。

（2）如果合并其他疾病：如高血压、糖尿病等要具体分析，区别对待。

（3）制定具体的食谱（食物交换份法）：低能量，低脂肪，高纤维素，保证维生素和无机盐的摄取。

（4）结合运动和药物治疗。

5. 效果的观察和方案的改进

根据顾客反馈的效果（体重控制情况，血脂，血糖，血压等指标是否正常）提出改进意见。

自测题参考答案

第一章 绪 论

1. 名词解释

营养学：营养学是生命科学的一个分支，是研究人体营养过程、需要和来源，以及营养与健康关系的一门学科。

美容营养学：美容营养学是以营养学为基础，通过制定健康平衡膳食，预防、治疗机体营养素缺乏或过剩所致的症状和与美容相关的疾病；合理利用美容食物和膳食内服或外用，由内到外达到美容美发、减肥瘦身、美肤健体、延衰驻颜，维护人体整体美，增进人的活力美感和提高生命质量的应用科学。

2. 简答题

美容营养学研究内容主要有十个方面：营养素与美容；皮肤美容与营养；美发营养与膳食；肥胖、消瘦与营养；美胸与营养；美容外科与营养；衰老与美容保健；眼睛、香口美齿营养食疗；食疗药膳与美容，美容技术与美容营养咨询。

第二章 营养素与美容

1. 单选题

(1) A；(2) B；(3) A；(4) D；(5) A；(6) C；(7) A；(8) D；(9) C；
(10) C；(11) B；(12) B；(13) C；(14) C；(15) A；(16) A。

2. 填空题

(1) 碳水化合物；脂肪；蛋白质。

(2) 蛋白质；脂类；碳水化合物；矿物质；维生素；水；膳食纤维。

(3) 800；15；20；15.5；50。

(4) 视黄醇；抗坏血病因子；硫胺素；核黄素；生育酚；钙化醇。

(5) 25；6。

(6) 1200；6000。

3. 简答题

(1) ① 水是构成细胞和体液的重要组成成分。

② 参与人体内新陈代谢。

③ 调节体温。

④ 润滑作用。

水的美容作用：水是保护皮肤清洁、滋润、细嫩的特效而廉价的美容剂。皮肤有了充分的水分，才能使皮肤柔软、丰腴、润滑，富有光泽和弹性，有助于减退色斑，增强皮肤抵抗力和免疫功能。水还是一种无副作用的持久的减肥剂。

(2) ① 膳食纤维可增强肠道功能，防止便秘，降低结肠癌的发病率。

② 降低血清胆固醇和血糖。

③ 预防胆石形成。

④ 吸收毒素。

⑤ 防止能量过剩和肥胖，促进减肥。

膳食纤维的美容作用：膳食纤维可增强排泄毒素的功能，从而使皮肤润泽、减少色素沉着、美丽容颜。如果人的血脂和胆固醇过高时，会诱发脂溢性皮炎、脂质沉积症等损容性皮肤病。膳食纤维可以降低血脂和血胆固醇，从而预防皮肤病的发生。

(3) 一般人群膳食指南包括：食物多样，谷类为主，粗细搭配；多吃蔬菜水果和薯类；每天吃奶类、大豆或其制品；常吃适量的鱼、禽、蛋和瘦肉；减少烹调油用量，吃清淡少盐膳食；食不过量，天天运动，保持健康体重；三餐分配要合理，零食要适当；每天足量饮水，合理选择饮料；如饮酒应限量；吃新鲜卫生的食物共十条。

(4) 膳食宝塔共分五层，包含每天应摄入的主要食物种类。膳食宝塔利用各层位置和面积的不同反映了各类食物在膳食中的地位和应占的比重。谷类食物位居底层，每人每天应摄入 250～400 g；蔬菜和水果居第二层，每天应摄入 300～500 g 和 200～400 g；鱼、禽、肉、蛋等动物性食物位于第三层，每天应摄入 125～225 g（鱼虾类 50～100 g，畜、禽肉 50～75 g，蛋类 25～50 g）；奶类和豆类食物位居第四层，每天应吃相当于鲜奶 300 g 的奶类及奶制品和相当于干豆 30～50 g 的大豆及制品。第五层塔顶是烹调油和食盐，每天烹调油不超过 25 g 或 30 g，食盐不超过 6 g。轻体力活动成年人每日至少饮水 1200 mL，建议成年人每天进行累计相当于步行 6000 步以上的身体活动。

第三章　皮肤美容与营养膳食

1. 单选题

(1) B；(2) A；(3) B；(4) D；(5) D；(6) D；(7) C；(8) B。

2. 简答题

(1) ① 饮食规律，营养均衡。

② 多食富含维生素 C 的食物。

③ 多食用富含谷胱甘肽的食物。

④ 多食用富含硒的食物。

⑤ 多食蛋白质和铁质含量高的食物。

⑥ 常食富含维生素 A 和烟酸的食物。

⑦ 其他：忌食辛辣油煎食物，如酒、浓茶、咖啡等，也可选择合适的药膳来调理。

(2) ① 油性皮肤的营养膳食疗法：少食肉类食品和动物性脂肪，多吃植物性食物，注意蛋白质摄取均衡，多吃新鲜蔬菜和水果，少吃辛辣、温热性及热量大的食物，少饮烈性酒，多喝水，多做运动，注意减肥。

② 干性皮肤的营养膳食疗法：适当增加脂肪的摄入量，多食豆类，多吃碱性食物，少吃酸性食物，适量选用中药。

③ 中性皮肤的营养膳食疗法：因为中性皮肤是最理想的皮肤类型，所以在饮食上

注意平衡饮食即可。多食新鲜蔬菜和水果，多饮水，使皮肤保持柔软细嫩。

④ 混合性皮肤的营养膳食疗法：混合性皮肤的人应适量吃些奶类食品，多吃新鲜果蔬，多饮水，以延缓皮肤衰老。

⑤ 敏感性皮肤的营养膳食疗法：多食富含钙的食物，多食富含维生素 C 的食物，少食用水产品，部分敏感者少食用动物性食物和刺激性食物，光敏感者少食用光敏质多的食物，少烟酒。

3. 案例分析

（1）① 她得的是痤疮。

② 痤疮的营养治疗方案。

a. 保持适量的能量摄入。一般能量控制在 10.5 MJ/d（2000 kcal/d）左右，以维持理想体重。

b. 减少脂肪的摄入。一般可控制在 50 g/d。脂肪摄入过多，可使皮脂腺分泌增加，加重病情。

c. 保证充足的蛋白质摄入。一般保证 100 g/d 或占总能量的 20%左右。充足的蛋白质可维持正常的表皮细胞代谢，有助于维持毛囊皮脂腺导管的通畅。

d. 增加膳食纤维的摄入。膳食纤维可减少食物中脂肪的吸收。富含膳食纤维的食物有茎叶蔬菜及新鲜水果，如芹菜、苹果、梨等。

e. 增加锌的摄入。痤疮患者可有绝对或相对的锌缺乏，血锌水平可能低于正常人群。锌缺乏可影响维生素 A 的代谢和利用，而维生素 A 可有效调节上皮分化，维持细胞的正常代谢，维生素 A 的利用障碍则会引起和加重毛囊皮脂腺导管的异常角化。因此，增加锌的摄入可改善机体的锌的缺乏，使痤疮病情得以缓解。含锌丰富的食物有牡蛎、禽畜肉、蛋类等。

f. 减少碘的摄入。碘摄入过多易引起毛囊口角化，使皮脂淤积。应减少使用紫菜、海带等含碘丰富的食物。

g. 适当补充维生素。维生素 A 可调节上皮分化，改善毛囊皮脂腺导管和毛孔的堵塞，应适当多食富含维生素 A 的食物，如动物肝脏、奶制品等，以及南瓜、菠菜、油菜、豌豆苗、苋菜、番茄等含丰富胡萝卜素的红、绿、黄色蔬菜和水果。B 族维生素的食物主要有粗杂粮、酵母、麦片、瘦猪肉等。

h. 其他。多饮水。尽量少食或忌食高糖高脂食物、辛辣刺激性食物等，避免咖啡、浓茶的摄入。腥发食物易引起过敏而使痤疮加重，所以对海鱼、海虾等海产品及羊肉、狗肉等腥发食物应忌食。最好不吸烟，不喝酒及浓茶、咖啡等。

（2）① 患者属于油性皮肤。

② 油性皮肤的营养膳食：

a. 少食肉类食品和动物性脂肪。如奶油、肥肉、油炸食品、重油菜肴等等。因为肉类食品和动物性脂肪含脂肪较多，使皮脂腺功能旺盛，导致“油上加油”。另外，肉类食品和动物性脂肪在体内分解过程中可产生诸多酸性物质，影响皮肤的正常代谢，使皮肤粗糙。青少年时期可适当多吃些新鲜的肉类，成年后应以素食为主。

b. 多吃植物性食物。植物性食物中富含防止皮肤粗糙的胱氨酸、色氨酸，可延缓皮肤衰老，改变皮肤粗糙现象。这类食物主要有：黑芝麻、小麦麸、油面筋、豆类及其制品，紫菜、西瓜子、葵花子、南瓜子和花生仁。

c. 注意蛋白质摄取均衡。蛋白质是人类必不可少的营养物质，一旦长期缺乏蛋白质，皮肤将失去弹性，粗糙干燥，使面容苍老。有少数人对鱼、虾、蟹等海产品有过敏，对于这部分人可食用其他食物代替。为此，应根据生长发育的不同阶段，调整食物中肉食与素食的比例。年龄越大，食物中的肉食应越少。

d. 多吃新鲜蔬菜和水果。一是摄取足够的碱性矿物质，如钙、钾、钠、镁、磷、铁、铜、锌、钼等，既可使血液维持较理想的弱碱性状态，又可防病健身。肤色较深者，宜经常摄取萝卜、大白菜、竹笋、冬瓜及大豆制品等富含植物蛋白、叶酸和维生素C的食品；皮肤粗糙者，应多摄取富含维生素A、维生素D的食品如鸡蛋、牛奶、动物肝脏及豆类、胡萝卜等。二是摄取各类足量的维生素，缺乏维生素A、维生素D易患皮肤干枯粗糙；缺乏维生素A、维生素B_1、维生素B_2会加速皮肤衰老；缺乏维生素C易使皮肤色素沉着，易受紫外线的伤害。三是摄取足够的植物纤维素，以防止因便秘引起的体内有毒物质的堆积而带来的皮肤和脏器病变。

e. 少吃辛辣、温热性及热量大的食物。少吃如蜜饯、桂圆肉、核桃仁、巧克力、可可、咖喱等食物，可选用具有祛温清热类中药，如白茯苓、泽泻、珍珠、白菊花、薏苡仁、麦饭石、灵芝等。

f. 少饮烈性酒，多喝水。长期过量饮用烈性酒，能使皮肤干燥、粗糙、老化，少量饮用含酒精的饮料，可促进血液循环，促进皮肤的新陈代谢，使皮肤产生弹性而更加滋润。每天保证饮水1200 mL，可满足皮肤的供水，延缓皮肤老化。

g. 多做运动，注意减肥。肥胖可导致皮肤的老化。身体各部分长出多余的脂肪时，使人体失去体态美的同时，还会使皮肤失去活力。

第四章　美发与营养膳食

1. 单选题

(1) E；(2) D。

2. 填空题

(1) 干性发、油性发、中性发、混合性发、受损发。

(2) 男性型秃发，博士头，20～30。

3. 简答题

(1) 适当摄入高蛋白质食物，如猪瘦肉、鱼、蛋等，以保证头发的健康生长。

(2) 要多吃含钙、铁、碘丰富的食物，含钙、铁的食物能使头发滋润。

(3) 多吃含铜、酪氨酸、钴丰富的食物，如各种动物肝肾、各种海产品、鱼、坚果、绿叶蔬菜等，经常食用这些食物可防止头发发黄、早白、使头发乌黑发亮。

(4) 多吃维生素丰富的食物，维生素A、B族维生素、维生素C、维生素D等都有营养头发的功效。

4. 案例分析

① 早老性白发病。

② 在饮食上注意补充足够的铜。人在青春期对铜的需要量最大，应特别注意从饮食中摄取含铜丰富的营养物质，以促进头发的正常生长。铁元素和铜元素一样，也是合成黑素颗粒必不可少的原料。含铜、铁两种元素丰富的食物，主要有动物内脏、瘦肉、豆类、柿子、苹果、番茄、土豆、菠菜等食品。

此外，维生素 A 与毛发、皮肤的代谢和营养有直接关系，可保持皮肤滋润、头发光泽。维生素 E 是强抗氧化剂，在肠内能保护维生素 A 不被氧化，从而延长维生素 A 在体内的作用时间。因此，应多吃核桃、芝麻、圆白菜、胡萝卜、植物油等，上述物质的充足供应就可以保证机体不断得到铜、铁、维生素 A、维生素 E 的补充。平时还应多吃些花生、杏仁、西瓜子、葵花子、栗子、松子、莲子等食物，这些食物不仅富含铜，还富含泛酸。泛酸也可增加黑素颗粒的形成，是乌发的重要营养物质。注意饮食多样化，不偏食，不挑食，多吃一些粗粮、蔬菜、水果和豆类。

第五章　肥胖与营养膳食

1. 单选题

(1) B; (2) A; (3) D; (4) C; (5) B; (6) C; (7) C; (8) D; (9) B; (10) A。

2. 填空

(1) 单纯性肥胖、继发性肥胖。

(2) 20%～30%，30%，10～20g，300 mg。

(3) 0.90，0.85，85 cm，80 cm。

(4) 荞麦、燕麦、兔肉、贝、虾。

(5) 洋葱、生姜、辣椒、冬瓜、南瓜，山楂、柚子、苦瓜。

3. 简答题

总原则：以低热能饮食治疗，最好在平衡膳食基础上进行控制热能摄入，并同时以多活动，消耗体脂，达到减轻体重的目的。

要求：(1) 合理控制膳食供热能。

(2) 对低分子糖、饱和脂肪酸和乙醇严加限制。

(3) 中度以上肥胖者膳食的热能分配。

(4) 保证膳食中有足够而平衡的维生素和无机盐的供应。

(5) 烹调方法，要求食物以氽、煮、蒸、炖、拌、卤等少油烹调方法来制作菜肴，以减少用油量。

(6) 养成良好的饮食习惯。

第六章　消瘦与营养膳食

1. 单选题

(1) C; (2) A; (3) D。

2. 案例分析（答案要点）

刘某的标准体重为 57 kg，而现在她的体重为 48 kg，低于标准体重 16%，属于轻度消瘦。

（1）饮食原则

① 食品种类丰富多样。

② 食品粗细搭配。

③ 保证每日有足够的优质蛋白质和热能的供给。

④ 适当增加餐次或在两餐间增加些甜食。

⑤ 注重晚餐的营养。

⑥ 少食燥热、辛辣食品，并注意调整脾胃功能。

⑦ 改进烹调技术。

平时要尽量少吃煎炒食物，对椒、姜、蒜、葱以及虾、蟹等助火散气的食物，应少食。

（2）生活规律化。

① 制定丰富多彩的、有规律的生活制度。

② 加强锻炼。

（3）培养乐观主义精神。

第七章 美胸与营养膳食

案例分析

（1）标准胸围＝身高（cm）×0.53＝162×0.53＝86 cm。

（2）按此标准计算：胸围/身高（cm）≤0.49，属于胸围太小；胸围/身高（cm）＝0.5～0.53说明胸围属于标准状态；胸围/身高（cm）≥0.53，属于美观胸围；胸围/身高（cm）＞0.6，属于胸围过大。

小雯的胸围/身高（cm）＝0.46≤0.49，属于胸围太小，选A。

（3）丰乳美胸的饮食营养原则是加强饮食营养、加强胸部的体育锻炼、经常进行胸部乳房按摩，养成良好的生活习惯，保证正确的姿势和体态。

（4）饮食上的要求主要有保证总能量的摄入、保证充足的蛋白质、补充胶原蛋白、补充富含维生素的食物、摄入足够的矿物质、选择好饮食丰胸的最佳时期、选择补益气血、健脾益肾及疏肝解郁的丰胸药膳、适当补充丰胸食物、少食丰胸忌食的食物。

第八章 美容外科与营养膳食

1. 单选题

（1）C；（2）A；（3）D。

2. 填空题

（1）减肥美体手术、头面部整形手术。

（2）热量、蛋白质。

（3）20%～30%，水溶性，钾、锌。

3. 案例分析

① 手术后出现色素沉着是正常现象。

② 预防手术后的色素沉着，在饮食上要注意少吃发物，并补充维生素，避免接触

含重金属的化妆品及食品，减少含色素食品的摄入，注意光敏食品的摄入。

第九章　衰老与营养膳食

1. 单选题

(1) D；(2) A；(3) D。

2. 简答题

(1) 想要能够延年益寿，就要做好各方面的营养与保健。包括坚持科学的合理膳食，养成良好的饮食习惯，保持心理健康，适当运动，无病早防，有病早治、抗衰老药物的选用。

(2) 内分泌失调患者在饮食上应注意：

① 多吃能清除自由基的食物。

② 补充大豆异黄酮类食物。

③ 补充胶原蛋白。

④ 摄入适量的膳食纤维。

第十章　眼睛、香口美齿与营养膳食

1. 单选题

(1) D；(2) B；(3) C；(4) D；(5) A；(6) C。

2. 案例分析

(1) ① 导致龋齿的原因有：牙齿钙化不全、缺氟、糖摄入量多、缺乏一些营养素。

导致牙齿发黄的因素有：氟斑牙，药物引起，牙齿清洁不到位，过多吸烟、喝咖啡、饮茶等。

② 洁齿固齿的营养疗法有：注意钙的补充，多吃促进咀嚼的蔬菜，多吃水果，多吃些较硬的食物，摄入一定量的氟，减少糖类的摄入，多吃粗粮等。

(2) ① 属于贫血。

② 在消除贫血症状外，还要做到增加蛋白质的摄入，补充维生素和矿物质，养血柔肝，提高肝的功能。

第十一章　药膳与美容

1. 单选题

(1) B；(2) A。

2. 填空题

(1) 中医基本理论、现代营养学，药食两用，中药，加工，烹调，防病治病，机体康复，润泽肌肤，美容保健。

(2) 注重整体，辨证施食；防治兼宜，寓治于养；安全经济，简便易行；继承传统，结合现代。

(3) 预防为主、防治结合；阴阳气血平衡；用膳因证、因人、因时、因地制宜；禁忌。

（4）流体类、半流体类和固体类；炖类、焖类、煨类、蒸类、炒类、熘类、卤类、烧类、炸类等；养生保健延寿类、美容美发类、祛邪治病类等。

3. 案例分析

（1）容颜不老方。生姜 600 g，大枣 300 g，白盐 75 g，丁香、沉香各18 g，茴香 150 g。共捣为粗末，和匀备用。每日清晨煎服或开水泡服，每次 10～15 g。具有滋润皮肤、增加光泽、抗衰老减皱、调气血，滋皮肤，永葆春容。

（2）枸归鸡。母鸡一只，枸杞、当归各 20 g，生姜、料酒、胡椒粉、精盐、味精各适量，大葱 1 根。将鸡处理后洗净切块，放入锅内加水煮沸后去汤面上泡沫，然后加入当归、枸杞及调味品，文火炖 2 h，再加盐、味精即可食用。具有补血活血、滋阴补肾、养颜驻容、抗衰泽肤的作用。

（3）红颜酒。胡桃仁（泡去皮）200 g，小红枣 200 g，白蜜 200 g，酥油 100 g，杏仁（泡去皮尖，煮四五沸晒干）50 g。白酒 2500 g。先将白蜜、酥油溶于白酒中，后将另三味剥碎放入酒中密封，浸泡 2 周即可饮用。每次 15 mL，每日 1～2 次，具有补肾润肺、滋养皮肤、红润颜面的作用。

第十二章　常见美容与美体技术

填空题

（1）面部项目、身体项目。

（2）卸妆、洁面、磨砂或去死皮、按摩。

（3）二十四。

主要参考文献

何志谦. 2008. 人类营养学. 北京：北京大学医学出版社.

蒋钰. 2006. 美容营养学. 北京：科学出版社.

劳动和社会保障部中国就业培训技术指导中心和劳动和社会保障部教育培训中心. 2003. 营养配餐员. 北京：中国劳动社会保障出版社.

沈华. 2006. 美容营养. 成都：四川大学出版社.

晏志勇. 2006. 美容营养学基础. 北京：高等教育出版社.

晏志勇. 2010. 美容营养学. 北京：人民卫生出版社.

杨月欣. 2004. 中国食物成分表. 北京：北京大学医学出版社.

于康. 2008. 临床营养治疗学. 北京：中国协和医科大学出版社.

张春元. 2006. 美容营养学. 北京：中国中医药出版社.

中国就业培训技术指导中心组织. 2007. 公共营养师（基础知识）. 北京：中国劳动社会保障出版社.

中国营养学会. 2000. 中国居民膳食营养素参考摄入量. 北京：中国轻工业出版社.